住房和城乡建设领域"十四五"热点培训教材

钢结构防护涂装培训系列教程

钢结构防护涂装检验师Ⅰ级

中国钢结构协会防火与防腐分会　组织编写

中国建筑工业出版社

图书在版编目（CIP）数据

钢结构防护涂装检验师：I级 / 中国钢结构协会防火与防腐分会组织编写．-- 北京：中国建筑工业出版社，2025. 2. --（住房和城乡建设领域“十四五”热点培训教材）（钢结构防护涂装培训系列教程）. -- ISBN 978-7-112-30955-9

Ⅰ. TU391

中国国家版本馆 CIP 数据核字第 20256M3W18 号

本书以现行国家规范及国际标准系列为基础编写，是中国钢结构协会开展钢结构防护涂装检验师职业的培训教材。编写原则是以涂装检验师的专业知识为主，兼顾涂装工的技术要求，书中涉及的中国国家标准或行业标准均同步介绍了与其对标的国际标准。

本书主要内容包括：腐蚀及腐蚀控制、常规表面处理方法、涂料基础知识、涂料施工、涂层缺陷和处理、常规涂装检验、涂装检验师工作流程、涂装相关计算及涂料损耗、健康安全与环境、涂装规格书与施工程序、钢材表面预处理及车间底漆、防火基础知识及涂装检验员应知的标准知识。

本书是涂装检验师职业能力训练的配套资料，适用于涂装项目经理、质量经理、质量检查员、涂装监督人员、涂装技术人员、涂装规格书编写人员、涂料和设备供货商、涂装顾问和涂装技术服务人员，也可供建筑工程类职业技术学校学生参考。

责任编辑：赵　莉　吉万旺
责任校对：张惠雯

住房和城乡建设领域“十四五”热点培训教材
钢结构防护涂装培训系列教程
钢结构防护涂装检验师Ⅰ级
中国钢结构协会防火与防腐分会　组织编写

*

中国建筑工业出版社出版、发行（北京海淀三里河路9号）
各地新华书店、建筑书店经销
北京雅盈中佳图文设计公司制版
建工社（河北）印刷有限公司印刷

*

开本：787毫米 × 1092毫米　1/16　印张：16½　字数：277千字
2025年2月第一版　2025年2月第一次印刷
定价：**60.00**元
ISBN 978-7-112-30955-9
（44024）

电话：（010）58337283　QQ：2885381756
（地址：北京海淀三里河路9号中国建筑工业出版社604室　邮政编码：100037）

本教材编写人员

李国强　邓本金　龚　骏　汪国庆　王东林
魏安庭　陈文波　葛俊伟　王　龙　冯德金
杜　咏　胡晓珍

前　言

在我国改革开放后，特别是随着我国钢材产量的飞跃，钢结构总量呈跨越式增长，拉动了中国的工业涂料涂装行业需求。在全球经济建设的活动中，我国最先与国际接轨的船舶、海洋工程以及港口设施等行业首先得到很大发展，国内建筑业、制造业及石油化工等行业也相继增速，引发工业涂料的产能不断增加，涂料行业的市场规模不断扩大。外资涂料企业进入中国市场，不仅带来了先进的涂料产品，还引进了先进的生产技术和管理经验，也带动我国涂装水平向国际水准看齐，国内涂料产品性能也相应地提升，在高端市场占据了一定的市场份额。由于国内对涂料涂装行业专业技术人才的需要激增，国际著名的涂料涂装培训机构，如挪威表面处理检验员教育和认证专业委员（FROSIO）、由 NACE 国际和 SSPC 两家机构合并而成的美国材料性能与防护协会 AMPP（The Association for Materials Protection and Performance）等机构进入中国，为中国涂料涂装行业培养了一大批专业技术人员。

时至今日，中国跨越式发展已经进入高质量发展阶段，亟需建立具有自主话语权的中国涂装质量保障体系。“三分涂料，七分涂装”，首先从人员技能环节着手，针对涂料涂装行业开展职业培训，建立第三方评价机制。中国钢结构协会响应国家行业自治的号召，结合国内需求，开展对涂料涂装行业专业技术人员的职业技能培训，规范职业技术水平，提高从业人员的职业素养。鉴于此，中国钢结构协会防火与防腐分会组织编写了《钢结构防护涂装检验师Ⅰ级》培训教材。

全书内容共分为 14 章，由中国钢结构协会副会长兼专家委员会主任和防火与防腐分会理事长、同济大学李国强教授主持并制定编写目标，邓本金与龚骏作为主要执笔人统稿全书，汪国庆、王东林、魏安庭、陈文波、葛俊伟、王龙、冯德金分别执笔相关章节，沈志聪与许莉莉担任技术顾问，杜咏、胡晓珍负责全书文字编辑，刘青负责编写小组协调工作。在此，编写组全体成员对该教材的审稿专家及支持编写工作的行业同仁表示感谢。

中国钢结构协会防火与防腐分会
2024 年 秋

目 录

CHAPTER 1

第1章

中国钢结构涂装检验师培训评价体系简介

【培训目标】

完成本章节的学习后，学员应了解以下内容：

（1）中国钢结构协会；

（2）涂装检验师职业能力评价体系；

（3）涂装检验员的职业操守和素养；

（4）涂装检验员的职责。

1.1 中国钢结构协会简介

中国钢结构协会登记机关为民政部，业务接受国资委指导，英文全称为 China Steel Construction Society，缩写为 CSCS，协会成立于 1984 年 6 月，是由钢结构相关企事业单位、科研院所、高等院校、技术专家等组成具有法人地位的全国性社会团体。专业范围涉及冶金、建筑、石油、化工、机械、船舶、电力、铁道、交通、航空等领域。

协会目前下设有秘书处、专家委员会、标准化管理委员会以及 25 个分支机构，分别为：桥梁钢结构分会、冷弯型钢分会、钢结构焊接分会、结构稳定与疲劳分会、海洋钢结构分会、塔桅钢结构分会、房屋建筑钢结构分会、钢－混凝土组合结构分会、钎钢钎具分会、粉末冶金分会、线材制品行业分会、容器管道分会、钢管分会、空间结构分会、预应力结构分会、锅炉钢结构分会、钢结构防腐与防火分会、钢筋焊接网分会、钢结构质量安全检测鉴定专业委员会、工程管理与咨询分会、钢结构设计分会、主题公园建设分会、围护系统分会、核电钢结构分会和风电结构分会。

协会在 2020 年通过民政部社会组织 AAAAA 等级评估。

协会宗旨是在企业和主管部门之间发挥桥梁和纽带作用，维护会员的合法权益，服务国家、服务社会、服务群众、服务行业，完善行业管理，扩大国际交流合作，推动钢结构行业的健康发展。

1.2　涂装检验师职业能力评价体系简介

经过四十多年改革开放和经济高速发展，特别是在“一带一路”国际工程建设中，我国基建领域与国际有了更多的接触，也更广泛和深入地参与到了全球的基础设施建设活动中。我国是世界上最大的钢铁生产国，在 2023 年年产量达 10 亿 t，同时也是全球最大的钢铁消费国，与之相对应的中国工业涂料的生产总量和消费总量也攀升为世界第一。

船舶、海洋工程以及港口设施等行业的建造与维修，是我国在参与全球经济建设的活动中最先与国际接轨的行业群，同时也带动了国内的涂料涂装行业的飞速发展，专业水平已经和国际水准持平，并在局部专业角度有了中国声音的表达。这些巨大进步首先得益于中国整体经济的高速增长和制造业的高度发展对涂料涂装的巨大需求，其次也得益于改革开放后，众多国际涂料品牌在拓展国内市场业务过程中带来的先进的理念、技术，一些国际涂料涂装培训机构，如：挪威表面处理检验员教育和认证专业委员（FROSIO）、美国国际腐蚀工程师协会（NACE International）和美国防护涂料协会（SSPC）等也率先在国内开展了具有一定影响力的培训及交流活动。目前 NACE 国际和 SSPC 两家机构合并成了材料保护和性能协会【The Association for Materials Protection and Performance（AMPP）】。FROSIO 和 AMPP 培训的涂装检验员主要分布在船舶、海洋工程等重防腐领域，其他重防腐领域，如：桥梁工程、电力工程（含风、火、水和核电等）、石油化工、长输管道、工程机械。

随着我国基建钢结构领域对高质量涂装检验人才的需求增加，涂料涂装理念和水平还有较大的提升空间。为此中国钢结构协会防火与防腐分会构建了“中国钢结构协会涂装检验师培训及评价”模块，分会组织行业专业人士共同编写了培训教材，教材内容包含丰富的专业理论知识和具操作性的实践经验，可为相关从业人员培养职业技能和知识储备。

中国钢结构协会涂装检验师培训课程共分为两级，Ⅰ级有14个章节的内容，课程共5天，4天课堂培训，1天理论和实践考试，安排如表1–1所列。

中国钢结构协会涂装检验师Ⅰ级培训课程内容大纲　　表1–1

目录	内容	课程讲解时间
	第1天	
第1章	中国钢结构协会及涂装检验师培训认证体系简介	30分钟
第2章	腐蚀及腐蚀控制	60分钟
第3章	常规表面处理方法	180分钟
	第1天实践	60分钟
	第2天	
	小测验1	30分钟
第4章	涂料基础知识	60分钟
第5章	涂料施工	120分钟
第6章	涂层缺陷和处理	60分钟
第7章	常规涂装检验	1~2个设备/天
	第2天实践	60分钟
	第3天	
	小测验2	
第8章	涂装检验师工作流程	60分钟
第9章	涂装相关计算及涂料损耗	60分钟
第10章	健康安全与环境	60分钟
第11章	涂装规格书与施工程序	60分钟
	第3天实践	60分钟
	第4天	
第12章	钢材表面预处理及车间底漆	60分钟
第13章	防火基础知识	60分钟
第14章	涂装检验员应知的标准知识	30分钟
	小测验3	
	第4天实践	60分钟
	总复习	120分钟
	第5天	
	理论与实践考试	240分钟

课程授课期间有 3 次随堂小测验，目的在于帮助学员检查并巩固所学知识，为结业考试做准备。

结业考试分为理论和实践两个部分，理论部分考试时间为 120 分钟，共 100 道选择题，总分 100 分，75 分合格；实践部分有若干个工作平台，每个工作平台测试时间为 10 分钟，总分 100 分，75 分合格。理论考试和实践考试均合格后，学员可获得中国钢结构协会颁发的涂装检验师等级证书，如图 1–1 所示。

图 1–1　钢结构防护涂装检验师证书

1.3　涂装检验师的职业准则

对于业主、涂装承包商和涂料厂家来说，涂装检验师履行相关职责是极为重要的。不仅要求涂装检验师必须客观公正、成熟冷静，具备过硬的技术能力、沟通能力，而且要求涂装检验师遵守相应的职业准则。

1.4　涂装检验师的职责

涂装检验师在整个质量保证体系中，应履行以下职责：

（1）确保项目涂装规格书及涂装工艺有效执行。

（2）确保钢材的表面处理符合规范的要求。

（3）确保施工人员的职业资质符合相关要求。

（4）确保检查和测试按照相关要求执行。

（5）检查表面处理、环境条件、涂层厚度和复涂间隔，并确保其符合相关要求。

（6）确保涂料、稀释剂正确储存。

（7）确保涂料、稀释剂的使用符合规格书的要求，并在现场正确使用。

（8）确保表面处理和涂料施工所使用的机具和设备处于良好的工况。

（9）确保正确记录工作、检验和测试的结果并形成报告。

（10）确保涂装工作符合相关安全和环保法规。

（11）按照规格书和程序的要求，征求各方同意，依据现场检验参照的标准规划工作。

（12）纠正并记录所有不符合规格书要求的分项，出具不符合要求的分项报告，并提出相关纠正措施。

（13）竣工报告应基于检验工作、测试结果，不符合要求的分项编制。

涂装检验师既不能作为承包商的主管人员来履行职责，也不能直接组织工人或监督涂装施工，这些工作职责属于涂装承包商和施工方的工作范围。通常，涂装检验师不指导任何人，除非是共同工作的其他涂装检验师，所以涂装检验师应该做到以下几点：

（1）当按计划进行检查任务时，确保准时到达现场，并佩戴好个人防护用品。

（2）确保客观公正、合理和沉着冷静。

（3）进行准确测量和保留准确的检查记录。

（4）具备相关的技术知识，以理服人。

（5）恪尽职守，在项目早期即获得各方的尊敬。

涂装检验师在现场赢得他人的信任和尊重是非常重要的，因此，应善于和现场人员（从管理层到全部的施工工人）沟通，避免形成对立关系。任何人忽视正确的建议或采用消极的方式拖延或不执行，都有可能对涂装检验师的工作产生不利影响。但仍要求涂装检验师做到公正、制定可行的目标、提出合理化建议，采取最积极的方式达成目标。

涂装检验师及时做好工作记录是非常重要的，但需要注意在工作现场当面进行记录可能会招致现场工人的反感，应事后及时记录与检验有关的事项，并及时形成日报或周报。

涂装检验师与所有涂装相关人员的合作是涂装检验师所面临的重要挑战和任务之一，良好的合作关系将极大提高工作效率并使检验工作顺利进行，从而打造出优质的涂装工程。

1.5 标准引用

本教材编写优先引用了国际标准化组织（ISO）标准、国家标准、行业标准，也涉及少量团体标准。对于非 ISO 标准的国外标准，主要引用了美国腐蚀工程师协会（NACE）标准、防护涂料协会（SSPC）标准和材料与试验协会（ASTM）标准。

在各章节中，当同一个主题引用不同的标准时，对标准间的差异也尽可能做了阐述，以表格形式对部分标准进行了对比，以帮助读者准确地理解。

附录 B 为标准引用列表，教材正文在引用标准时，仅在初次出现处标注完整的标准名称、标准号、版本号，后续再次引用时，将简化标注标准号及版本号。

CHAPTER 2

第 2 章

腐蚀及腐蚀控制

【培训目标】

完成本章节的学习后，学员应了解以下内容：

（1）影响腐蚀速率的因素；

（2）腐蚀环境分类；

（3）腐蚀类型；

（4）腐蚀控制防护方法；

（5）重要定义术语和概念。

2.1 腐蚀概述

《色漆和清漆防护涂料体系对钢结构的防腐蚀保护 第 1 部分：总则》GB/T 30790.1—2014 定义腐蚀为金属与所处环境之间的物理化学作用，其结果使金属的性能发生变化，并常可导致金属、环境或由它们作为组成部分的技术体系的功能受到损伤。这个定义引自于《金属和合金的腐蚀术语》GB/T 10123—2022，原文标注为“该作用通常为电化学性质”。本章阐述的腐蚀，主要是指钢铁的腐蚀。

腐蚀现象广泛存在于自然界和工业环境中，小到生活中铁锅的生锈，大到航天飞机的腐蚀，腐蚀与我们的生活息息相关。

由腐蚀造成的损失是巨大的，据统计，我国 2014 年的腐蚀成本为 21000 亿元，因腐蚀所造成的经济损失约占国民经济生产总值（GDP）的 3.34%，相当于每个公民每年要承担 1555 元腐蚀成本。如果采用有效的控制和防护措施，可以避免 25%~40% 的腐蚀损失，这个数字是相当可观的。

在铁矿石转换成铁金属的过程中，对金属施加了大量的热量，也就是说，单质态的金属处于不稳定的高能量状态。用热力学观点表达，它处于自由能较高的不稳定状态，具有降低自由能，回到原始状态或其他稳定状态的倾向。因此在空气和水等自然环境的作用下，钢铁容易和环境介质发生作用，这是钢铁发生腐蚀的机理。按照腐蚀作用机理分类，钢铁的腐蚀可分为化学腐蚀、电化学腐蚀。

2.1.1　化学腐蚀

化学腐蚀是金属与介质发生化学反应而引起的腐蚀。在反应过程中没有产生电流，在非电解质溶液中，例如在汽油、柴油、无水乙醇、卤代烷烃溶剂等溶液中，钢铁的腐蚀速率在很大程度上取决于介质中的有机硫化物等腐蚀性杂质与金属表面的化学反应，腐蚀反应过程没有电流的产生。钢铁在干燥气体或高温条件下服役时，与氧气、二氧化硫、硫化氢和卤素等气体相互作用，也属于化学腐蚀，此时铁原子的价电子直接传给由分子离解出来的原子。在反应初期，形成单分子层的腐蚀产物，随后由于铁原子和介质原子的扩散，反应不断地持续下去。

2.1.2　电化学腐蚀

钢铁表面与周围电解质溶液发生电化学反应而引起的金属破坏称为电化学腐蚀。腐蚀过程中伴随有电流的流动，这是一种比化学腐蚀更为广泛、更为常见的腐蚀，是防腐蚀领域中最主要的研究对象。在同一块钢铁构件上，由于杂质、热处理和机械加工等原因，造成了金相组分和结构的不均匀性，导致各个微小部位的热力学稳定性是不同的。如果将钢铁浸入电解质溶液中，则稳定性低的部位电位较低，而稳定性高的部位电位较高，由此形成了腐蚀微电池。电位低的部位为阳极，失去电子发生氧化反应，如图 2-1 所示，发生阳极反应 $Fe \rightarrow Fe^{2+}+2e^-$，腐蚀由此产生。

从金属腐蚀的本质来说，化学腐蚀与电化学腐蚀都是金属从原子态向离子态转化的氧化过程。两种腐蚀的机理不同，但是很多情况下化学和电化学腐蚀也会同时发生。

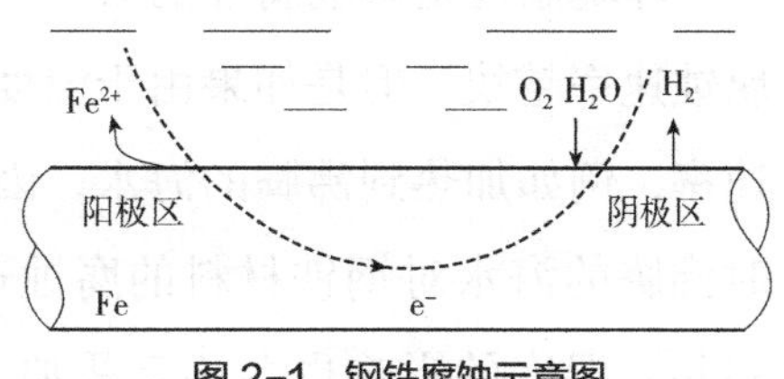

图 2-1　钢铁腐蚀示意图

2.2 影响腐蚀速率的因素

钢铁腐蚀是由周围环境介质引起的，相同钢铁材质，由于环境不同，腐蚀速率也是不同的。腐蚀电流越大，腐蚀越严重，为了减少腐蚀，须降低腐蚀电流。因此，改变环境的状态和成分，包括相对湿度、温度、浓度、应力和流速等，能有效地减轻腐蚀。

2.2.1 相对湿度

空气中实际所含水蒸气的质量与相同温度和气压下空气中所含饱和水蒸气的质量的百分比就是空气的相对湿度。湿度增大会加速钢铁的腐蚀，使与钢铁表面接触的介质的导电能力增强，当发生电化学腐蚀时，产生更大的腐蚀电流。研究表明，当环境相对湿度高于75%时，钢铁会很快腐蚀，称之为金属腐蚀的临界相对湿度。如图2-2所示，当相对湿度低于50%时，腐蚀明显变慢；当相对湿度在40%~50%区间时，腐蚀几乎停止。

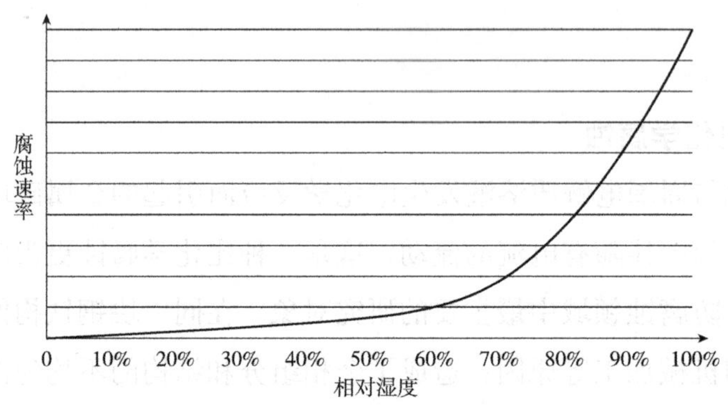

图2-2 相对湿度与腐蚀速率的关系

2.2.2 温度

环境温度是影响腐蚀的另一重要因素。一般情况下，温度越高，钢铁材料腐蚀速率越快。但是如果由于温度上升引起其他因素改变，则有可能降低腐蚀速率，例如加热到沸腾的海水，因氧在海水中的溶解度随温度上升而下降，此时沸腾的海水对钢铁材料的腐蚀速率要比热海水的腐蚀速率低。温度的影响和相对湿度的影响也会相互叠加，如钢铁腐蚀在相对湿度大于临界相对湿度

（≥ 75%）时，温度对腐蚀的影响会加大，如我国南方部分沿海地区，常年温度、湿度都很高，钢铁相对更容易腐蚀。

2.2.3　浓度

环境中的有害成分（如二氧化硫）、盐类（如氯化物、硫酸盐等）和氧气的浓度，会对钢铁表面腐蚀产生影响，降低环境介质中的有害成分浓度，对减缓钢铁的腐蚀速率十分有效。当发生电化学腐蚀时，降低离子的浓度，可降低介质溶液的导电性，减少阴极放电，阳极部位的钢铁表面则不容易氧化，从而延缓钢铁腐蚀。降低氧气含量也可降低腐蚀速率，但如果同一金属上形成氧浓差电池，反而会加快腐蚀，因为在浸泡环境下，电解液氧气浓度高的区域会成为阴极，氧气浓度低的区域会成为阳极，阳极区域将加快腐蚀。

2.2.4　应力

在应力的作用下，环境介质会加速对钢铁的腐蚀，造成应力腐蚀开裂。例如低碳钢在很多环境介质中，容易发生应力腐蚀开裂，其对碱溶液、硝酸盐溶液、液氨和磷酸盐溶液等尤为敏感。尽量减少钢铁和这些环境介质的接触，有助于防止应力腐蚀开裂。

2.2.5　流速

介质的流速会影响腐蚀，介质流速高会加快钢铁的腐蚀。介质的流动增加了空气中的氧扩散到钢铁表面的速率，也增加了溶液中离子的扩散速度，同时使钢铁在介质中生成的表面保护膜遭受到冲刷、损伤和脱落，导致腐蚀速率的增加。

2.3　腐蚀环境分类

自然腐蚀环境一般被分为两个大的类别，即大气环境、水和土壤环境。

2.3.1　大气腐蚀环境分类

根据《色漆和清漆—防护涂料体系对钢结构的防腐蚀保护　第 2 部分：环境

分类》ISO 12944-2：2017，大气环境的腐蚀性可分为 6 个等级：

（1）C1 很低的腐蚀性；

（2）C2 低的腐蚀性；

（3）C3 中等的腐蚀性；

（4）C4 高的腐蚀性；

（5）C5 很高的腐蚀性；

（6）CX 极端的腐蚀性。

CX 涵盖不同的极端环境，其中一个特定的极端环境是《海上建筑及相关结构用防护涂料体系和实验室性能测试方法》ISO 12944-9：2018 所定义的离岸环境，其他的极端环境没有包含在 ISO 12944-9 中；国家标准《色漆和清漆 防护涂料体系对钢结构的防腐蚀保护》GB/T 30790—2014 对极端环境的定义，采用了 ISO 12944-9 的 1998 版本。

腐蚀性级别也要考虑以下环境因素，如：年湿润时间、二氧化硫年平均浓度和氯化物年平均沉积量等，进行综合评估。具体参见《金属和合金的腐蚀—大气腐蚀性—分类、测定和评估》ISO 9223：2012 或国家标准《金属和合金的腐蚀 大气腐蚀性 第一部分：分类、测定和评估》GB/T 19292.1—2018。

对腐蚀性级别评估推荐采用低碳钢或锌标准试样进行暴露试验，以暴露 1 年的质量或厚度变化数据来评定，具体见 ISO 12944-2 中表 1（Table 1）所列。

2.3.2 水和土壤腐蚀环境分类

对于浸没在水中或掩埋在土壤中的结构，通常发生局部腐蚀，腐蚀级别很难评定。尽管如此，ISO 12944-2 还是给出了 4 种级别，具体见 ISO 12944-2 中表 2（Table 2）所列。

2.4 腐蚀类型

金属腐蚀是从金属表面开始逐渐发展到金属内部，按照腐蚀产物的破坏形式，通常可分为均匀腐蚀和局部腐蚀两大类型。各类腐蚀失效事故及事例的调查结果表明，破坏产生的原因中均匀腐蚀仅占约 20%，局部腐蚀约占 80%。

2.4.1　均匀腐蚀

均匀腐蚀（如图 2-3）是指接触腐蚀介质的整个金属表面全面产生腐蚀的现象，其结果是金属表面均匀减薄，也称为全面腐蚀。均匀腐蚀现象既可能由电化学腐蚀原因引起，也可能由纯化学腐蚀反应造成（如金属材料在高温下发生的一般氧化现象）。从电化学特点上讲，均匀腐蚀属于微电池效应，腐蚀过程没有固定的阴极和阳极，即阴极部分和阳极部分在腐蚀过程中是交替变化的。

2.4.2　局部腐蚀

局部腐蚀（如图 2-4）是指金属由于电化学不均一性（如异种金属、表面缺陷、浓度差异、应力集中、环境不均匀等）形成局部电池而导致的腐蚀，从外观来看是金属表面呈点条状或孔洞状的局部损坏，也称不均匀腐蚀。腐蚀集中在个别位置急剧发生，腐蚀破坏速度快，隐蔽性强，难以预计，控制难度大，危害性大，易突发灾难事故，因此具有很大的危险性。局部腐蚀可分为电偶腐蚀（双金属腐蚀）、缝隙腐蚀、应力腐蚀、腐蚀疲劳、孔蚀、磨损腐蚀和选择性腐蚀等。

图 2-3　均匀腐蚀（弯头）

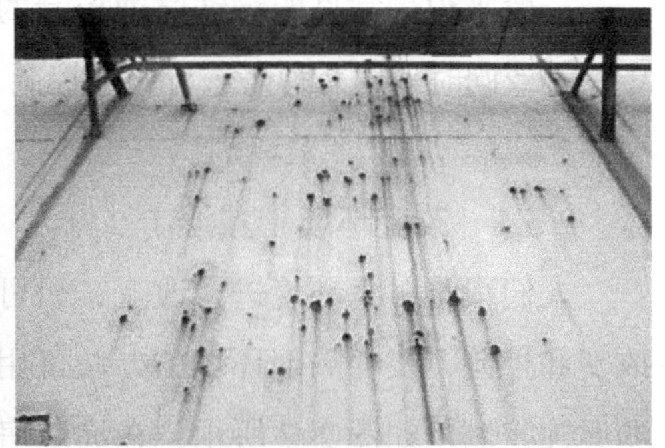

图 2-4　局部腐蚀

2.4.3　电偶腐蚀

在腐蚀环境中的两种金属之间存在导电接触，而它们之间又存在电势差时，产生的腐蚀被称为电偶腐蚀（如图 2-5），也称为双金属腐蚀。金属阳极区的腐蚀在接触点处是最严重的，其腐蚀程度会随着与接触点距离的增加而减小。

2.4.4 缝隙腐蚀

在金属表面的孔隙、构件上的狭缝或结合缝等处发生的腐蚀称为缝隙腐蚀，如图 2–6 所示。腐蚀发生的原因，一是在缝隙内容易聚集电解质水溶液而导致腐蚀；二是缝隙内金属表面的氧气供应量不足成为阳极区，从而加速了腐蚀。容易发生腐蚀的典型区域包括法兰、螺栓和螺母、重叠焊缝和热轧夹层等。

图 2–5 电偶腐蚀（碳钢螺栓连接不锈钢管道）

图 2–6 缝隙腐蚀

2.5 钢铁腐蚀控制的防护方法

一般来说，常见的钢铁腐蚀控制的防护方法无外乎以下几种，可以采取其中一种或同时采用几种来进行腐蚀控制。

2.5.1 改变环境（减湿）

人们很难对大环境进行改变，只可能对局部环境（主要是相对湿度）进行改变和控制，改变局部环境的办法可用来帮助顺利地完成涂装作业和进行长期的腐蚀控制。如图 2–7 所示，在涂装房（或液货船、压载舱等密闭舱室）装配减湿设备，可以避免高湿度天气对涂装的不利影响，开展全天候喷砂和涂装作业。又如图 2–8 所示，在大型钢质桥梁的钢箱梁内部，也可以采用减湿设备来改变内部环境，减缓钢铁的腐蚀，从而延长桥梁的服役寿命。

2.5.2 优化结构设计

《色漆和清漆 防护涂料体系对钢结构的防腐蚀保护 第 3 部分》ISO 12944–

图2-7　船厂涂装房一角

图2-8　大桥钢箱梁内的减湿设备

3：2017 和国家标准《色漆和清漆 防护涂料体系对钢结构的防腐蚀保护 第 3 部分：设计依据》GB/T 30790.3—2014 中，规定了为避免结构或涂层的过早腐蚀和老化，采用防护涂料体系进行防腐涂装的钢结构应遵循的结构设计基本准则。

结构设计的目的是要确保其安全性和耐久性，同时兼具经济性和优美的外观；结构设计要有利于进行构件的表面处理、涂装、检查和维护。

2.5.3　选择合适的耐蚀材料

在钢的冶炼过程中添加少量铜，制成耐候钢，适合于在大气环境中使用，耐大气腐蚀性能显著超过普通钢。硬度低的钢材，对应力腐蚀破裂有良好的抗性。

不锈钢大多认为是特效钢材，但实际上不锈钢种类较多，耐蚀性也是相对的。例如，含铬 13% 的不锈钢，在水中或氧化性的酸液中是耐蚀的，但在还原性的酸液中耐蚀性却较差。图 2–9 表达了各金属在 25℃海水中的耐腐蚀性。

镁　锌　铝　低碳钢　铸铁　铜　不锈钢　银　金　铂

←——————————————————————→

更活跃（更易腐蚀）　　　　更不活跃（更不易腐蚀）

图2–9　金属在25 ℃海水中的耐腐蚀性

2.5.4　采用防腐涂层

采用防腐涂层可以避免钢结构与周围腐蚀介质直接接触，既起防腐蚀又兼具装饰美观作用。防腐蚀涂层种类较多，它是最经济、简便的防护方法，目前被广泛应用。钢铁表面防腐蚀涂层按材料分可分为两大类，即：金属涂层和非金属涂层。

金属涂层的施涂方法一般包括热镀、电镀、电泳、渗镀和包覆等。

非金属涂层主要分为有机涂层和无机涂层，绝大多数是隔离性涂层，它的主要作用是把钢铁材料和腐蚀介质隔离，防止钢材因接触介质而遭到腐蚀。因此，对涂层的要求是无孔、均匀，并要与钢基体的结合力较强，具有防腐蚀性能。

2.5.5 采用阴极保护

对于处于浸没或埋地环境的钢结构，除了采用防腐涂层外，还可同时采用阴极保护进行防腐，这是最为经济有效的腐蚀控制措施。防腐层是腐蚀控制的第一道防线，阴极保护为防腐涂层薄弱点提供保护。

阴极保护的原理是采取措施使被保护的结构成为阴极，这些措施主要包括采用牺牲阳极的阴极保护（如图 2–10）和外加电流的阴极保护（ICCP）（如图 2–11）两种方式。

图 2–10 船舶舵叶上的牺牲阳极

图 2–11 船舶尾部的 ICCP 装置

【重要定义、术语和概念】

（1）金属腐蚀：金属与所处环境之间的物理化学作用，其结果使金属的性能发生变化，并常可导致金属、环境或由它们作为组成部分的技术体系的功能受到损伤。

（2）电化学腐蚀：钢铁表面与周围电解质溶液发生电化学反应而引起的金

属破坏，腐蚀过程中伴随有电流的流动，这是一种比化学腐蚀更为广泛更为常见的腐蚀。

（3）相对湿度：空气中实际所含水蒸气的质量与相同温度和气压下空气中所含饱和水蒸气（空气所能容纳的最大水蒸气量）的质量百分比，表示大气中水分多少，即大气潮湿程度。

（4）均匀腐蚀（全面腐蚀）：接触腐蚀介质的整个金属表面全面产生腐蚀的现象，其结果是导致金属表面均匀减薄，也称为全面腐蚀。

（5）局部腐蚀（不均匀腐蚀）：金属由于电化学上的不均一性（如异种金属、表面缺陷、浓度差异、应力集中、环境不均匀等）形成局部电池而导致的腐蚀，从外观来看呈金属表面的点条状或孔洞状的局部损坏，也称不均匀腐蚀。

（6）大气环境的腐蚀性等级：C1 很低的腐蚀性；C2 低的腐蚀性；C3 中等的腐蚀性；C4 高的腐蚀性；C5 很高的腐蚀性；CX 极端的腐蚀性。

（7）水和土壤腐蚀环境分类：Im1、Im2、Im3、Im4。

（8）钢铁腐蚀控制防护方法：改变环境（减湿）；优化设计；选择合适的耐蚀材料；采用防腐涂层；采用阴极保护。

【参考文献】

[1] 左景伊 . 腐蚀数据手册 [M]. 北京：化学工业出版社，1991.

[2] R · 温斯顿 . 里维 . 尤利格腐蚀手册 [M]. 杨武，等译 . 北京：化学工业出版社，2005.

[3] 王东林，等 . 房屋建筑耐久性及保障技术 [M]. 北京：化学工业出版社，2018.

[4] ISO 12944-2：2017，Paints and Varnishes—Corrosion Protection of Steel Structures by Protective Paint Systems，Part 2 Classification of Environments[S]. Geneva，ISO，2017.

[5] ISO 12944-3：2017，Paints and Varnishes—Corrosion Protection of Steel Structures by Protective Paint Systems，Part 3 Design Considerations[S]. Geneva，ISO，2017.

[6] 李荣俊 . 重防腐涂料与涂装 [M]. 北京：化学工业出版社，2013.

CHAPTER 3

第3章

常规表面处理方法

【培训目标】

完成本章节的学习后，学员应了解以下内容：

（1）表面处理的目的及重要性；

（2）钢结构缺陷处理的目的及重要性；

（3）各种钢结构缺陷及其处理；

（4）表面异物和污染物；

（5）表面处理的方法。

3.1 概述

表面处理是影响涂层性能最重要的因素之一，从广义的角度讲，表面处理不仅包括对氧化皮、锈、盐、油脂、水和潮气、灰尘和磨料等各种异物和污染物的清除；还包括钢结构缺陷处理，即对锐边锐角、表面迭片、飞溅、焊渣、咬口、跳焊和间断焊等各种钢结构缺陷的处理。本章主要介绍钢结构表面处理。

进行表面处理主要有三个目的，首先是对钢结构缺陷进行处理，其次是清除异物和污染物，最后是要通过制造“锚点”或“表面轮廓”来提高基材的表面粗糙度；这样使涂料可以很好地附着在目标基材上，从而保证涂层的性能和寿命。

3.2 表面污染物分类

钢结构表面常见的底材污染物种类较多，下面我们分别进行讨论。

3.2.1　氧化皮

钢结构使用的大多数钢板都通过加热轧制而成，表面上有数量不等的氧化皮，在厚钢板上可厚达 250μm（如图 3-1）。氧化皮是在轧钢厂中形成的，当炉中的氧气与热金属结合时会在钢板表面形成氧化物，大部分氧化物在加工过程中脱落，但在钢板加工完成之后，潜在的热能形成了更多的氧化物，并留存在表面形成一层粘结牢固的蓝灰色薄膜。

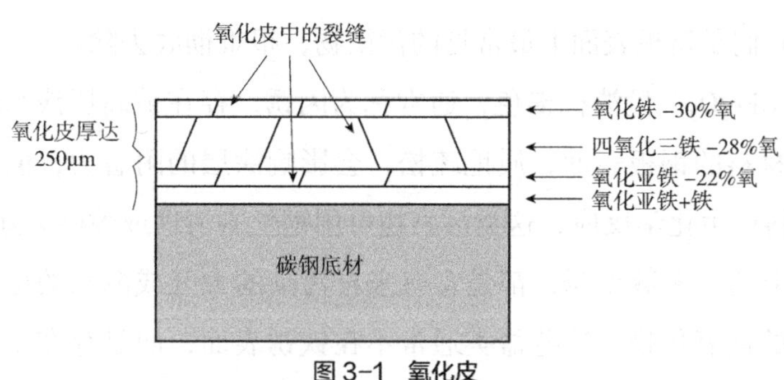

图 3-1　氧化皮

氧化皮并不是均质的，外层主要是氧化铁（Fe_2O_3），氧含量重量百分比为 30%；第 2 层主要是四氧化三铁（Fe_3O_4），氧含量重量百分比为 28%；第 3 层主要为氧化亚铁（FeO），氧含量重量百分比为 22%；最后一层是混合金属氧化物，为 FeO + Fe 的联结，这一层是最难去除的一层，不加以清除则是腐蚀的起源，必须通过彻底地喷砂去除。

对于在电解质的环境，去除钢材上的氧化皮是至关重要的。如图 3-2 所示，电子从阳极区域穿过钢板流至阴极区域，通过电解液中离子流来形成回路，这使得在阳极的钢板随着金属的流失和坑蚀而逐渐被溶解（即腐蚀）。

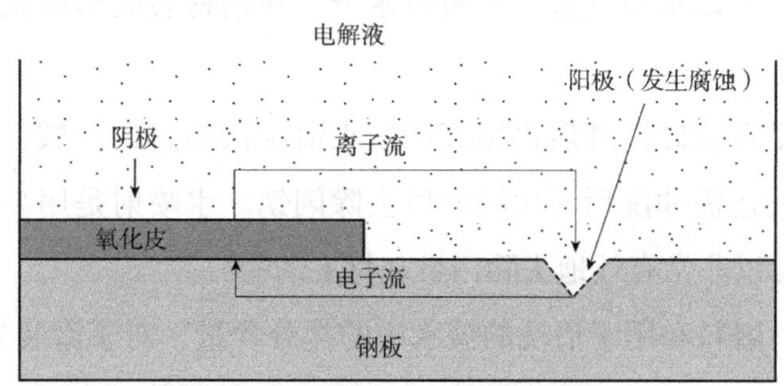

图 3-2　氧化皮与钢铁之间的腐蚀电池

湿气和氧气都能渗透过涂层，故若将涂料施工在氧化皮上，那么将会发生如上所述的腐蚀；虽然涂层本身作为腐蚀回路中的高电阻可以减缓腐蚀进程，但不能完全阻止其发生，涂层中的实质破损（不连续）将为快速腐蚀提供可能，所以去除氧化皮是至关重要的。

3.2.2 锈污染

铁锈是所有类型的铁或钢铁的腐蚀产物的通称，从厚重的氧化皮到轻微的赤色闪锈，它们是钢板表面上最常见的污染物，很难彻底去除。

氧化铁（Fe_2O_3）呈淡棕褐色，通常称为闪锈，存在被高压淡水清洗或水喷射清理惰性材料的钢板表面，质地疏松，会影响涂层的附着力，但不会进一步与钢板或涂料产生化学反应，这类污染物可用钢丝刷清理或喷砂去除。

钢结构上的大多数铁锈，都是含有来自污染的大气或海水的可溶性硫酸盐和含水氯盐的铁氧化物，这些盐类通常不在铁锈表面，而是存在于接近钢板的界面上，腐蚀反应在界面处进行，是导致钢板表面持续腐蚀的原因。可采用多种手工、机械和喷砂的方法去除这类铁锈污染物，但对于去除钢板点蚀处的盐类，最实用的方法则是高压淡水冲洗。

3.2.3 盐污染

产生污染物和腐蚀问题最多的盐类是硫酸盐和氯化物。硫酸盐在工业环境中很常见，它来自空气污染，其侵蚀性不如氯化物。在海洋环境中，几乎所有表面都暴露在来自海水和盐类飞溅的氯化物污染物中，在钢材表面上，氯离子和水形成了氯化亚铁溶液，其不仅对电化学腐蚀反应起到传导的作用，而且其本身就是钢材表面的一种强腐蚀剂，氯化亚铁分子进一步氧化形成氯化铁，氯化铁是潮解盐，可以从空气湿气中吸收水分，在钢材表面形成氯化铁溶液再次促进腐蚀反应。

解决措施是在喷砂清理后再用高压淡水清洗污染过的区域，去除点蚀坑中的盐分，若必要还需冲洗后再次喷砂以去除闪锈。水喷射是用高压或超高压水来代替喷砂，可以非常有效地去除污染基材上的盐分。

测量基材、磨料和用于清洗的淡水中的盐分含量，对于涂装变得日益重要。国际标准化组织（ISO）和防护涂料协会（SSPC）等团体颁布了可接受的残留盐污染的水平和测试方法。可用于现场测试待涂装表面盐分含量的方法，有简单的定性测试，即：氯化铁的存在使试纸的颜色发生改变；也有更精确的定量测试，即：用电导计来测试在表面溶解取样的盐溶液的电导率。

可允许的盐污染水平，随涂料类型和服务环境而变化。《表面处理和防护涂层》NORSOK M-501 规定盐污染水平不超过 20mg/m^2，这个限值很多情况下不易达到。《所有类型船舶专用海水压载舱和散货船双舷侧处所保护涂层性能标准》IMO PSPC 规定了最高的水溶性盐污染的水平限值为 50mg/m^2（5ug/cm^2）（以氯化钠表示）。

实际工作中，关于"可允许的盐污染水平"的限值与测量方法等，应遵循项目规格书、项目施工工艺、涂料产品说明书和相关国家标准及行业标准等规定。

3.2.4　油和脂污染

油和脂是基材污染的主要来源之一，表面有油脂污染不可能涂装成功。因此必须采用适当的除油程序去除油或脂污染物，通常可采用水性除油剂或溶剂进行处理。

现场常用的判断油脂污染的方法有三种，即喷水法、粉笔试验法和醇溶液试验法。

（1）喷水法

用水喷洒在被检测钢板表面，如整个表面能够被彻底润湿，说明除油工作达到要求，如果在表面形成水珠，说明有油脂存在需进一步除油。

（2）粉笔试验法

用粉笔在被检测表面以中等力量划一根线，一直贯穿怀疑有油污的区域，若在该区域内，粉笔线条变细或变浅，说明该区域可能被油污污染，该方法适用于光滑的钢结构表面。

（3）醇溶液试验法

对于怀疑有油污染的部位，用蘸有异丙醇的脱脂棉球擦拭，并将擦拭后棉球中的异丙醇挤入透明玻璃管中，加入 2~3 倍的蒸馏水，振荡混合约 20min；以相同体积的异丙醇蒸馏水溶液为参照，如果振荡混合溶液呈混浊状，表明钢结构表面有油污污染，该方法可用于所有钢结构表面。

3.2.5 水和湿气污染

虽然有特殊的耐潮气涂料，其机理是涂料中存在和少量水反应基团，反应产物为涂料自身成分。对于大多数涂料，如果涂装过的表面上有水，则会阻碍涂层之间的结合，那么就会在裸露钢板上产生铁锈污染物。

水是能碰到的最普通的基材污染物，行业内很多涂装标准（如表 3-1）和规格书都规定“底材温度必须比露点高 3℃”，并规定相对湿度不超过 85%。

提及露点和相对湿度的相关标准　　表 3-1

序号	标准	页码
1	表面处理和防护涂层，NORSOK M501-2022	第 10 页
2	采用防护涂料对离岸结构的腐蚀控制，NACE SP0108-2008	第 23 页
3	公路桥梁钢结构防腐涂装技术条件，JT/T 722—2023	第 8 页

3.2.6 灰尘和砂粒污染

灰尘和砂粒污染物可经由自然环境产生，但在涂装作业中它最有可能来源于喷砂清理和其他表面处理操作，这类污染物将严重影响涂层与基材的附着力，因此，涂装前必须对表面进行吹扫、用刷子或真空吸尘器清理，以确保表面进行了充分清理，没有灰尘。

通常依照《涂敷涂料前钢材表面的灰尘评定（压敏粘带法）》ISO 8502-3：2017（如表 3-2 所列）或国家标准《涂覆涂料前钢材表面处理 表面清洁度的评定试验 第 3 部分：涂覆涂料前钢材表面的灰尘评定（压敏粘带法）》GB/T 18570.3—2005 的规定进行残余灰尘的检测。IMO PSPC 规定：涂装施工前表面存留灰尘颗粒大小为 3、4 或 5 的灰尘分布数量（密度），最大为 1 级，更小颗粒的灰尘在不用放大镜可见时也应清除，这个要求是偏低的；NORSOK M-501 规定：灰尘颗粒数量和颗粒大小不得超过 2；ISO 8502-3 给出了如图 3-3 所示的灰尘数量等级参考示例。实际工作中，最合适的规定宜为灰尘颗

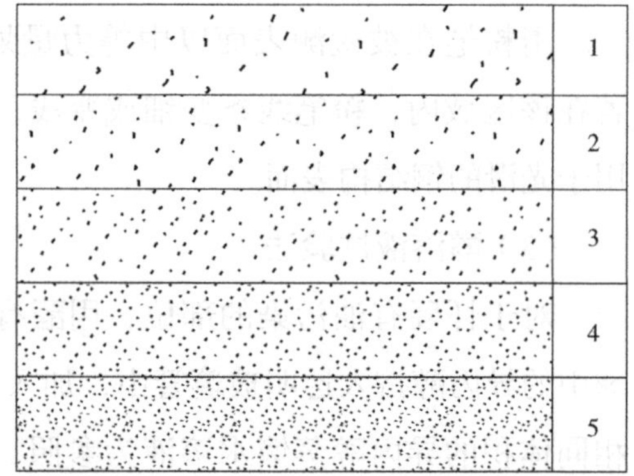

图3-3　ISO 8502-3灰尘数量等级参考示例

粒数量不得超过3，颗粒大小不得超过2。作为涂装检验师，应以涂装规格书的要求为准。

ISO 8502-3灰尘尺寸（颗粒大小）等级　　表3-2

等级	灰尘颗粒尺寸（大小）描述
0	灰尘颗粒在10倍放大下不可见
1	灰尘颗粒在10倍放大下可见，但在正常或校正视力下不可见（通常颗粒直径小于50μm）
2	灰尘颗粒在正常或校正视力下正好可见（通常颗粒直径为50~100μm）
3	灰尘颗粒在正常或校正视力下清晰可见（通常颗粒直径小于0.5mm）
4	颗粒直径为0.5~2.5mm
5	颗粒直径大于2.5mm

3.3 手工处理表面污染物方法

用于去除表面污染物和旧涂层以及使其下基材形成粗糙度的多种表面处理方法如下。

3.3.1 高压淡水清洗

高压淡水清洗作为表面处理主要用于去除钢结构基材表面的盐分和其他污染物。

根据《高压水喷射中的初始表面状况、处理等级和闪锈等级》ISO 8501-4：2006、国家标准《涂覆涂料前钢材表面处理 表面清洁度的目视评定 第4部分：与高压水喷射处理有关的初始表面状态、处理等级和闪锈等级》GB/T 8923.4—2013、NACE WJ/SSPC-SP WJ的相关标准，以及SSPC VIS 4及NACE- VIS 7目视标准中的定义，清洗水压力需要满足：低压水清洗（LP WC），压力低于34MPa（5000psi）；高压水清洗（HP WC），压力为34~70MPa（5000~10000psi）；高压水喷射（HP WJ），压力为70~210MPa（10000~30000psi）；超高压水喷射（UHP WJ），压力高于210MPa（30000psi）。

无论是“水清洗”还是“水喷射”处理，都不能产生表面粗糙度，只是恢复原来的表面粗糙度，且经过“水清洗”或“水喷射”处理后，如基材表面裸露，则可能会产生闪锈。

3.3.2 溶剂清洗或除油剂清洗

去除油和脂污染物最普遍运用的两个方法是溶剂清洗和使用水溶性除油剂清洗，当然还有其他清理方法。美国钢结构涂装协会标准 SSPC–SP–2016 规定了溶剂清理标准，在 SSPC–SP 1 标准中规定了溶剂清洗方法。SSPC–SP 1 标准没有给出应该使用何种溶剂，如果要选用溶剂清洗，那么必须同时考虑健康、安全和底材的可接受性等因素。

3.3.3 手工工具方法

表面处理的手工工具方法只适合处理小范围或局部的腐蚀或失效，处理大范围区域时效率通常较低，其可达到的标准等级通常也较低。所有表面处理的手工方法均会留下紧附于钢材上的锈蚀或锈垢层，这意味着在维修和保养时这个区域重新涂装后涂层失败的可能性很高。在《涂覆涂料前钢材表面处理—表面处理方法—手工和动力工具清理》ISO 8504–3：2018 和国家标准《涂覆涂料前钢材表面处理 表面处理方法 手工和动力工具清理》GB/T 18839.3—2002 中，规定了使用手工工具对钢底材进行清理的细则。通常使用的手工工具有重锤、尖头锤、铲刀、刮刀、钢丝刷和砂纸等。

3.4 动力工具处理表面污染物方法

使用便携的气动或电动工具在处理大面积区域上更经济，动力工具相比手工工具可以将表面处理得更清洁，满足行业内大多数产品的处理标准，但必须强调的是表面不可能 100% 清洁。动力工具主要有旋转清理工具和冲击清理工具。在 ISO 8504–3：2018 和《涂覆涂料前钢材表面处理 表面处理方法 手工和动力工具清理》GB/T 18839.3—2002 中详细规定了使用动力工具对钢板底材进行清理的技术要点。

3.4.1 旋转清理

重防腐工业中常用的两种旋转清理方法是旋转钢丝刷清理和旋转砂轮机清理。

3.4.2 冲击清理

冲击工具包括敲铲或除锈锤、凿锤和针枪。这些工具内部有活塞推动其与工件表面猛烈接触，而针枪稍有不同，因为针束同时由活塞驱动，针束本身可以适合并清理不规则表面。

冲击清理工具的效果取决于切割刀刃或冲击工具冲击表面和剥离污染物的功效。它们只能对冲击点有效，产生尖锐的刺头，形成一个非常粗糙的表面轮廓。显然这取决于工具的尖锐程度和冲击压力，会在坑蚀的底部和没有冲击到的表面留下污染物的残留。因此，旋转钢丝刷配合冲击清理来去除污染物是一个好方法。

3.4.3 干磨料喷射清理

干磨料喷射，包括喷丸与喷砂（或者两者的混合），统称为喷砂。

通常使用的干磨料喷射有两种，即：用压缩空气将磨料喷出；或者在不使用空气的情况下通过一个叶轮机将磨料甩出，也称为抛丸。使用磨料喷射对钢板基材进行处理在《涂覆涂料前钢材表面处理—表面处理方法—磨料喷射清理》ISO 8504-2：2019 和国家标准《涂覆涂料前钢材表面处理 表面处理方法 手工和动力工具清理》GB/T 18839.2—2002 中有相关规定。喷射后的目视清洁度在《涂覆涂料前钢材表面处理—表面清洁度的目视评定—未涂覆过的钢材和全面清除原有涂层后的钢材表面的锈蚀等级和处理等级》ISO 8501-1：2019 和国家标准《涂覆涂料前钢材表面处理 表面清洁度的目视评定 第 1 部分：未涂覆过的钢材表面和全面清除原有涂层后的钢材表面的锈蚀等级和处理等级》GB/T 8923.1—2011 中有相关规定。

3.5 压缩空气喷射清理方法

自 20 世纪 30 年代以来，因为其设备可靠、多功能性和清理基材的高效率，压缩空气喷射清理成为最常用的一种表面处理方法，该系统通过压缩空气来高速推进磨料至基材表面，速度越高，冲击力越大，清理效率越高。

3.5.1 压缩空气喷射清理装置

如图 3-4 所示，对压缩空气喷射清理装置部件和性能进行简要介绍。

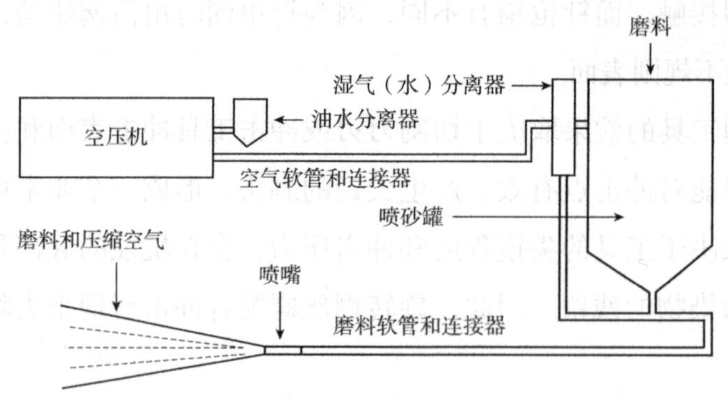

图 3-4 压缩空气喷射清理装置的部件

（1）空气供应

通常由固定式或移动式空压机供应空气，空压机必须满足两个基本要求。

第一，能产生所需压力指标的空气。喷砂清理的压力不小于 7kg/cm^2（100psi），并且能在到达喷嘴前保持这一压力。第二，能产生所需容量的空气。要求的空气量很大程度上是由喷嘴尺寸来决定的，一般 9.5mm（3/8″）的喷嘴可产生空气量为 340m^3/h 左右，压力在 7kg/cm^2 且空气量为 340m^3/h 的喷砂设备要求的压缩机功率为 37kW（50hp）。

使用空压机存在两个潜在问题，一是喷砂罐为压力容器，不应该超过它的额定工作压力，故喷砂罐可能会装配减压（安全）阀；二是过高的压力意味着磨料带着过高的冲击能量冲击基材，可能会导致磨料撞击嵌入钢板表面，一旦出现这种情况，很难通过吹风或真空吸尘清理来彻底去除。

压缩机的空气压力可通过在紧贴喷嘴后的喷砂软管处插入一个针压计（如图 3-5）来测量。为了避免污染基材，压缩机中的空气必须清洁干燥。压缩机产生的空气是否洁净，可以参照 ASTM D 4285-83（2018）“显示压缩空气中油或水的标准测试方法”进行测试，将压缩空气气流对准白色的吸收性或非吸收性材料，如吸墨纸、滤纸等，距离表面 60cm 内排放 1min 后，观察并判断是否有油或水，或两者都有。

图 3-5 针压计

（2）空气软管

空气从压缩机流出后会经过多头分配阀门、连接器和空气软管到达喷砂罐的湿气分离器，空气软管必须有足够的尺寸以便有足够的空气流量，不至于由于摩擦力造成不适当的压力下降。作为常规准则，供气软管直径应是喷嘴口径的 3~4 倍；30m 以上的管，其管径应是喷嘴口径的 4 倍以上，空气软管的内在连接器和压缩机阀门都会造成压力降低。

（3）湿气（水）分离器

压缩空气进入喷砂罐前，应先流经湿气分离器，这样才能保证到达基材的空气是干燥的。如果压缩机或喷砂罐上没有油水分离器，在喷砂开始前，应让压缩空气流经整个系统，直到喷砂管中没有明显的湿气喷出。

（4）喷砂罐

喷砂罐是一个压力容器，原理是让一定量的磨料通过压缩空气使其流向喷砂软管和喷嘴，如图 3-6 所示，磨料流从喷嘴喷出，以极高的速度冲击底材表面，依靠冲击和磨削等作用去除金属底材表面的铁锈、氧化皮、旧涂层等，并在表面形成一定的粗糙度。

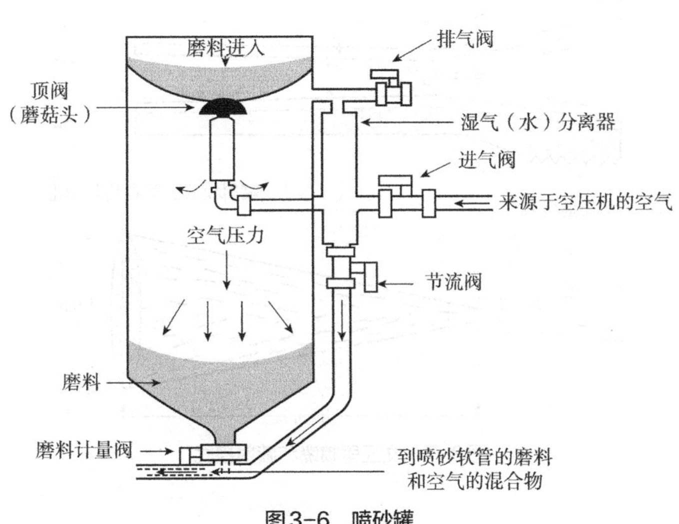

图3-6　喷砂罐

（5）喷砂软管

磨料和压缩空气从喷砂罐经过喷砂软管流向喷嘴，运送压缩空气和磨料的软管类型必须正确；喷砂软管必须是防静电的类型，这样才能消散在喷砂过程中产生的静电荷；老的软管用寿命长且不容易断裂的铜线来贯穿整根软管，且在喷砂罐处必须接地；新型的喷砂软管是将碳黑植入橡胶用来消除静电，避免断裂和电流阻断的危险存在。

（6）喷砂软管接头

喷砂软管需要装配外部连接件，内部连接件不能用于连结喷砂软管。外部连接件可使空气和磨料从喷砂罐到喷嘴无阻碍流动，有助于保持效率，并且外部连接件可以在没有工具的情况下连接和脱离，比内部连接件更快更方便。

喷砂软管的末端与喷嘴连接有两个方法，可将喷嘴塞入软管并用小型弹力夹固定；或者通过安装一个外部管口固定器连接。外部管口固定器可以防止压力降低，而且可以阻止喷嘴严重磨损，使用安全。

（7）喷嘴

喷砂使用的喷嘴有两种类型，即：如图 3–7 所示的文丘里（Venturi）喷嘴和图 3–8 所示的传统（直孔）形喷嘴。由于文丘里喷嘴清理效率高，已大量替代了直孔形，但偶然还是会看到直孔形喷嘴或者将老旧管子当作喷嘴的情况。

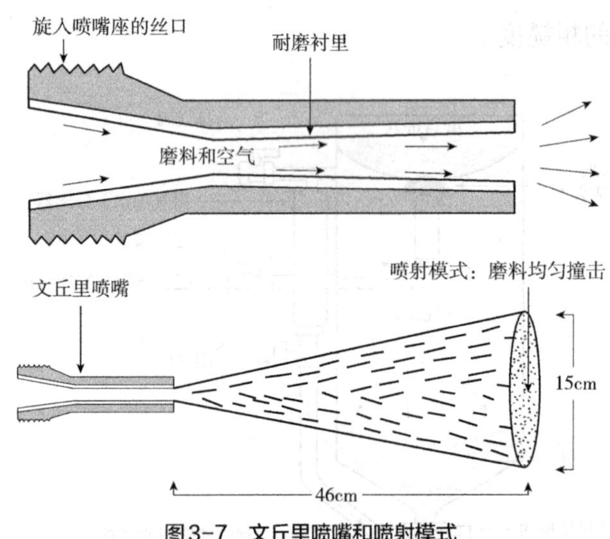

图3–7　文丘里喷嘴和喷射模式

文丘里喷嘴有一个较大的入口喉或收敛角，尖端逐渐变细到一段笔直部分，这部分到出口轻微张开，磨料穿过文丘里喷嘴的笔直部分，在 $7kg/cm^2$ 的压力下产生的喷射速度为 724km/h。这是直孔径喷嘴速度的两倍。由于清理效率与磨料的能量、磨料的质量和速度有关，这使得文丘里喷嘴的清理效率很高，清理效率的增长与速度的平方成正比。

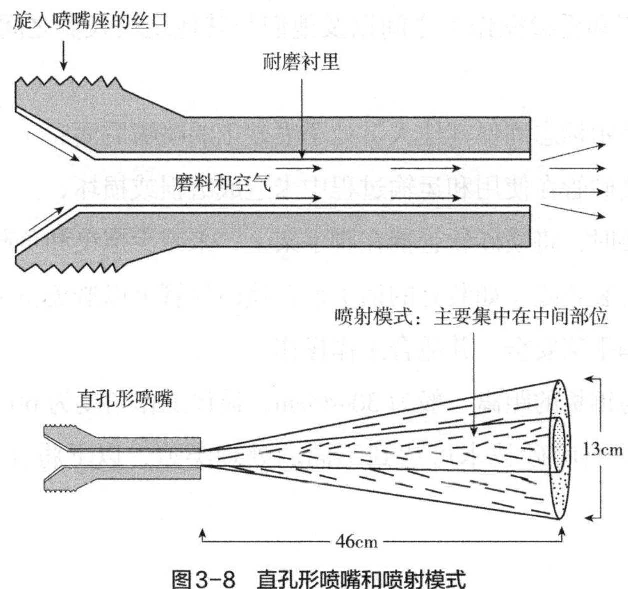

图 3-8　直孔形喷嘴和喷射模式

文丘里喷嘴的磨料冲撞是很强烈的，但更重要的是为整个喷射模式提供了统一的冲击效果，这意味着喷砂工可以在喷砂表面快速移动，不需要重叠喷射。喷嘴距离表面约 46cm 时能产生较好效果，但这显然要求喷砂工便于接触被清理的区域，对于磨料流难以直接到达的区域，例如角钢的背面，喷砂工只能降低喷嘴到表面的距离进行喷砂，并达到相同的清理效果。

直孔形喷嘴的喷嘴口处有一个角度很小的收敛角，这个角一直延伸到喷嘴的笔直部分，朝出口的方向上并没有张开，这使得磨料在 $7kg/cm^2$ 的压力下产生出喷出速度为 354km/h。在喷嘴距离待处理表面 46cm 状态下，磨料形成一个宽度为 13cm 的喷砂面；但只有中心部位宽度为 5cm 的区域得到了充分的喷砂清理，故喷砂工需要做大量的重叠喷砂。

喷嘴的材质应从经济和实用性角度考虑，常用的有陶质喷嘴、铸铁喷嘴、硼合金喷嘴、碳化钨喷嘴、内衬碳化硼喷嘴、内衬氯化硅喷嘴。

3.5.2　喷砂操作工

喷砂作业最重要的组成部分是经过良好训练、装备良好并可以安全迅速地完成作业的操作工。喷砂作业的危险包括压缩空气、高速磨料、粉尘、噪声和喷砂产生的静电释放等。喷砂工应采取的常规安全和技术措施包括：

（1）确保设备状态良好，设备接地良好，不存在过压情况；

（2）喷砂工和看罐操作工之间以及他们与其他现场人员之间达成统一信号交流系统；

（3）摆放警示标志确保其他人员处于喷砂工的喷嘴后面；

（4）确保喷砂管在使用和运输过程中未造成磨损或损坏；

（5）在必要时，将喷砂软管捆在脚手架上，来减少拖曳和负载；

（6）将遥控装置线（如装有的话）系在喷砂软管上以避免扭结；

（7）确保脚手架安全，并适合工作操作；

（8）喷嘴与钢板的距离一般为30~45cm，最佳工作角度为60°~75°。

不同的干磨料喷砂技术可达到不同的处理类型，以下将介绍喷砂的各种做法。

3.5.3 局部喷砂

当结构表面有斑点腐蚀时，会用点喷砂对腐蚀斑点进行处理，通常要求达到清洁度为Sa 2级或Sa $2^1/_2$级（或对等标准），再跳跃地喷砂处理下一个腐蚀区域，并不需要清理涂层完整的无腐蚀区域。

3.5.4 整体喷砂

当需要全部或几乎全部去除涂层和污染物的时候采用整体喷砂，最普遍参考的标准是国际标准ISO 8501-1：2019（合并了旧版的瑞典标准SIS 05 59 00）、日本的JSRA标准和美国的SSPC/NACE标准，这些标准都是图文并茂的。

3.5.5 扫砂

用一股磨料对表面进行扫射清理的处理方法，扫砂分为轻度扫砂和重度扫砂，扫砂的效果取决于钢板表面种类和状态、磨料的种类和颗粒的大小，最重要的还有操作者的技术水准。

（1）轻度扫砂

磨料（砂）流在需处理的表面上的快速移动。采用轻度扫砂有两个目的，一是用来处理现有的坚硬或光滑涂层，使其产生沟槽或蚀刻效果，以提高后续涂层的附着力；二是用来去除表面的污染物、疏松涂层和部分腐蚀产物。用于轻度扫砂的磨料的尺寸是重要的，当要避免破坏涂层时，0.2~0.5mm范围内的细粒度磨料最适合，有时候需要使用细小磨料去除特殊涂层，比如去除已皂化的防污漆而不会损伤其下面的涂层。

（2）重度扫砂

重度扫砂可以去除大部分老旧涂层至车间底漆或至裸钢板，也可以去除大多数的锈蚀或锈垢的堆积物，使用重度扫砂达到表面的整体清洁并不经济，但可以使其满足某些涂料附着的要求。

3.5.6　真空喷砂

真空喷砂通常是压缩空气喷射的形态。如图 3-9 所示，真空喷砂设备将喷嘴和特殊设计头部的吸收装置连接起来，该头部被固定于待喷砂表面，以去除或减少粉尘，磨料则被送回喷砂压力罐再利用，而不是到处飞扬。

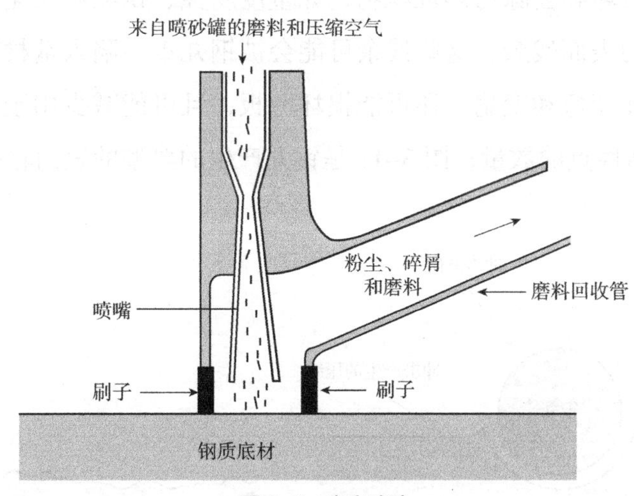

图 3-9　真空喷砂

用于干磨料喷射系统的磨料有多种，而用于湿磨料喷射系统的磨料较少，它们以不同的方式清理表面。磨料选择取决于要求的表面粗糙度和清洁度，以及成本、可行性和健康安全因素，通常分为金属和非金属两大类。

3.5.7　金属磨料类型

金属磨料最常用的三种类型是铸钢、锻铁和冷硬铸铁。冷硬铸铁非常坚硬，其清理速率很高，但是它很快就会碎裂，磨料的消耗量很高，并且会快速地磨损抛丸清理机的叶轮；锻铁的硬度是冷硬铸铁的一半，这使其寿命延长了一倍，对叶轮的磨损减少了，但清理速率降低了，且会使基材遭受游离碳的污染；铸钢是金属磨料中最常用的，因为可以根据应用将它生产成不同的硬度，且其有效使用寿命长。

以上三种金属磨料都可生产成丸或砂，丸的制作通常是将熔化金属流浇向增压水喷射使其分裂成任意尺寸，然后丸被淬火并按尺寸分级；砂只是简单地用滚筒碾压机或球磨机将丸碾压制成，砂也按照尺寸来分级；丝段（圆柱粒）是金属磨料的另一种形式，可由多种金属来制成，包括钢铁、铝、铜和黄铜，但使用并不广泛。

（1）钢丸

如图 3–10 所示，钢丸主要通过碰撞损坏进行清理并产生一个“敲击”表面，表面与用一个球形斧锤打击形成的表面相似，钢丸比钢砂产生的粗糙度小。

钢丸擅长破坏和去除易碎堆积物，如重度腐蚀、锈垢和氧化皮，但是并不擅长去除较薄的表面残余，这些残余可能会被钢丸重击陷入基材表面；钢丸碰撞会使基材表面变弯和变扁，还可能损坏薄板，且可能减少用于使涂层有效附着的表面反应活性点的数量，图 3–11 是钢丸产生的典型的表面轮廓。

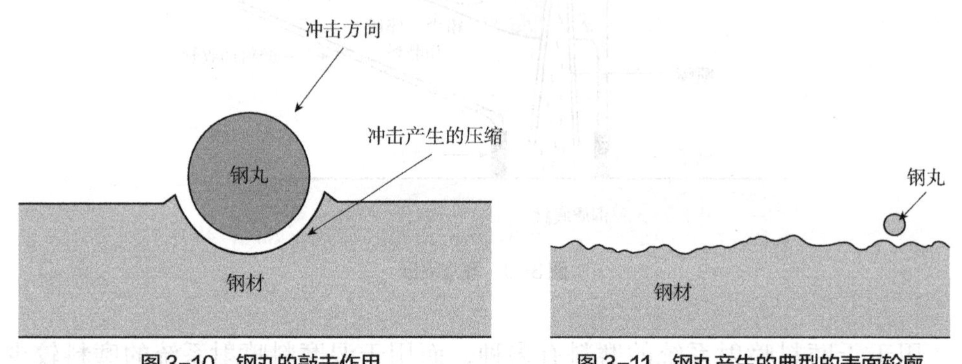

图 3–10　钢丸的敲击作用　　图 3–11　钢丸产生的典型的表面轮廓

（2）钢砂

如图 3–12 所示，新钢砂是有角的，与砂或丸相比，可达到更有效的切削作用。新砂所产生轮廓的波峰和沟槽都很尖锐，但随着钢砂磨损而变圆，产生的表面更趋向于敲击表面，钢砂的切削作用趋向于切开基材表面并增加涂层附着在表面反应活性点的数量。

新的钢砂，尤其是大尺寸钢砂，会产生过高的波峰，高于其他的表面轮廓，

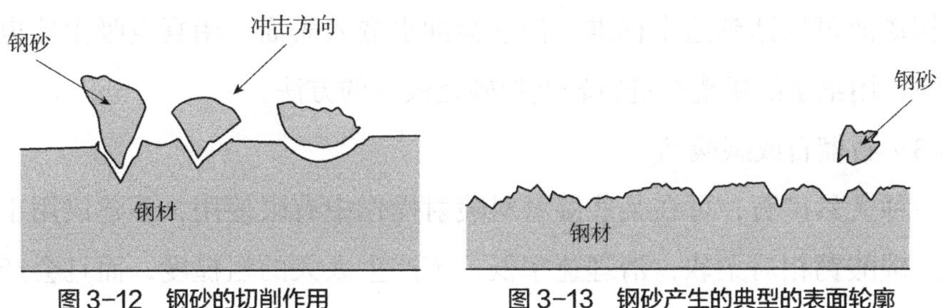

图 3-12　钢砂的切削作用　　图 3-13　钢砂产生的典型的表面轮廓

这些过高的波峰会突入薄涂层中，除非在涂装前将其砂磨或打磨掉，否则会导致“过早锈蚀”，如图 3-13 所示为钢砂产生的典型的表面轮廓。

为了产生一个利于涂层长久寿命的表面粗糙度（轮廓），通常会将钢丸、钢砂（或钢丝段）按一定比例混合后使用。

《涂覆涂料前钢材表面处理—喷射清理用金属磨料的技术要求》ISO 11124 和国家标准 GB/T 18838 中给出了金属磨料的规格；《涂覆涂料前钢材表面处理—喷射清理用金属磨料的试验方法》ISO 11125 和国家标准 GB/T 19816 中给出了金属磨料的测试方法。

3.5.8　非金属磨料类型

非金属磨料可以分成天然磨料、副产品磨料和人造磨料（工业磨料　）三个小类；天然磨料包括硅砂（石英砂）、橄榄石、石榴石或碳酸钙、沙和矿石渣磨料等，此外，还有金属矿渣、煤渣、金刚砂、氧化铝、玻璃珠、碳酸氢钠、干冰珠。

（1）硅砂（石英砂）

因为较便宜而且容易得到，采石场、河床、海滩和沙漠中天然生成的硅砂被广泛使用。这些砂通常由不同材料的混合物组成，主要成分是晶体形式的硅。根据不同的来源，晶体可能是尖锐的角形或近似球形，但其在喷射清理方面都很有效。

（2）橄榄石

一种具有细小粒度的重矿物，无法形成大的粗糙度，对有些施工场景这是优势，例如，在酸洗钝化前使用橄榄石来清理不锈钢货舱，避免不锈钢货舱表面产生粗糙度；橄榄石砂可用来去除已喷好砂的表面上的夹杂磨料，例如，硅酸锌舱室涂料要求喷砂标准达到 Sa $2^1/_2$–Sa 3，且表面粗糙度达到 70μm，粒度较大的铜矿渣可以达到这个标准，但它会冲击嵌入表面，用真空吸尘器也不能将其去除，用细小的橄榄石进行轻度扫砂是极好的方法。

（3）石榴石或碳酸钙

一种天然矿石，可在某些湿磨料喷射操作中有限使用，不建议用于干磨料喷射。碳酸钙相对柔软，清理速率低，不产生太大的粗糙度，而且会产生大量粉尘。碳酸钙并不是一个惰性材料，在弱酸性环境下会溶解，留在表面成为污染物，影响涂层的附着力。

（4）沙和矿石渣磨料

如图 3–14 所示，这种类型的磨料趋向于冲刷和切削表面。冲刷作用是磨料颗粒冲击表面时因碎裂而产生的，然后从冲击点以平行方向迅速地飞向金属表面，随着磨料的运动，冲刷锈蚀并清除坑蚀中的污染物，这个作用产生了一个典型的出白的外观。

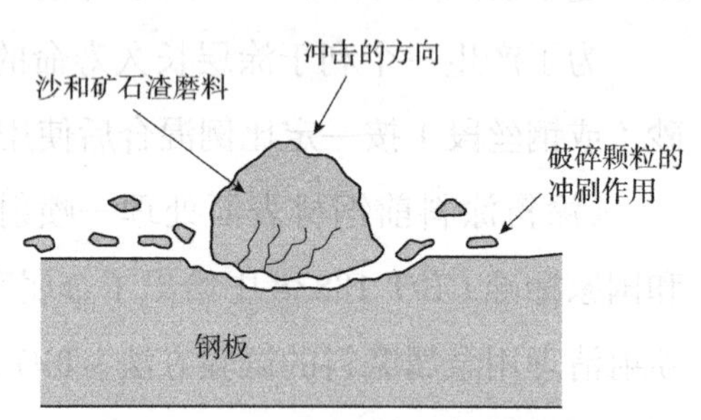

图 3–14　沙和矿石渣磨料的冲刷作用

与通常不会因为冲击而碎裂的钢丸和钢砂比，沙和矿石渣更能够有效地清理锈蚀区域并去除坑蚀中的污染物，然而，沙和矿石渣的较小冲击力使其在去除重锈和氧化皮上没有金属磨料那样有效。《涂覆涂料前钢材表面处理—喷射清理用非金属磨料的技术要求》ISO 11126 和国家规范 GB/T 17850 中，给出了非金属磨料的规格;《涂覆涂料前钢材表面处理—喷射清理用非金属磨料的试验方法》ISO 11127 和国家规范《涂覆涂料前钢材表面处理 喷射清理用非金属磨料的试验方法》GB/T 17849—1999 中，给出了非金属磨料的测试方法。

3.5.9　混合磨料作业

所有金属磨料最终都会在使用中变成越来越小的粒子而报废，之后通过设备的分离系统将其清除，消耗率取决于磨料硬度。通常在每次轮班开始和结束时，必须在系统中加入新的磨料来平衡损失，这意味着抛丸清理机和真空回收装置通常要处理大量不同尺寸的磨料，这称为混合磨料作业。控制混合尺寸是控制清理速率和表面粗糙度的关键，最好采用经过恰当分级的混合尺寸的磨料颗粒来达到有效的喷射效果。

3.5.10 表面粗糙度和磨料类型

决定表面粗糙度（轮廓）的因素有很多，其中包括：①被清理表面的强度和硬度；②磨料速度，磨料速度、质量和动能间的关系；③磨料的硬度和比重；④磨料颗粒尺寸，表面粗糙度（轮廓）随着磨料尺寸的增大而增大；⑤磨料冲击角度，表面粗糙度（轮廓）随着磨料冲击角越接近垂直而越大；⑥表面喷射时间，通常表面粗糙度（轮廓）随着喷砂标准的提高而增加。

3.5.11 表面粗糙度要求与磨料尺寸

表面粗糙度（轮廓）是锯齿状表面的波峰顶点和相邻波谷底部之间的距离，不同的波峰波谷，该距离是不同的，所以通常规格书和涂料产品说明书规定的是一个平均值（R_y5/R_z），一些规格书也会采用最大允许值（R_y）。

测量粗糙度的方法有很多种，测量仪器可以给出准确读数。表 3–3 列出了不同尺寸的铜矿渣磨料在低碳钢上喷射出的平均粗糙度，所有的磨料生产商都会针对产品提供这类磨料 / 粗糙度表。

磨料尺寸和粗糙度范围　　表 3–3

磨料尺寸（mm）	表面粗糙度范围（μm）
1.00~3.1	~200
1.50~2.5	100~150
0.25~2.0	85~130
0.20~1.5	75~100
0.25~1.4	70~100
0.20~0.7	25~50
0.10~0.4	10~15

3.5.12 磨料清洁度

磨料的污染物包括但不限于水 / 湿气污染物、油污染物和可溶性盐污染物等，含有大量污染物的磨料会给需要清理的基材带来严重问题。

磨料不吸收水（不吸湿），但贮存在潮湿环境下会变潮，一般建议磨料含水不超过其重量的 0.2%，实验室检测要求磨料在加热前后进行称重，以确定其水分含量。金属性磨料应该依照 ISO 11125–7：2018 或《涂覆涂料前钢材表面处

理 喷射清理用金属磨料的试验方法 第 7 部分：含水量的测定》GB/T 19816.7—2005，非金属性磨料应该按照 ISO 11127-5：2020 或《涂覆涂料前钢材表面处理 喷射清理用非金属磨料的试验方法》GB/T 17849—1999 进行水分检测。

磨料表面不允许被任何油污染物污染，“小瓶测试”可以检测磨料是否被油污染，将磨料放置在干净的水中，可能会在水面上看到油污染物，或者在水中形成乳状液，紫外线测试可检测磨料中和磨料喷射过的表面是否有油污染物。

磨料表面的污染物有三种明显来源，一是污染物可能在生产过程中进入磨料，二是贮存过程产生的污染物，三是重复利用产生的污染物，在处理被污染过的表面后，磨料没有经过恰当的清理就被重复利用，则一定会被污染。

3.6 表面清理标准

一次表面处理最常用的是瑞典标准 SIS 055900，该标准最初由瑞典腐蚀学会联合美国试验与材料协会（ASTM）和美国钢结构涂装理事会（SSPC）提出；其他国家标准，例如：德国的 DIN SS.928 和丹麦的 DS 2019 都近似于这个标准；SIS 055900 现已被取代并合并入国际标准 ISO 8501-1：2019，我国与之对应的国家标准是《涂覆涂料前钢材表面处理 表面清洁度的目视评定 第 1 部分：未涂覆过的钢材表面和全面清除原有涂层后的钢材表面的锈蚀等级和处理等级》GB/T 8923.1—2011。

3.6.1 ISO 8501-1 标准

该标准同时使用文字和彩色照片定义表面的清洁度，给出了钢板处理前的 4 个初始等级。如图 3-15 所示，未涂装钢板的 4 个初始锈蚀等级定义如下：

（1）等级 A：大面积覆盖着粘着的氧化皮，而几乎没有铁锈的钢材表面；

（2）等级 B：已开始锈蚀，且氧化皮已开始剥落的钢材表面；

（3）等级 C：氧化皮已因锈蚀而剥落或者可以刮除，但目测仅见到少量点蚀的钢材表面；

（4）等级 D：氧化皮已因锈蚀而剥落，目测已可见到普遍发生点蚀的钢材表面。

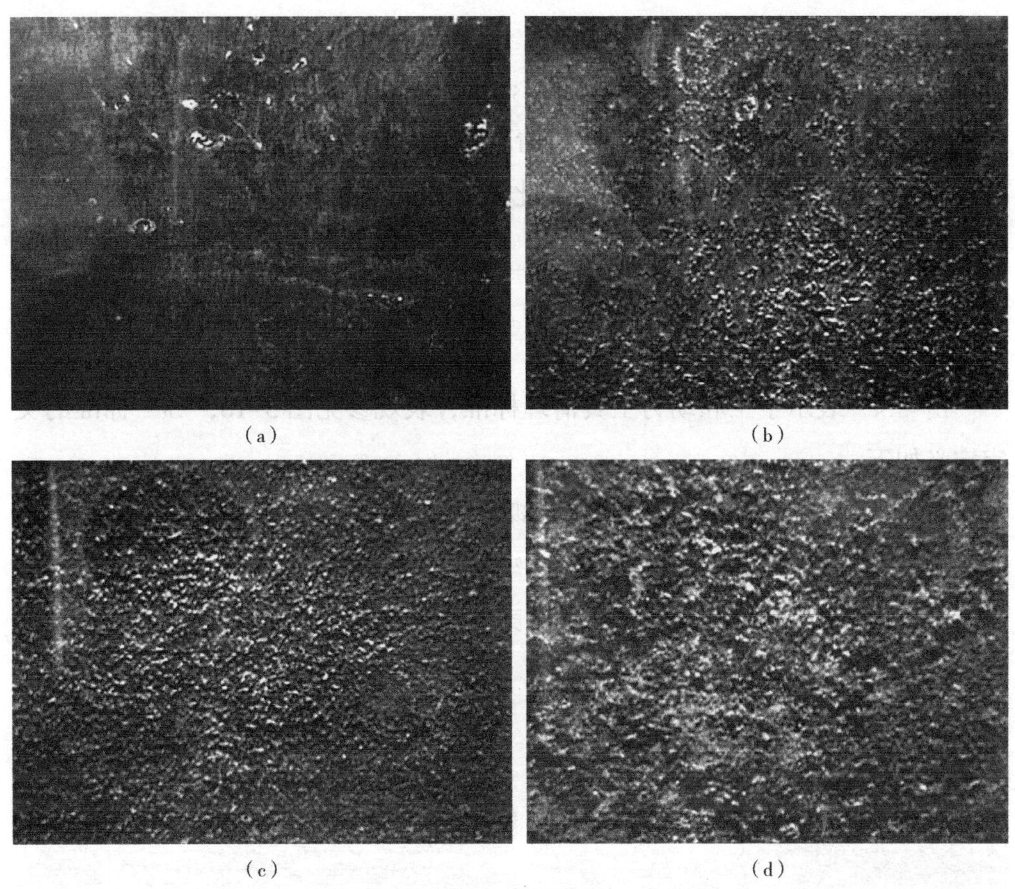

图 3-15　锈蚀等级

(a) 锈蚀等级 A；(b) 锈蚀等级 B；(c) 锈蚀等级 C；(d) 锈蚀等级 D

3.6.2　喷射清理标准

由"Sa"表示喷射标准，从最低 Sa 1，Sa 2、Sa $2^1/_2$ 到 Sa 3，原来的瑞典标准并不包括 Sa $2^1/_2$，因为现场要达到 Sa 3 不实际，但需要有一个比 Sa 2 定义更高的标准，所以将 Sa $2^1/_2$ 加入，在实践中，Sa $2^1/_2$ 是现场通常能达到的最高标准。

喷射标准文字描述如下：

(1) Sa 1 轻度喷射清理：在不放大的情况下进行观察，表面应无可见的油脂和污垢，并且没有附着不牢的氧化皮、铁锈、油漆涂层和异物；

(2) Sa 2 彻底喷射清理：在不放大的情况下进行观察，表面应无可见的油脂和污垢，并且几乎没有氧化皮、铁锈、油漆涂层和异物，任何残留物应当是附着牢固的；

(3) Sa $2^1/_2$ 非常彻底的喷射清理：在不放大的情况下进行观察，表面应无可见的油脂和污垢，并且没有氧化皮、铁锈、油漆涂层和异物，任何污染物的残留痕迹应仅是点状和条状的轻微色斑；

（4）Sa 3 使钢材表观洁净的喷射清理：在不放大的情况下进行观察，表面应无可见的油脂和污垢，并且没有氧化皮、铁锈、油漆涂层和异物，表面应具有均匀的金属色泽。

3.6.3 手工和动力工具清理标准

由“St”表示手工和动力工具清理标准，表观参见图 3-16，“St”标准的文字定义如下：

（1）St 2 彻底的手工和动力工具清理：在不放大的情况下进行观察，表面应无可见的油脂和污垢，并且没有附着不牢的氧化皮；

（2）St 3 非常彻底的手工和动力工具清理：同 St 2，但表面处理得要彻底得多，金属底材应显现出金属的光泽。

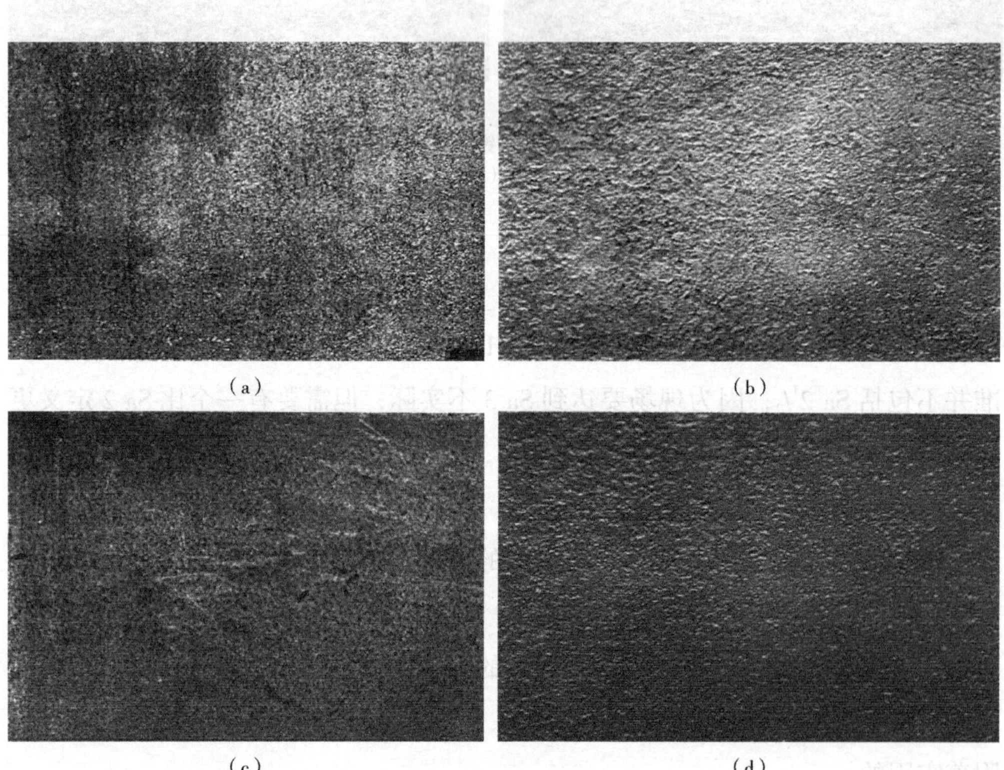

（a） （b） （c） （d）

图 3-16 St 标准的锈蚀等级 C 和 D

（a）St 2 的锈蚀等级 C；（b）St 2 的锈蚀等级 D；（c）St 3 的锈蚀等级 C；（d）St 3 的锈蚀等级 D

3.6.4 美国防护涂料协会 SSPC 标准

美国防护涂料协会颁布的SSPC标准，包括手工、动力工具清理和磨料喷射清理，与ISO标准非常相似，在《钢结构涂装手册》第二卷中给出了相关标准的文字定义；在SSPC VIS 1中对磨料喷射清理定义补充了目测标准，给出了处理前4个初始锈蚀等级，然后是不同程度的喷射清理。SSPC后来制定了目测标准SSPC VIS 3，规范化了手工和动力工具清理，手工和动力工具清理比磨料喷射清理更环保。

SSPC VIS 1定义的表面处理前的4个锈蚀等级如下：

（1）等级A：钢表面完全覆盖着氧化皮，几乎或完全没有目测可见的锈蚀；

（2）等级B：钢表面覆盖了氧化皮和锈蚀；

（3）等级C：钢表面完全覆盖着锈蚀，几乎或完全没有目视可见的点蚀；

（4）等级D：钢表面完全覆盖着锈蚀，有目测可见的点蚀。

SSPC手工和动力工具清理有4个标准。

（1）SSPC-SP 2手工工具清理

手工工具清理可清除所有松散氧化皮、锈蚀、油漆以及其他有害异物，附着牢固的氧化皮、锈蚀和油漆不在此清理程序范围内，使用钝油灰刀无法铲除的氧化皮、锈蚀和油漆被视作处于附着状态。

（2）SSPC-SP 3动力工具清理

动力工具清理可清除所有松散氧化皮、锈蚀、油漆以及其他有害异物，附着牢固的氧化皮、锈蚀和油漆不在此清理程序范围内，使用钝油灰刀无法铲除的氧化皮、锈蚀和油漆被视作处于附着状态。

（3）SSPC-SP 15商业级动力工具清理

未经放大查看时，经动力工具清洁表面应不存在可见的油污、油脂、灰尘、污垢、涂层、氧化物、轧制氧化皮、腐蚀产物及其他异物，随机分布污渍应限制在不超过每单位表面积33%的范围内。污渍可能包括由锈渍、氧化皮或原有涂层所造成的浅印、轻微条纹或变色，如原来的表面存在凹坑，则在凹坑底部可以残留少许锈渍和油漆。根据ASTM D4417-21方法C或双方议定的其他方法测量时，表面轮廓粗糙度最低应为25μm。

（4）SSPC-SP 11动力工具清理至裸露金属

未经放大查看时，经动力工具清理过的钢材表面应不存在可见的油污、油脂、灰尘、污垢、涂层、氧化物、氧化皮、腐蚀产物及其他异物，如原来的表面存在凹坑，则在凹坑底部可以残留少许锈渍和油漆。根据 ASTM D4417 方法 C 或双方议定的其他方法测量时，表面轮廓粗糙度最低应为 25μm，表面峰谷之间应形成连续轮廓，其间不能有光滑的和没有粗糙度的点。

从以上定义可以看出，SSPC-SP 2 和 SSPC-SP 3 在清洁程度要求方面是完全一样的，只不过前者使用的是“手工工具”，后者使用的是“动力工具”，这与 ISO 的 St 2 和 St 3 之间的关系是不同的。SSPC-SP 15 和 SSPC-SP 11 都规定应产生一个合适的粗糙度，不得小于 25μm，这在其他级别的打磨或其他标准的打磨，或是喷砂的定义里都没有提及，一般在业主规格书或涂料供应商的技术说明书中会对粗糙度要求进行规定。

虽然 ISO 8501-1 与 SSPC 标准对“锈蚀等级”4 个级别的定义本质基本一致，但对于其中等级“C”，前者描述为“氧化皮已因锈蚀而剥落或者可以刮除”，后者描述为“钢表面完全覆盖着锈蚀”，二者略有区别。

3.6.5 SSPC/NACE 喷射清理联合标准

（1）SSPC-SP 7/NACE No.4 扫砂级喷射清理

未经放大查看时，表面应不存在可见的油污、油脂、灰尘、污垢，松脱的轧制氧化皮、锈蚀以及涂层，牢固附着型氧化皮、锈蚀和涂层可以存留于表面，如使用钝油灰刀也无法清除，则视氧化皮、锈蚀和涂层为牢固附着型污渍。

（2）SSPC-SP 6/NACE No.3 商业级喷射清理

未经放大查看时，表面应不存在可见的油污、油脂、灰尘、污垢、氧化皮、锈蚀、涂层、氧化物、腐蚀产物和其他异物，随机分布污渍应限制在不超过每单位表面面积上 33% 的范围内，可能包括由锈渍、氧化皮污渍或此前喷涂污渍所造成的浅印、轻微条纹或变色。

（3）SSPC-SP 10/NACE No.2 近似出白金属喷射清理

未经放大查看时，表面应不存在可见的油污、油脂、灰尘、污垢、氧化皮、锈蚀、涂层、氧化物、腐蚀产物和其他异物，随机分布污渍应限制在不超过每单位表面面积 5% 的范围内，可能包括由锈渍、氧化皮污渍或原有涂层污渍所造成的浅印、轻微条纹或变色。

（4）SSPC–SP 5/NACE No.1 出白金属喷射清理

未经放大查看时，表面应不存在可见的油污、油脂、灰尘、污垢、氧化皮、锈蚀、涂层、氧化物、腐蚀产物和其他异物。

SSPC–SP 10 与 Sa $2^1/_2$ 相类似，从原先标准的代码中可以看出，它明显是后来补充的。

3.6.6　ISO、SSPC 与 NACE 表面处理标准比较

表 3–4 以清洁度递减的次序给出了 ISO、SSPC、NACE 标准的比较。

ISO、SSPC、NACE 标准的比较　　表 3–4

ISO（GB/T 8923）	SSPC	NACE
Sa 3	SP 5	No.1
Sa $2^1/_2$	SP 10	No.2
Sa 2	SP 6	No.3
Sa 1	SP 7	No.4
—	SP 11	—
—	SP 15	—
St 3（手工或动力）	SP 2（手工）/ SP 3（动力）	—
St 2（手工或动力）	SP 2（手工）/ SP 3（动力）	—

3.7　钢结构缺陷分类及处理方法

3.7.1　钢结构缺陷分类

（1）表面迭片结构

当喷砂后，如图 3–17 所示，这类缺陷竖立在表面时，就有可能会暴露出来，任何涂层系统都无法涂装或保护迭片结构，所有的表面迭片结构应进行打磨并完全清除。

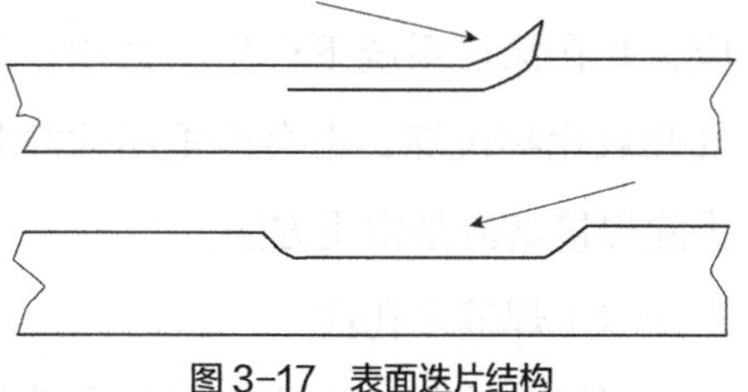

图 3–17　表面迭片结构

（2）裂纹和深度裂缝

这类缺陷会截留湿气形成腐蚀电池，应采用打磨的方法磨光这类缺陷，对于深度裂纹则通过堆焊将其填补好，再将表面磨光。

（3）夹杂物

未能在抛丸或喷砂清理过程中清除的钢板所有表面的夹杂物包括氧化皮，应用敲铲和打磨来清除，然后通过焊接来填补表面，如需要再视情况将其磨光。

（4）锐边

湿润的涂料会从锐边处流走形成干膜厚度不够而导致涂层失效，如图 3-18 所示，包括火焰切割边在内所有锐边都应打磨光滑，推荐将锐边打磨成一个半径为 2~3mm 的圆弧。

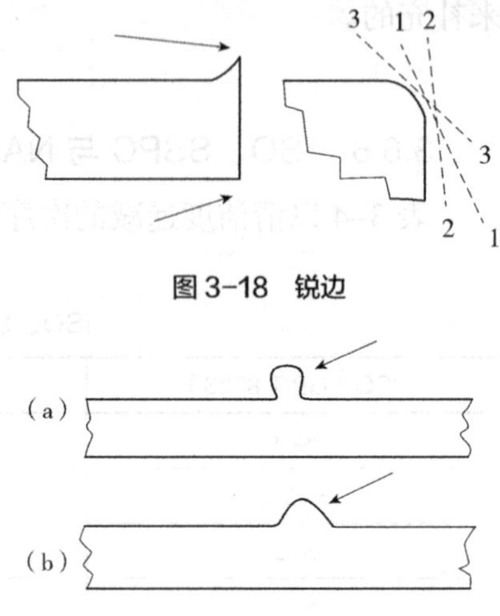

图 3-18　锐边

（5）电焊飞溅

尖锐不规则的或松散地附着在基材上的飞溅物，应采用打磨、敲铲或铲刮的方法将其去除。如图 3-19 所示，如在喷砂前发现飞溅，应采用打磨、敲铲或铲刮的方法将其去除，再进行喷砂处理。如在喷砂后发现飞溅，应采用敲铲或铲刮的方法将其去除；对于尖锐的飞溅，应打磨至圆钝；对于圆钝的飞溅，不需处理。

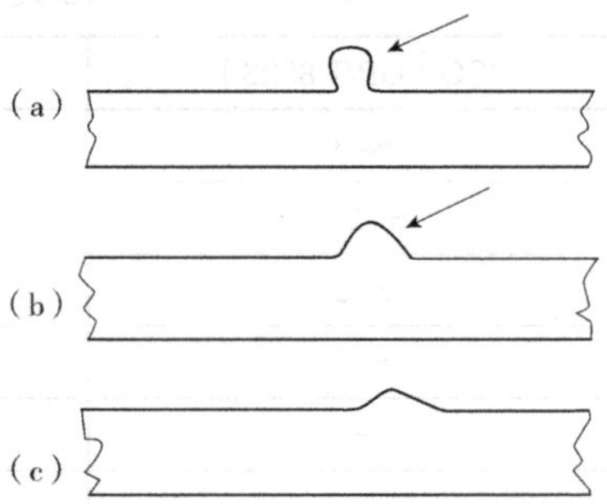

图 3-19　电焊飞溅

详细解释可参考标准 ISO 8501-3：2006 或国家标准《涂覆涂料前钢材表面处理 表面清洁度的目视评定 第 3 部分：焊缝、边缘和其他区域的表面缺陷的处理等级》GB/T 8923.3—2009。

（6）焊渣和焊接熔渣

焊渣是易碎的已经凝固的焊剂，渗透在焊接缝隙内或残存在焊缝周围区域，因为呈碱性，所以必须用铲刮或喷砂的方法来去除，否则可能会和油性树脂反应，并在涂层系统下产生腐蚀物；除了焊渣以外，在焊缝周围因焊接产生的烟气和氧化物沉淀，也会严重影响涂料附着力。使用钢丝刷、打磨或喷砂来彻底去除焊接熔渣是常用方法。

（7）焊缝多孔性

用涂装涂料的办法来修补多孔焊缝是不允许的，在该缺陷中将会形成腐蚀电池导致涂层系统失效，应采用堆焊方式填补焊孔，并将其打磨光滑。

（8）焊接咬口

如图 3-20 所示，焊接咬口的涂装非常困难，极易导致涂层系统的失效，应该通过打磨和填补来修补较严重的咬口，当咬口的深度超过 1mm，或者当宽度小于深度时，应先进行堆焊，然后再打磨处理。

（9）凹凸的手工电焊缝

机械焊接表面通常较光滑，极少出现涂装问题，如图 3–21 所示，手工焊接则可能会存在锐边或焊缝的参差不齐，这些缺陷会造成涂层系统失效，必须通过打磨来去除。

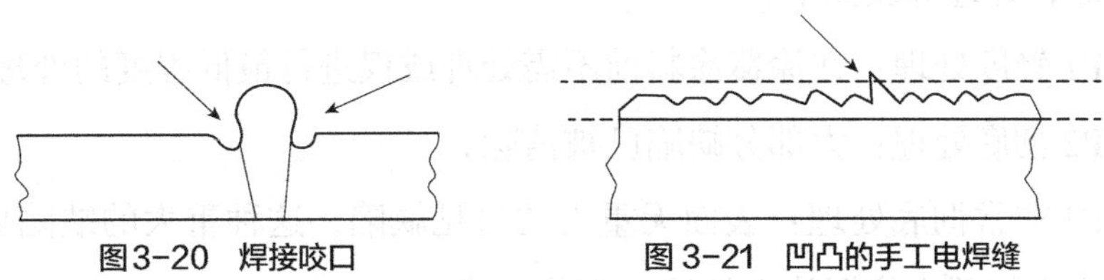

图 3–20　焊接咬口　　　　图 3–21　凹凸的手工电焊缝

（10）漏焊和跳焊

漏焊出现的概率要比想象中高，应该在涂装前查找缺陷区域并修正，但是在操作困难的区域和隐蔽区域可能注意不到，没有很好地焊接在一起的两块钢板之间的空隙，禁止采用涂装涂料进行修复，也不建议采用环氧腻子填补，这些区域会发生腐蚀，随之而来的结果就是涂层系统的失效，处理这类缺陷的正确方法是完善焊接。

跳焊是一种在焊接段间留下外露空隙的技术，但对钢结构造成了腐蚀问题，跳焊在涂装环节带来隐患，所以最好在设计阶段尽量不采用跳焊，或者在现场采取补焊，至少应该用环氧腻子填补的方法进行弥补。

综上所述的表面缺陷大多可通过打磨将其去除，但是打磨会降低表面粗糙度，并形成一个可能并不适合涂装的光滑表面，这取决于去除缺陷所使用的打磨工具，为了获得必须的粗糙表面，有时需要对这些区域进行再次处理。

3.7.2　钢结构的缺陷处理

钢结构的缺陷虽然通常并不会被认作污染物，但它会导致涂装失败，作为表面处理过程的一部分，必须将其修正。对于新建钢结构，应该将钢结构处理视为涂装程序中的一个重要环节，这项工作没有做好将不可避免地导致涂层系统的失败，业主有权利向钢结构制造企业和涂料生产企业索赔。正确方法是钢结构制造企业应在喷砂前检查，当完成喷砂后由涂装单位进一步检查，因为有些缺陷只能在喷砂后才能看到。作为涂装检验师，这两个环节的检查都要参与，确认缺陷处理后的钢构件表面是否符合涂装要求。

《涂覆涂料前钢材表面处理 表面清洁度的目视评定 第 3 部分》ISO 8501-3：2006 和国家标准《涂覆涂料前钢材表面处理 表面清洁度的目视评定 第 3 部分：焊缝、边缘和其他区域的表面缺陷的处理等级》GB/T 8923.3—2009 中规定了焊缝、边缘和其他区域的表面缺陷的处理等级，其中的缺陷分类包括焊缝、边缘和一般表面，处理等级如下：

（1）P1 轻度处理：在涂覆涂料前不需处理或仅进行最低程度的处理；

（2）P2 彻底处理：大部分缺陷已被清除；

（3）P3 非常彻底处理：表面无重大的可见缺陷，这种重大的缺陷更合适的处理方法应由相关方依据特定的施工工艺达成一致。

国际海事组织标准《所有类型船舶专用海水压载舱和散货船双舷侧处所保护涂层性能标准》IMO PSPC 和国家标准《船舶压载舱漆》GB/T 6823—2008 中，对所有钢结构涂料施工前的表面处理要求是 P2 等级；全球海洋工程标准《表面处理和防护涂层》NORSOK M501：2022 的要求是 P3 等级。

【重要定义、术语和概念】

（1）表面处理：指采用各种方法，对包括氧化皮、锈、盐、油脂、水和潮气、灰尘和磨料等在内的各种异物和污染物进行清理的一切活动。

（2）结构处理：对锐边锐角、表面迭片、飞溅、焊渣、咬口、跳焊和间断焊等各种结构缺陷的处理，以利于涂料的施涂、附着与性能。

（3）表面缺陷的处理等级：对“焊缝、边缘和其他区域的表面缺陷的处理等级”在 ISO 8501-3（《涂覆涂料前钢材表面处理 表面清洁度的目视评定 第 3 部分：焊缝、边缘和其他区域的表面缺陷的处理等级》GB/T 8923.3—2009）处理等级如下：

① P1 轻度处理：在涂覆涂料前不需处理或仅进行最低程度的处理；

② P2 彻底处理：大部分缺陷已被清除；

③ P3 非常彻底处理：表面无重大的可见缺陷，这种重大的缺陷更合适的处理方法应由相关方依据特定的施工工艺达成一致。

ISO 8501-1（《涂覆涂料前钢材表面处理 表面清洁度的目视评定 第 1 部分：未涂覆过的钢材表面和全面清除原有涂层后的钢材表面的锈蚀等级和处理等级》GB/T 8923.1—2011）锈蚀等级：未涂装钢板的 4 个初始锈蚀等级定义如下：

① 大面积覆盖着粘着的氧化皮，而几乎没有铁锈的钢材表面；

② 已开始锈蚀，且氧化皮已开始剥落的钢材表面；

③ 氧化皮已因锈蚀而剥落或者可以刮除，但在正常视力观察下仅见到少量点蚀的钢材表面；

④ 氧化皮已因锈蚀而剥落，在正常视力观察下，已可见到普遍发生点蚀的钢材表面。

ISO 8501-1（《涂覆涂料前钢材表面处理 表面清洁度的目视评定 第 1 部分：未涂覆过的钢材表面和全面清除原有涂层后的钢材表面的锈蚀等级和处理等级》GB/T 8923.1—2011）喷射清理等级：

（1）Sa 1 轻度喷射清理：在不放大的情况下进行观察时，表面应无可见的油脂和污垢，并且没有附着不牢的氧化皮、铁锈、油漆涂层和异物；

（2）Sa 2 彻底喷射清理：在不放大的情况下进行观察时，表面应无可见的油脂和污垢，并且几乎没有氧化皮、铁锈、油漆涂层和异物，任何残留物应当是附着牢固的；

（3）Sa $2^1/_2$ 非常彻底的喷射清理：在不放大的情况下进行观察时，表面应无可见的油脂和污垢，并且没有氧化皮、铁锈、油漆涂层和异物，任何污染物的残留痕迹应仅是点状和条状的轻微色斑；

（4）Sa 3 使钢材表观洁净的喷射清理：在不放大的情况下进行观察时，表面应无可见的油脂和污垢，并且没有氧化皮、铁锈、油漆涂层和异物，该表面应具有均匀的金属色泽。

【参考文献】

[1] ISO 8501-1：2019，Preparation of Steel Substrates before Application of Paints and Related Products—Visual Assessment of Surface Cleanliness—Part 1：Rust Grades and Preparation Grades of Uncoated Steel Substrates and of Steel Substrates after Overall Removal of Previous Coatings[S]. Geneva，ISO，2019.

[2] SSPC VIS 1，Guide and Reference Photographs for Steel Surfaces Prepared by Dry Abrasive Blast Cleaning[S]. Pittsburgh，The Society for Protective Coatings，1989.

[3] SSPC VIS 3，Visual Standard for Power and Hand-tool Cleaned Steel[S]. Pittsburgh，The Society for Protective Coatings，1993.

[4] SSPC VIS 4 /NACE VIS 7，Guide and Reference Photographs for Steel Surfaces Prepared by Water Jetting[S]. Pittsburgh，The Society for Protective Coatings，1998.

[5] 崔超 . 涂装前表面粗糙度测量值与规范值的对比性探讨 [J]. 现代涂料与涂装，2008，11（5）：44-45.

[6] SSPC Painting Manual Volume-2，Systems-and-Specifications 2008-Edition[S]. Pittsburgh，The Society for Protective Coatings，2008.

CHAPTER 4

第 4 章

涂料基础知识

第4章

涂料基础知识

【培训目标】

完成本章节的学习后，学员应了解以下内容：

（1）涂料的定义、组成及分类；

（2）涂料的干燥固化；

（3）典型涂料的特性；

（4）解读产品技术说明书；

（5）合理设计的防腐涂层系统（配套）。

4.1 概述

涂料是可以用不同的施工工艺涂覆在物件表面，形成粘附牢固、具有一定强度、连续的固态薄膜的材料，所形成的膜通称涂膜，又称漆膜或涂层。

涂料早期大多以植物油为主要原料，故又称油漆。一般认为以天然物质或以合成化工产品为原料的涂料产品都属于有机化工高分子材料，所形成的涂膜属于高分子化合物类型。随着溶胶凝胶法等各种制备无机纳米溶胶技术的发展，新型的无机涂料或有机无机杂化涂料也赋予了涂料产品新的内涵。

按照现代通行的化工产品的分类，涂料属于精细化工产品。

涂料的作用可分为4大类，这也就是人们使用涂料的目的。

（1）保护功能：用非常经济而安全的手段来防锈、防划伤、改善硬度等；

（2）赋予物体装饰功能：提供美观的视觉感受，如汽车涂料；

（3）提供特别的标志性颜色：如交通标志、化工厂的特殊管道或工作区域、消防器材的标示等；

（4）特殊的功能：如防污涂层用于防止海生物的附着，防火涂料用于满足建筑物一定耐火时间，阻尼涂料用于降低振动，吸声涂料用于降低噪声等。

涂料上述的 4 种作用是相互关联的，有时一种产品可能被赋予多种功能，如汽车面涂层既提供一定的防护效果也提供装饰美观的功能；或者为了达到某种目的，需要采用多种涂料产品，如钢结构防护由底涂层、中间涂层和面涂层组成完整的涂装体系，才能完成防护的功能。不同的涂料种类具有不同的功能，技术特征主要在于其产品膜结构的组成和特性，涉及有机化学、胶体化学、高分子化学、无机化学等多种学科。

实践表明，采用涂料进行物体保护是一种非常经济而有效的办法；钢材暴露在大气、土壤或水环境中，很短的时间内（几个月或更少的时间内）就会生锈并失去强度，而采用不到工程造价的 3%~5% 的涂料进行保护，就可能达到长期的保护效果，涂料对钢材或其他底材的保护作用不可替代。现在面临的问题不是是否需要对各种构件进行涂层保护，而是如何得到最具性价比的涂料保护手段。随着社会发展，人们对环保、健康的意识增强，我们应该开发和应用更加健康、更加高效、对环境更加友好的涂料产品。

4.2　涂料的组成

涂料一般由成膜物质、颜填料、助剂和溶剂等组成；特殊的粉末涂料和无溶剂涂料不含溶剂；清漆不含颜填料。

4.2.1　成膜物质

成膜物质是涂料能够形成涂层的基础，可以是有机高分子材料，也可以是无机或有机无机杂化的高分子材料，成膜物质也称为聚合物。成膜物质是涂料的主体，按习惯也称为树脂或黏结剂，其可以单独成膜，如清漆，也可以和颜填料等物质共同成膜。

根据涂料从液态或固态形成均匀薄膜或涂层过程中发生的物理和化学变化的类型和成膜机理，可将成膜物质分为：①能和空气中成分，如水汽、氧气、二氧化碳反应的聚合物；②溶解在溶剂中随着溶剂的挥发形成和底材具有一定附着力的热塑性大分子聚合物；③分布在两组分或多组分的组成中，具有一定官能团的寡聚物，组分混合后可在常温、高温或一定的催化（光、辐射）条件下发生化学反应，缩聚或加聚成为提供底材的附着力和本身的强度的聚合物。

4.2.2 颜填料

颜填料是涂料非常重要的组成部分，是次要的成膜物质，它和主成膜物一起，可形成具有一定强度和功能性的涂层，颜填料不能独立于主成膜物而独立成膜，也有的填料并不能改善涂层的性能，却可作为一种添加物从而降低涂料的成本。颜填料可以是无机材料，如钛白粉、云母粉、氧化铁、碳黑等；也可以是有机物，如环氧粉末、酞青蓝等；或是有机物与无机物相互改性的杂化物质，如纳米硅改性的有机物或偶联剂改性的无机物等。

4.2.3 助剂

助剂在涂料中用量少，占涂料总重量的百分之几到万分之几，其功能与品种非常多，如：成膜助剂、分散剂、消泡剂、流平剂、润湿剂、防老化剂等。助剂可称为辅助成膜物质，不能单独成膜，主要用于改善和提高涂料的生产品质、施工性能和成膜性能。

4.2.4 溶剂

液体涂料中一般含溶剂，大部分溶剂是挥发组分，其作用是使涂料成为液体并降低涂料的黏度，满足施工要求。涂料施工完成时溶剂的使命随之结束，溶剂应该尽可能地完全挥发，否则涂料就不能成膜，会影响涂层质量。随着环保法规落地，涂料中有机溶剂含量应尽量减少，或采用以水为主要溶剂的水性涂料（其中有一定量的有机溶剂和水互溶）。

采用含有活性官能团的能够参与涂层固化过程的活性溶剂（或称为活性稀释剂）所开发的高固体份含量涂料，活性溶剂可和成膜物发生反应并留在涂层中。

4.3 涂料的干燥或固化

根据涂料组成中成膜物质的种类将涂料的成膜方式（干燥或固化方式）分为两大类。

4.3.1 物理干燥成膜

物理干燥成膜分为两类，分别是液体涂料的溶剂挥发固化，如图 4–1（a）所示；热塑性粉末涂料熔融固化，如图 4–1（b）所示。

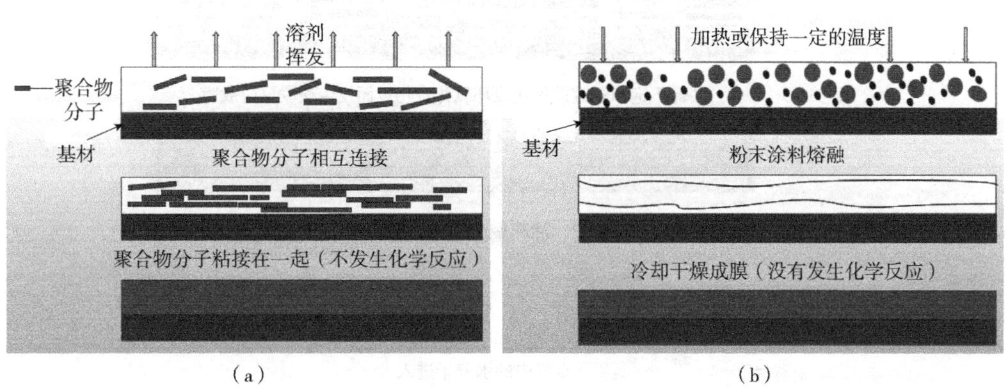

图 4–1 物理干燥过程

（a）溶剂挥发固化；（b）熔融固化

液体涂料中的溶剂挥发，使得溶剂中的成膜物质（热塑性高聚物）的玻璃化温度升高而成为不可流动的固体薄膜。溶剂挥发固化类涂料的主要成膜物有氯化橡胶树脂、乙烯、单组分丙烯酸树脂、沥青等。

4.3.2 化学反应成膜

化学反应成膜是指涂料在溶剂挥发的同时，成膜物与空气中的活性成分或各成膜物之间发生缩聚或加聚反应，形成玻璃化温度高的高分子聚合物，而后形成有一定附着力或强度的涂层。化学反应成膜分为氧气聚合固化、水汽固化及固化剂固化（包含缩聚固化和加聚固化）。

图 4–2~ 图 4–5 分别为几种化学固化干燥过程示意图。

依靠氧化干燥成膜的涂料有以干性油为原料的油性涂料和油改性醇酸树脂涂料、酚醛树脂涂料等；依靠水汽干燥成膜的涂料有以正硅酸乙酯水解产物为主成膜的醇溶性无机富锌防锈底漆、以异氰酸酯加成物为主成膜物质的单组分聚氨酯涂料等；依靠与固化剂进行缩聚反应的涂料有环氧树脂涂料、双组分聚氨酯涂料、聚脲等；依靠与固化剂进行加聚反应的涂料有乙烯基酯树脂涂料、不饱和聚酯树脂涂料，一般不含溶剂，而是以能与前述树脂进行加聚反应的活

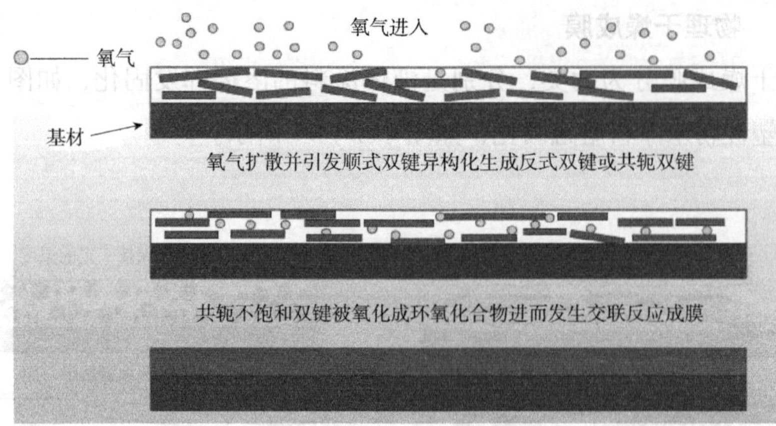

图 4-2　涂料氧化干燥过程

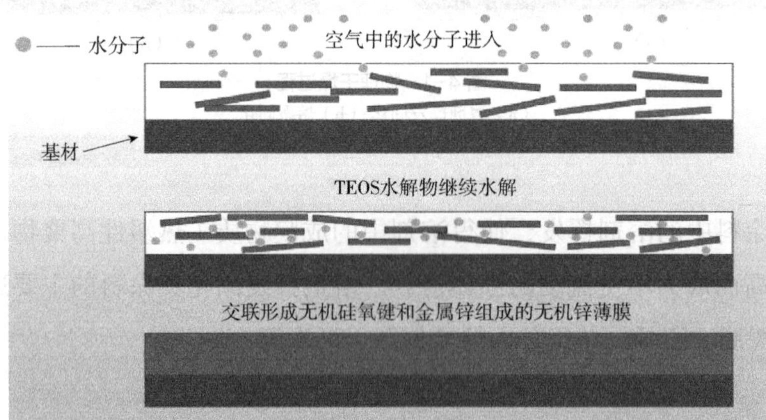

图 4-3　水汽固化干燥过程 [正硅酸乙酯（TEOS）水解固化]

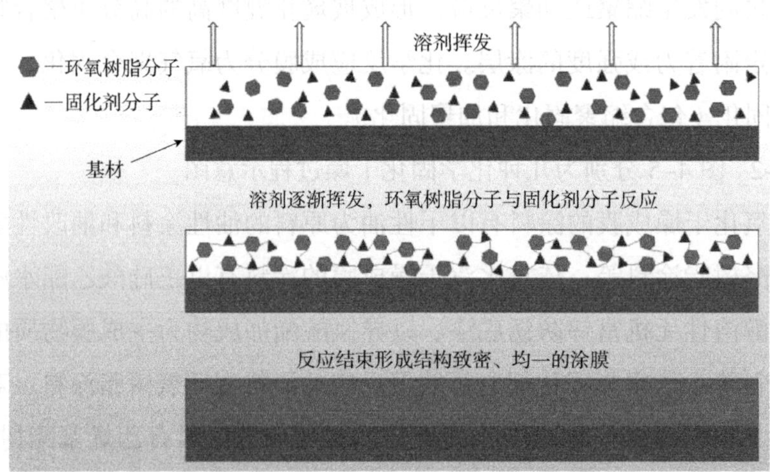

图 4-4　固化剂缩聚固化过程（环氧树脂）

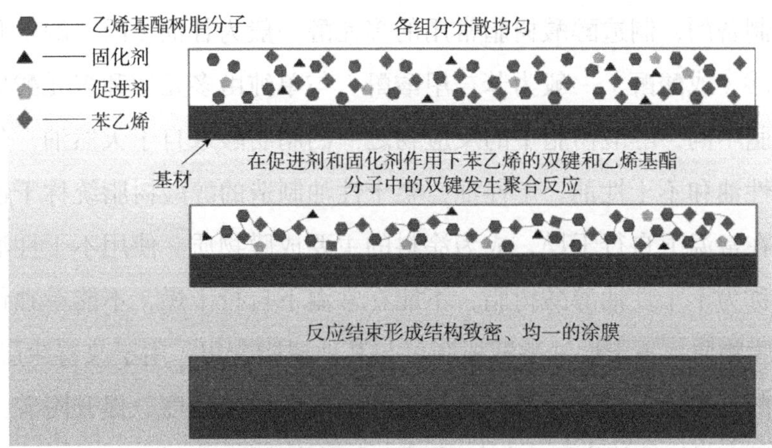

图 4-5 固化剂加聚固化干燥过程（双组分或多组分）

性单体如苯乙烯作为树脂的稀释物，应用时树脂和稀释物在固化剂（催化）作用下完成加成聚合反应。

固化剂缩聚反应涂料的优点是漆膜坚韧、附着力强、耐机械冲击和磨损、耐油、耐溶剂、耐化学品腐蚀，缺点是有些产品如环氧树脂涂料低温时固化缓慢，固化后涂层具有不可逆转性、不可溶解性，它有最长涂装间隔时间的限制。

和缩聚固化反应相比，加聚反应速度非常快，空气中的氧成分是加聚反应的阻聚剂，所以施工管理要重视控制成膜速度。加聚反应涂料突出特点是固化后的涂层具有很好的耐溶剂或酸碱等物质浸泡的性能，被广泛用于各种恶劣环境下的腐蚀防护。

4.4 常用涂料种类及特性

涂料种类繁多，分类方法也多种多样，在此，以涂料的成膜物质种类对涂料进行介绍。

4.4.1 醇酸涂料

醇酸涂料是指以醇酸树脂为主要成膜物的常规涂料，多用于一般环境条件下的保护或装饰，其固化机理是醇酸树脂和空气中的氧气发生化学反应而固化（如图 4-2）。

醇酸树脂（主链上含有酯键的聚合物）是由多元醇、多元酸（或酸酐）、脂肪酸反应制备的，制造醇酸树脂常用的多元醇一般为甘油（丙三醇）和季戊四醇；多元酸（或酸酐）一般为苯二甲酸酐。与单纯由多元醇和多元酸反应得到的聚酯树脂不同，醇酸树脂中的反应物之一的脂肪酸来自于天然油，包含干性油、半干性油和不干性油。干性油、半干性油制造的醇酸树脂统称干性油醇酸树脂，能在常温下自行干燥，成为涂料的主要成膜物质。使用不干性油制造的醇酸树脂称为不干性油醇酸树脂，不能在常温下自行干燥，不能单独作为涂料的主要成膜物质，不干性油醇酸树脂可与其他树脂合用，用于改善涂层的性能，如：与硝酸纤维素、氯化橡胶等合用可增加漆膜的光泽度、提升附着力、并具有增塑与提高耐候性的作用；与氨基树脂合用能缩聚而固化。

生产过程中采用的反应物不同和用量不同，将得到不同特性的醇酸树脂。醇酸树脂涂料的性能与脂肪酸含量（油度）有很大关系，通常将含油 35%~45% 的树脂称为短油度醇酸树脂，含油 45%~60% 的树脂称为中油度醇酸树脂，含油 60%~70% 的树脂称为长油度醇酸树脂。

醇酸类涂料一般用于醇酸体系自我配套的防护方案，长油度醇酸树脂主要被用作木制结构的室外漆、装饰漆和防腐涂料；中油度醇酸树脂主要用于装饰漆以及需要高耐性的地坪漆或其他领域，当用作防腐漆时，主要作面漆；短油度醇酸树脂（低含油量）一般用于工业油漆，例如磁漆和不同的底漆。由于醇酸类涂料与金属锌反应发生皂化，影响层间附着力的原因，醇酸面漆不会被推荐用于富锌底漆或钝化后的钢结构上。

（1）溶剂型醇酸类涂料

组成醇酸类涂料的醇酸树脂属于酸性，所以醇酸涂料的颜料不可以是金属或碱性颜料，现在多用磷酸盐，如磷酸锌作为防锈颜料，通过磷酸盐分解从而阻止钢铁生锈。

醇酸涂料有良好的润湿性，对钢材表面处理的要求较低，一般达到《涂覆涂料前钢材表面处理 表面清洁度的目视评定 第 1 部分：未涂覆过的钢材表面和全面清除原有涂层后的钢材表面的锈蚀等级和处理等级》GB/T 8923.1—2011 中要求的 St 2 级以上即可，但若想延长其防腐年限和更好的防腐蚀效果，则应采用喷射法对焊缝或表面进行冲砂，达到 Sa 2 级以上的清洁度要求。

醇酸类涂料的优势是具有良好的施工性，可以无气喷涂、浸涂、刷涂、辊涂；具有优异的润湿性和良好的表面附着力；具有较好的耐候性和保色保光性；

醇酸类涂料为单组分产品，通常比双组分产品容易使用；涂层容易修补，具有良好的流平性等。

醇酸类涂料的局限性在于其不耐化学品，尤其是碱类；其耐水性有限，通常能够容忍一般的室外环境，但是不能在水下或者潮湿的环境下使用；其耐溶剂性有限，在二甲苯、酮类、醇类或氯化碳氢化合物等强溶剂作用下会溶胀；醇酸涂料需要空气中的氧化固化，每道漆膜厚度通常为30~50μm，不能被含强溶剂的油漆覆涂（醇酸油漆会溶胀）。

（2）改性醇酸树脂涂料

醇酸树脂涂料可通过各种方法改性，以获得所需的涂层性能，例如：①触变醇酸树脂涂料，通过二元脂肪酸和二元胺缩聚反应产生聚酰胺改性后得到触变性醇酸树脂，触变性醇酸树脂具有良好的施工性，但表面光泽较差，不可以在高温环境下使用；②苯乙烯改性醇酸树脂涂料，以过氧化物作为催化剂，通过加入苯乙烯进行改性，其干燥很快，光泽较好，但是苯乙烯改性醇酸涂料需要加入强溶剂（芳香族），而且在覆涂几道油漆后存在着“溶胀”的风险；③有机硅改性醇酸树脂涂料具有良好的保色保光性，通常作为面漆使用；④异氰酸酯改性醇酸树脂涂料的羧酸基团完全或部分被异氰酸酯取代合成氨基甲酸酯，氨基甲酸树脂使干燥更快。相对于普通醇酸涂料，改性醇酸树脂涂料耐水和耐化学品性能显著提高，但保光保色性能有所降低。

（3）水性醇酸类涂料

水性树脂有三类：水溶性树脂、水稀释树脂和水乳胶树脂。水稀释树脂是先合成较高酸值含量的树脂，用弱碱中和使其形成盐，将其溶于助溶剂，最后加水稀释得到产品；水乳胶树脂可以采用单体乳化聚合的方法得到，也可以直接在液体树脂中加水与表面活性剂，高速分散乳化，该工艺也可称之为后乳化工艺。

水性醇酸树脂主要是水稀释醇酸树脂和后乳化醇酸乳胶，水性醇酸树脂的酯键暴露在树脂的表面，易受水分子侵蚀，水性醇酸树脂涂料的开发须针对其稳定性与耐锈蚀能力进行改进，改性的办法有采用丙烯酸乳化单体聚合改性、纳米颗粒改性、对醇酸树脂进行苯乙烯改性后后乳化工艺（利用侧链基团的位阻效应）或核－壳合成技术将含酯键的部分包裹或屏蔽，这些方法可以有效阻止水解。通常情况下，为了防止酯键的水解，在选择助溶剂时应避免使用具有羟基醇及醇醚基团。

4.4.2 氯化橡胶涂料

氯化橡胶是橡胶（天然或合成）经氯化反应而获得的可塑性树脂，氯含量一般在65%~68%。氯化橡胶树脂为白色粉状或细片状松软固体，可溶于芳香烃、酯类、酮类、醚类、动植物油及氯化烃溶液中，但不溶于脂肪烃、醇类和水。氯化橡胶树脂在溶剂挥发后成膜，涂膜吸水率低（0.1%~0.3%），脆性大，一般需要向涂料中添加氯化石蜡、苯二甲酸二丁酯、苯二甲酸二辛酯、环氧化豆油等作为增塑剂，其中以氯化石蜡应用最多。

氯化橡胶涂料具有以下突出优点：①吸水率低，对水蒸气和氧气渗透性低，约为醇酸树脂薄膜的10%，耐水性和防锈性优良；②氯化橡胶中不含有酯键等活性基团，不与其他物质发生化学反应，因此具有优良的耐酸和耐碱性；③在多种底材上均有良好附着力，可用于水泥、钢铁或其他金属材料表面，同时由于其树脂可再次溶于有机溶剂，多道施工后涂层的层间附着力强；④干燥过程仅依赖其中溶剂挥发，因此干燥速度快，且可在低温条件下施工；⑤树脂中含有大量的氯元素，所以涂层干燥后不燃；⑥能与其他多种树脂互溶，可改进涂层的性能。

氯化橡胶涂料缺点是，在高温下（>70℃）会释放出氯化氢（HCl）气体，对人体有很大的刺激作用，因此，不适合作为密闭空间内的防护；此外，涂有氯化橡胶涂料的钢板，经电焊和火工校正后，氯离子易渗入钢铁内部造成较严重的腐蚀。以四氯化碳为溶剂生产氯化橡胶生产工艺受修订后的《蒙特利尔议定书》限制，自2006年，发展中国家已停止四氯化碳溶剂法生产氯化橡胶，目前以水相悬浮氯化技术和溶剂交换技术来生产氯化橡胶。

综上，氯化橡胶具有优良的粘合性、耐化学腐蚀性、耐磨性、快干性、防透水性、阻燃性等，广泛应用于船舶漆、路标漆、集装箱漆、印刷油墨、建筑涂料、化工防腐涂料、阻燃涂料、汽车底盘涂层、铁路列车底盘涂料和海洋石油平台涂料的生产，近年粘合剂行业也开始使用氯化橡胶。氯化橡胶漆与冷固化环氧树脂涂料并列为当今世界涂料的两大体系，是国民经济和国防建设必不可少的材料。

4.4.3 丙烯酸树脂涂料

丙烯酸树脂是指以丙烯酸酯或甲基丙烯酸酯类单体与以苯乙烯为主的乙烯系单体共聚得到的热塑性树脂，其可以在有机溶剂中共聚，也可以以水为分散介质采取乳液聚合的方法共聚。丙烯酸树脂可单独作为成膜物质来制备各种涂料，也可用来改性醇酸树脂、氨基树脂、氯化橡胶树脂、聚氨酯树脂、环氧树脂、乙烯类树脂等涂料成膜物，制造出新型涂料，丙烯酸树脂是一种被广泛应用的树脂。

以丙烯酸树脂为主成膜物或附着成膜物的涂料，都称为丙烯酸涂料，实际应用中，用含羟基丙烯酸树脂和异氰酸酯固化的涂料，被称为双组分聚氨酯涂料；以氟改性羟基丙烯酸树脂和异氰酸酯固化的涂料，被称为常温固化的氟碳涂料；氟碳涂料（氟碳漆）本质上也是一种聚氨酯涂料，特征是其中羟基丙烯酸树脂中一定量的H原子被分子量更大的氟原子替代，优势是成膜物主链的C–C键不易被紫外光照射而断裂，同时含氟物质具有低表面能的特点，可使沾污物质不易附着，表面清洁。

丙烯酸树脂涂料按照不同的分类标准可划分成不同的系列。若按固化方式可分为自干型和烘干型丙烯酸树脂涂料；若按其受热后所发生的变化状态，可分为热塑性和热固性丙烯酸树脂涂料；若按固化成膜机理可分为热塑性和热固性（也称交联型）丙烯酸树脂涂料；若按其形态可分为溶剂型、水溶型、乳液、粉末丙烯酸树脂涂料等。

（1）丙烯酸树脂涂料的性能

以丙烯酸树脂为成膜物的涂料具有优异的保色保光性能，漆膜光泽度和丰满度均非常优异，耐热性和耐腐蚀性也非常好，是近三十年中逐步发展起来的一类高性能涂料，由于其树脂色泽水白、呈中性，特别适合制造透明度及白度极好的高档清漆和色漆。

溶剂型丙烯酸涂料产品的特点和氯化橡胶涂料类似，但不具有阻燃性，丙烯酸树脂可选择合成单体的种类繁多，可根据涂料的性能需求进行树脂的结构设计，因其优异的性能在轿车、飞机、机床、桥梁、家用电器、仪表设备及各种轻工产品中获得广泛应用。

（2）丙烯酸树脂涂料的水性化

丙烯酸树脂涂料水性化主要有制备水稀释丙烯酸树脂（分散体）和乳液聚合的丙烯酸乳胶两种方法。水稀释丙烯酸树脂涂料是向酸性树脂中加入弱碱性物质，得到的盐在助溶剂和水的作用下，得到分散体，这个分散体是水性聚氨酯涂料的主要成膜参与物，可用于制备双组分水性聚氨酯涂料；水性丙烯酸树脂乳胶的制备方法是将丙烯酸或甲基丙烯酸、丙烯酸酯或甲基丙烯酸酯、苯乙烯等单体和乳化剂混合制备成乳液，在水作为分散介质情况下，加入引发剂等使单体在乳液内部进行共聚，可得到设计分子量的丙烯酸树脂乳胶颗粒，这样的丙烯酸乳胶颗粒大量用于制备内外墙乳胶涂料，涂料中的挥发性有机物可控制在较少的范围内。

丙烯酸树脂本身具有优异的耐候性、耐腐蚀性、柔韧性、光学透明度等，制备水性丙烯酸乳胶很容易，非常绿色环保，因此水性丙烯酸树脂涂料在工业上的应用得到广泛关注。水性丙烯酸乳胶作为涂层成膜物，其缺点是成膜干燥时间较长，低温变脆，高温易变黏稠，耐水性差。目前针对丙烯酸乳胶改性的研究很多，一般可采用纳米材料（包括石墨烯、氧化硅、氧化钛等）、超支化树脂、环氧树脂、有机硅、有机氟等进行乳胶改性，制备各种单组分丙烯酸防腐涂料，目前单组分丙烯酸防锈底漆已经大量用于工程机械等防腐蚀要求不高的工程领域，而其在重防腐领域的应用还有待于其性能提高。

4.4.4 环氧树脂涂料

环氧树脂是指分子结构中含有 2 个或 2 个以上环氧基团的高聚物的总称，由于环氧基团具有化学活性，各种含有活泼氢的化合物可以使其开环交联形成网状结构。生产环氧基的方法和所用的原料等可变因素多，可制备出各种不同的环氧树脂，如表 4–1 所列。

环氧树脂的代号及类型　　表 4–1

代号	环氧树脂类型	代号	环氧树脂类型
E	二酚基丙烷（双酚 A）环氧树脂	N	酚酞环氧树脂
ET	有机钛改性双酚 A 环氧树脂	S	四酚基环氧树脂
EG	有机硅改性双酚 A 环氧树脂	J	间苯二酚环氧树脂
EX	溴改性双酚 A 环氧树脂	A	三聚氰酸环氧树脂
EL	氯改性双酚 A 环氧树脂	R	二氧化双环戊二烯环氧树脂
F	酚醛环氧树脂	Y	二氧化乙烯基环已烯环氧树脂
B	丙三醇环氧树脂	D	聚丁二烯环氧树脂
L	有机磷环氧树脂	YJ	二甲基代二氧化乙烯基己烯环氧树脂
G	硅环氧树脂	W	二氧化双环戊烯基醚树脂

但是，其中双酚 A 环氧树脂占到 90% 以上，由环氧氯丙烷和二酚基丙烷（双酚 A）在氢氧化钠的存在下合成得到。

常用的环氧树脂的牌号和规格如表 4-2 所列。

环氧树脂的牌号及规格　　表 4-2

牌号		外观	平均分子量	环氧值	主要用途
低分子量	E-51（618）	水白色至琥珀色高黏度透明液体	350~400	0.48~0.54	涂料、玻璃钢、胶泥
	E-44（6101）		350~450	0.41~0.47	
	E-42（634）		450~600	0.38~0.45	
	E-35（637）		550~700	0.30~0.40	
高分子量	E-20（601）	水白色至琥珀色固体	850~1050	0.18~0.22	涂料（防腐和绝缘）
	E-14（603）		1000~1350	0.10~0.18	
	E-12（604）		1400	0.09~0.14	
	E-06（607）		2900	0.04~0.07	
	E-03（609）		3800	0.02~0.045	

（1）环氧树脂涂料性能

环氧树脂结构中含有的羟基和环氧基可以与其他合成树脂或化合物发生反应，所以环氧树脂可以用各种树脂进行改性，亦可与各种树脂进行交联固化，获得各种不同性能的环氧树脂涂料。这些树脂包含酚醛树脂、氨基树脂、聚酰胺树脂、多异氰酸酯等。

在常温下环氧可以用多元胺或聚酰胺进行固化。环氧树脂的分子结构决定了环氧涂料具有优异的耐碱性、抗化学物质性，有很强的黏结力，因而环氧涂料的附着力强，成膜后涂层的机械强度高且富有韧性。环氧树脂涂料的缺点是户外耐候性差，漆膜易粉化、失光，不宜作室外装饰性涂层（面漆），适合作为重防腐底漆、中间涂层的成膜物，采用聚酰胺固化的环氧涂料耐水性稍差。

环氧树脂涂料一般为双组分涂料，将含环氧树脂和颜填料的基料和固化剂分别包装，使用前按比例混合、熟化一定时间后（10~20min）涂装；由于环氧基团和聚酰胺反应需要的活化能较高，环氧涂料在低温下固化速度变慢，物料温度低于 5℃时其固化反应几乎停止；此外，环氧涂料涂装时后涂层与前涂层之间的涂装间隔时间有一定的要求，超过规定的最长涂装间隔时间后，前涂层充分固化，后涂层会与前涂层之间不相容，后涂层难以紧密附着，因此超过最长涂装间隔的情况下必须对前涂层作较彻底的粗糙化处理。

常用的环氧涂料为含溶剂（固体环氧树脂溶解在溶剂中）或无溶剂（树脂本身分子量小，为液体）的液态涂料，固化机理在于溶剂挥发和两组分之间的化学反应。

（2）环氧树脂涂料的应用

环氧树脂涂料在大气环境、水环境、土壤环境下均可用于钢铁和水泥基材的保护，在工程建设方面应用非常广泛。

不同类型环氧树脂的应用领域在表 4–3 列出。

不同环氧树脂涂料的应用 表 4–3

环氧树脂类涂料	特点及其他
环氧底漆（液体，不含锌，含有机溶剂）	多用途的涂料，可用于工业、民用等工程，水上与水下都适用（露在紫外光时，需要使用面漆）；具有良好的渗透性和附着力，对大多数底材都适用
水性环氧底漆（液体，不含锌，有机溶剂含量低于100g/L）	参见《钢结构用水性防腐涂料》HG/T 5176—2017
环氧含锌底漆（液体，含有机溶剂）	国内标准将环氧含锌涂料分为环氧低锌涂料和环氧富锌涂料，用于大气环境下钢铁构件的保护。低锌标准锌含量为 40%；富锌标准锌含量 60% 以上（分 60%、70%、80%），双组分
水性环氧含锌底漆（混合后为液体状态，其中某一组分可能是粉体）	双组分或三组分，参见《钢结构用水性防腐涂料》HG/T 5176—2017
环氧中间漆（液体，含有机溶剂）	含有云铁或其他活性或惰性颜料，特别适合用于各种富锌底漆和面漆之间的连接涂层，一方面为了增加整体涂层系统的厚度、强度，同时改善涂层之间的附着力，避免底层和面层涂料之间不匹配
水性环氧中间漆	参见《钢结构用水性防腐涂料》HG/T 5176—2017
焦油环氧（液体）	特别用于水下环境，如：船舶外壁的水下表面的防腐蚀和船舶压载水舱
纯环氧（液体）	化学品储罐、水槽、饮用水设施。对底材处理要求高，需要喷砂处理到至少 Sa $2^1/_2$ 级别
酚醛改性环氧（液体）	特殊化学品储罐或船舶化学品舱，需要喷砂处理到至少 Sa $2^1/_2$ 级别
无溶剂环氧（液体）	饮用水舱或船舶水舱；特殊环境要求严格的地方
环氧粉末涂料	用于埋地金属管线的内外壁；船舶上特殊介质管道的内外壁；具有很好的防腐蚀性能，一般设计厚度为 300μm；需要工厂加工，烘烤温度为 150℃或以上。不含有机溶剂，环保性好

（3）环氧树脂类涂料的性能及使用特性

不同的环氧涂料有不同的性能，但也有一些共同的特性，其优点及其局限性如下。

环氧类树脂涂料的优点：良好的耐水性；对底材良好的附着力；良好的耐化学物性能；非常好的耐碱性；非常好的耐机械损伤性能；耐久性极佳；高达120℃的耐温性（对不同的产品会高或者低）；有的产品获得权威部门认可，适用于饮水舱或接触食物；可实现高固含量 / 低 VOC 排放。

环氧类树脂涂料的局限性：不耐紫外线，在阳光下会粉化；使用和固化依赖环境温度（常用型：高于 10℃，冬用型：可低至 -5℃）；在固化后的涂料上复涂困难；涂料为双组分或多组分（水性环氧富锌），使用时需要良好的混合且增加了浪费；中等的耐酸性会造成过敏（湿疹），对使用者的专业知识较高。

4.4.5 无机硅酸锌涂料

无机硅酸锌涂料指成膜物是无机硅酸盐的涂料，其主要的防锈颜料为金属锌。无机硅酸锌涂料主要有两大类，一种是成膜物为在醇溶剂环境下水解的正硅酸乙酯及其聚合物；另一种成膜物是在水环境下可溶于水的无机硅酸盐，也称为无机硅高分子材料。不同的成膜物其固化机理不同，但是固化后的涂层成分都为无机硅酸锌。

其固化机理主要有以下三种：

（1）水性后固化类型

这类涂料能非常快地干燥产生坚固的漆膜，使用含固化剂的溶液使碱金属的硅酸盐转化成不溶于水的基料，但是直到完全固化前，其在水中都是可溶的。这类涂料通常是以低模数硅酸钠或硅酸钾为基料，配合以锌粉及其他颜料组成。涂料施工对表面处理要求高，通常需要 Sa 3 级，涂装后需再涂固化液（如氯化镁）使其固化成膜，最后还要用水洗去表面的水溶性盐类，施工较为麻烦。

（2）水性自固化类型

这是一种常用的无机硅酸锌涂料，通常是以硅酸锂为基料，配合锌粉及其他颜料组成的水溶性自固型涂料。这种涂料涂装后能自行固化，其通过与空气中的二氧化碳及湿气反应成膜，直到固化完全或者水分完全蒸发都保持对水的高度敏感性，涂层固化受到温度和湿度的影响，在整个反应过程是有序逐步进行的，对底材的表面处理要求为达到 Sa $2^1/_2$ 级。

通过在无机硅酸盐条件下进行丙烯酸酯类单体聚合改性，可以提高无机硅酸盐涂料的施工性能和柔韧性。

（3）醇溶性自固型

醇溶性自固型无机硅酸锌涂料以正硅酸乙酯为基料，配以锌粉、着色颜料、助剂、溶剂等组成，一般分为两罐装。涂料的成膜机理是预水解的正硅酸乙酯吸收空气中的水分发生水解反应，自身产生缩聚并同时与锌及钢铁反应生成复合盐类，干燥的同时通过化学反应与钢材表面牢固结合，正硅酸乙酯与锌完全反应交联的结构非常复杂，所形成的漆膜有良好耐水和耐溶剂性。醇溶性自固型无机硅酸锌涂料对表面处理要求为达到 Sa $2^1/_2$ 级。

醇溶性自固型无机硅酸锌涂料在腐蚀环境强的海洋大气环境中应用较多，如跨海大桥、海洋环境下的大型钢铁装置、船舶或海上平台的海上部分。

无机硅酸锌涂料（水溶性或醇溶性）有很优异的防锈性能是因为：①涂层中大量的锌粉粒子之间、锌粉粒子与钢铁表面之间紧密接触起到牺牲阳极的保护作用；②锌粉与空气中的二氧化碳（CO_2）、二氧化硫（SO_2）或盐分中的氯（Cl）接触生成锌的各种盐类，这些盐类均为难溶的碱式盐，它们填充涂层中的空隙而保护下层的锌粉粒子，同时形成致密坚硬涂层，达到保护钢材表面的效果；③无机硅酸锌涂层不会像有机涂层受紫外线照射后那样容易老化，所以是一种性能极为优异的防锈涂料。

通过对无机硅酸锌涂料的改性研究，有两种具有特殊功能的产品得以问世。

（1）抗滑移涂料

抗滑移涂料多用于桥梁、房屋构建的高强度螺栓连接面上，具有防锈和抗滑移双重特性，帮助桥梁和房屋构建防腐的同时，抵抗振动对桥梁结构安全的影响。无机硅酸锌抗滑移涂料可取代原有的仅喷砂处理或热喷涂铝工艺涂料，仅喷砂工艺不防腐，并且抗滑移系数不稳定；热喷涂铝工艺施工对底材表面处理要求 Sa 3 级，容易漏喷，效率低下，价格昂贵。水性自固化无机硅酸锌和醇溶性自固化无机硅酸锌都有相对应的抗滑移产品，和醇溶性产品相比，水性产品更环保，不易出现干喷且抗滑移系数稳定，得到广泛应用。抗滑移涂料施工要求表面是粗糙度为中级以上，清洁度在 Sa $2^1/_2$ 级或以上。

（2）无机硅酸锌防锈底漆

各种无机硅酸锌涂料可用作重防腐防锈底漆，干膜厚度 75~150μm 的底漆涂层可具备数年至十多年以上的室外防锈能力；无机硅酸锌涂料锌粉和防锈颜料含量高，施工后涂层中含有大量气孔，可采用环氧封闭漆对其表面进行封闭，改善其后续涂装涂层的表面装饰性能（不出现气泡）；油性涂料和油基涂料（醇酸树脂涂料）不能直接涂于无机硅酸锌涂料表面，因为锌的氧化物会皂化油性涂料和油基涂料（醇酸树脂涂料），引起涂层剥离。

无机硅酸锌涂料施工时必须注意以下几点：①表面必须喷射磨料处理，确保达到一定的清洁度和表面粗糙度；②涂装前钢材表面需确保无油、水和其他杂质；③不能施工于任何有涂料的表面；④施工厚度应严格按制造厂提供的要求，过厚涂装将会发生龟裂；⑤在施工和固化期间，严格监控环境温度和湿度：水性无机硅酸锌涂料要求环境温度在 10℃以上，相对湿度在 85% 以下；醇溶性无机硅酸锌固化时需要保持环境湿度在 90% 以上（洒水）。

4.4.6　聚氨酯涂料

聚氨酯全名为聚氨基甲酸酯，是指聚合物的主链上含有重复氨基甲酸酯结构单元的高分子材料，由异氰酸酯和带羟基树脂缩合而成，不是由氨基甲酸酯聚合而成。

（1）聚氨酯树脂的特点

聚氨酯树脂中除了氨酯键外，尚有许多其他酯键、醚键、脲键或不饱和双键，而不像聚酯树脂只有酯键，聚醚中只含醚键；聚氨酯树脂是由多异氰酸酯与多元醇加成聚合而获得，因此一般意义上的聚氨酯树脂实质上应称为多异氰酸、多元醇共聚树脂；聚氨酯树脂在加成聚合的过程中没有任何副产物生成，因此固化后体积收缩很小，而大部分树脂在聚合时会产生水或其他副产品。

聚氨酯树脂用作涂料的基料，制成的聚氨酯涂料有许多突出的优点：①在各类涂料品种中，聚氨酯涂料的漆膜耐磨性特别强；②聚氨酯涂料不仅有优异的保护功能，且兼具美观方面的装饰性；③漆膜附着力强，对各种金属、非金属表面均有优异的附着力；④漆膜的弹性可根据需要而调节其成分配比，可以从极坚硬调节到极柔韧的弹性涂层；⑤漆膜具有较全面的耐化学药品性，耐酸、碱、盐和石油化学产品；⑥能够低温固化，一般双组分涂料如环氧、聚酯涂料在 10℃以下固化就很慢，而聚氨酯涂料即使在 –10~0℃的情况下也能正常固化。

聚氨酯涂料的缺点是：①价格较贵；②树脂中游离的异氰酸酯对人体毒性较大，且异氰酸基很活泼，遇水易凝胶，故施工时对表面和环境湿度控制要求高；③涂装间隔限制较严，稍不慎会产生起泡和层间剥离的弊病；④用于聚氨酯涂料的溶剂较严格，一般要求氨酯级溶剂，应不含任何带有羟基的物质；⑤聚氨酯涂料的溶剂为酮类或酯类，闪点很低，挥发性很强，稍不注意就会引起燃爆事故，需要有严格的安全措施；⑥与环氧树脂涂料相似，普通的聚氨酯涂料的后涂层与前涂层之间的涂装间隔时间也有一定的限制，超过规定的最长涂装间隔后，必须对前涂层作较彻底的打毛处理，否则会出现层间结合力不强的情况。可复涂聚氨酯涂料则没有严格的涂装间隔时间的限制。

（2）聚氨酯涂料的水性化

采用合成含羟基的酸性丙烯酸树脂，加入弱碱性物质使其成盐，在助溶剂作用下将其在水中分散形成羟基丙烯酸树脂水分散体，最后和异氰酸酯配合制备水性聚氨酯涂料。

4.4.7 聚硅氧烷涂料

有机硅，是以硅氧（Si–O）无机键为主链的有机硅氧烷聚合物，在硅原子上接有烷基（主要是甲基）或芳基（主要是苯基），也称为聚硅氧烷。根据聚硅氧烷的平均相对分子质量的不同，可分为硅油、硅树脂和硅橡胶，其中硅树脂的数均相对分子质量为700~5000，具有分支结构和多羟基的聚硅氧烷，可与固化剂进一步固化成为立体网络结构。通常，以含羟基硅树脂为主成膜物，添加填料、助剂和固化剂，用于耐候、低表面能、耐高温的涂料，被称之为聚硅氧烷涂料。

有机硅树脂上甲基和苯基的比例对聚硅氧烷涂料的性能影响大，高甲基含量的树脂交联速度快、稳定性差、耐候和低温柔韧性好；高苯基含量的有机硅树脂高温稳定性佳、储存稳定性好，但是交联速度慢。

聚硅氧烷树脂不能用加聚方法得到，只能由氯硅烷为原料缩聚得到。可用于聚硅氧烷涂料的为其中含有羟基的有机硅树脂，活泼的羟基可以在高温下与自身缩合，也可以和醇、酸、异氰酸酯反应，交联成为立体网状结构。

聚硅氧烷涂料的特点是：①高温稳定性好；②低温柔韧性好（玻璃化温度低），有弹性；③耐候性佳；④绝缘性佳；⑤表面张力低；⑥防水性能好；⑦耐碱性好，可直接应用于富锌底漆表面。

用于聚硅氧烷涂料的有机硅树脂本身不耐油且强度低，通过醇、酸、环氧树脂和异氰酸酯的改性和交联，可以得到有机硅改性醇酸树脂（耐候性好、高光泽)、有机硅改性的聚酯树脂和聚丙烯酸酯(用于卷钢涂料)、有机硅环氧树脂(增加底材的附着力和强度)和聚氨酯聚硅氧烷(用于耐候低表面能面漆)。

聚硅氧烷涂料最广泛的用途是耐高温涂料、绝缘涂料、耐候涂料、弹性涂料和防水涂料;醇溶性无机硅酸锌涂料本质上是正硅酸乙酯的水解聚合成膜过程,也属于聚硅氧烷涂料,大多数情况将其归类为无机涂料。

4.4.8　聚脲

聚脲是由异氰酸酯组分与含胺组分反应生成的高分子化合物,其中异氰酸酯组分可以是单体、聚合物、异氰酸酯的衍生物、预聚物和半预聚物,含胺组分可以是氨基封端的预聚体(如端氨基聚乙二醇、端氨基聚丙二醇)或多氨基的扩链剂(二乙基甲苯二胺、1,4- 环己二胺、异氟尔酮二胺、脂肪族二胺)等。聚天门冬氨酸聚脲是耐候防腐行业的新产品,它是将天门冬氨酸封端的低聚物(天门冬氨酸酯)作为扩链剂和异氰酸酯组分、氨基封端聚醚混合反应得到的。

聚脲的反应速度十分迅速,在没有催化剂的情况下几秒钟内就可以完成反应,因此需要采用特殊的喷涂设备才能施工。施工设备应包括稳定的输送系统、升温加压装置、精确的计量系统、均匀的混合系统、良好的雾化系统和清洗系统。由于两组分反应快的特点,采用高温、高压撞击式的混合方式有利于其雾化和流平。聚脲具有很好的弹性,也被称为喷涂聚脲弹性体。聚脲可用于化工防护、管道防腐、海洋防腐、隧道防水、大坝维护、桥梁防护、基础加固、屋面种植、道具制作等多个领域。为了调整反应速度和漆膜性能,也可在树脂组分中加入多元醇,使其具有聚脲聚氨酯混杂结构,相当于对聚脲的改性。

聚脲具有以下特点:①双组分,高固体含量或 100% 固含量,对环境友好;②不含催化剂,快速固化,可施工在任何形状表面,5s 内凝胶,1min 即可被使用;③对施工环境条件(温度、湿度)不敏感,在极端恶劣的环境条件下可正常施工;④一次施工可达到设计厚度要求,高效率,可克服多次施工带来的弊病;⑤有优异的物理和化学性能,抗张强度高、柔韧性好、耐老化、耐介质浸泡、耐磨、抗冲击、抗疲劳、耐核辐射等,可长期耐 150℃高温,瞬间耐温可达 350℃;⑥物理性能参数可通过原料配比调整,可用纤维材料进行补强;⑦可实现多色彩,致密、连续、无接缝,彻底隔离空气中水分和氧气的渗入,因此防腐和防护性能非常好。

4.4.9 乙烯基酯树脂涂料

乙烯基酯树脂是由双酚型或酚醛型环氧树脂与甲基丙烯酸反应得到的一类改性环氧树脂，通常被称为乙烯基酯树脂（VE），别名环氧丙烯酸树脂，是热固性树脂。商业乙烯基酯树脂为环氧树脂和苯乙烯的聚合物，一般为三组分涂料。以乙烯基酯树脂为主成膜物和偶联剂处理的玻璃鳞片、耐蚀颜料、填料、气相二氧化硅等颜填料进行真空高速混合，作为一组分；以有机钴盐和过氧化甲乙酮体系（俗称蓝白水）作为第二组分；促进剂溶于苯乙烯中，组成第三组分；现场配制时，首先将固化剂和基料混合均匀，再加入促进剂，一定不能将固化剂和促进剂先混合。

乙烯基酯树脂涂料具有以下特点：①独特的抗渗性能，气体腐蚀介质的渗透率极低；②良好的耐酸（氢氟酸除外）、碱、盐、部分溶剂、特殊化学品性能；③与基材的黏结性强，固体收缩率低，韧性好，综合力学性能好，耐温度变化；④树脂固化全面，表面硬度高，耐磨，易施工，容易修补；⑤可长期耐受较高温度，气态（水汽 10% 质量分数以下）150℃，液态 120℃，干的气态介质可在 180℃下使用 30min；⑥不耐含氟化学品的腐蚀，含氟介质需要使用不含二氧化硅的粉料（如：石墨粉）为颜填料。

乙烯基酯涂料的固化机理不同于一般的缩合聚合的涂料，其固化机理是加聚聚合反应，苯乙烯单体参与聚合反应，自由基加聚反应速度快，需要添加阻聚剂调节反应速度；而氧为其聚合反应的阻聚剂，施工薄涂时遇氧气阻聚涂层难以固化，解决的办法是在涂料混合物中加入液体石蜡以阻碍氧气的阻聚，而在下道工序施工前，须将表面石蜡清理干净以免影响附着力。乙烯基酯重防腐涂料特别适合用于水泥基材、钢铁基材在浸泡环境下的防护，在富含酸碱的生产车间，乙烯基酯树脂地坪涂层是水泥地面很好的保护措施。

4.4.10 功能性涂料

（1）隔热反射涂料

隔热反射涂料是一种兼具防水和节能的新型建筑涂料，涂覆在建筑物外墙或屋面上，通过有效地反射、阻隔和辐射太阳光，有效降低太阳辐射热量在建筑外表面的累积，弱化底材升温；隔热作用可减少通过建筑屋面和墙体传入到室内的热量，改善室内环境舒适度，降低建筑物能耗。如图 4–6 所示，与传统涂料反射率为 30% 相比，反射型隔热涂料的反射率可达 90%。

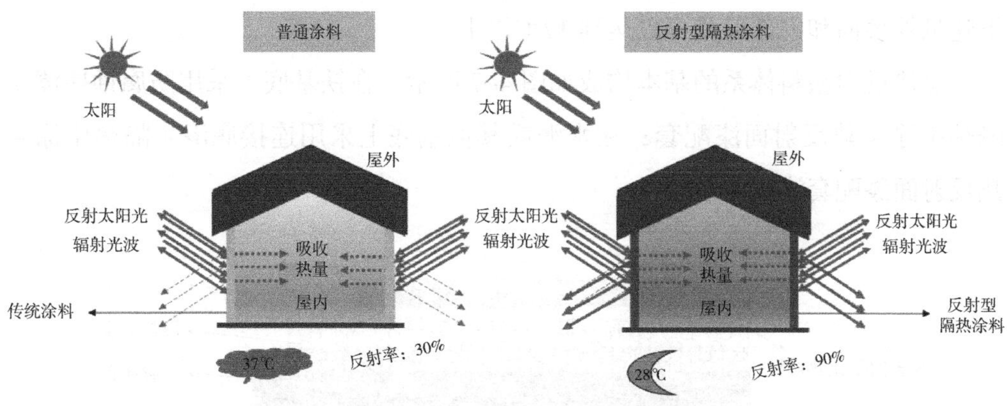

图 4-6　传统涂料与反射型隔热涂料反射效果的对比

隔热反射涂料通过调整乳胶、填料、颜料的材料和比例，达到国家标准《建筑用反射隔热涂料》GB/T 25261—2018 要求。

隔热反射涂料主要有以下类型：

① 阻隔性隔热涂料：涂料中添加导热系数极低的功能性填料如陶瓷空心微珠、玻璃空心微珠、有机树脂空心微珠或气凝胶材料，可阻止热量的传导。

② 辐射型隔热涂料：将涂层吸收的热量通过热辐射的形式以一定的波长发射到大气中，从而减少基材对热量的吸收，达到良好的隔热降温效果，辐射型隔热涂料需要添加具有特殊辐射特性的物质。

③ 反射型隔热涂料：具有良好的太阳反射隔热性能，是集反射、隔热和辐射功能于一体的功能性涂料。

其中，空心球气凝胶结构是一种极佳的绝热填料，能够反射太阳光，提高涂层的反射率，减少基材对太阳辐射热量的吸收；具有极低的导热系数 [0.03~ 0.043W/（M·K）]，可在涂料体系中形成一层致密的真空隔热层，有效阻隔热量的传递；增加体积固含量，降低其他颜料的添加；吸油量小，可减少有机树脂的添加；表面光滑，可降低涂料的黏度，使涂料具有很好的施工性能。

建筑隔热反射涂料的主要成分，可采用不同的树脂作为成膜物，除含有苯环的酚类环氧树脂之外，各种耐候性树脂均可用作成膜物；可采用各种空心和纳米孔洞及纳米颗粒材料用作反射和辐射颜料，包括玻璃微珠、陶瓷珠、气凝胶、特殊结构的片状氧化物、纳米氧化锡锑等；以氟碳树脂作为成膜物的面漆及涂层体系，具有很好的耐候性能、反射和辐射性能、隔热性能，在太阳照射下建筑外表面和内部温差可以达到 17℃以上。

隔热反射涂料体系的基本构成如图 4–7 所示，在铁基底上采用防腐蚀底漆 + 隔热中涂 + 热反射面漆配套；在水泥或其他基底上采用连接底漆 + 隔热中涂 + 热反射面漆配套涂层体系。

图 4–7 建筑隔热反射涂料组成

（2）高强度螺栓连接涂料

高强度螺栓连接具有施工简便、耐疲劳、受力性能好、连接刚度高、抗震性能好等优点，被广泛应用于钢结构的连接中，高强度螺栓连接的强度稳定性直接影响到钢结构体系的承载能力和使用周期。为了保证摩擦面抗滑移系数的要求，早期工程实践采用的工艺是在连接面喷砂处理后不进行涂装，任由其在实际环境中锈蚀，测试表明锈蚀半年后标准样件的抗滑移系数可以达到标准要求的 0.55。这种工艺处理的缺点在于栓接面处锈蚀一直发生，而且更是有缝隙腐蚀继续发展的趋势，相对于整体被保护良好的钢构件，栓接面是一个小阳极，这样整体结构处于“大阴极、小阳极”的状态，这两种腐蚀机理使得栓接摩擦面锈蚀非常严重，高强度螺栓连接面的腐蚀引起了行业专家的重视。

《铁路桥梁钢结构及构件保护涂装与涂料 第 1 部分：钢梁》Q/CR 749.1—2020 规定，高强度螺栓连接面抗滑移防腐蚀处理可采用电弧喷铝涂层和无机富锌防锈防滑涂料。电弧喷铝涂层对底材的表面处理要求达到《涂覆涂料前钢材表面处理 表面清洁度的目视评定 第 1 部分：未涂覆过的钢材表面和全面清除原有涂层后的钢材表面的锈蚀等级和处理等级》GB/T 8923.1—2011 中的 Sa 3 级，造价高，施工效率低，能耗高，而且在应用中会因为铝涂层难以整体喷涂均匀而出现黑斑，影响美观，薄的区域发生锈蚀，因此现在大多数大型铁路桥梁工程均选用无机富锌防锈防滑摩擦涂料进行保护。采用表面喷砂处理至粗糙度为 50~80μm（粗级），清洁度为 Sa $2^1/_2$ 级条件下，喷涂 80~160μm 无机富锌防锈防滑摩擦涂料。

无机富锌防锈防滑专用涂料由硅酸盐水溶液（或水解硅酸乙酯溶液）、锌粉、铝粉、金刚砂等组成，其参数要求为附着力大于 4MPa，耐盐雾实验时间大于 500h，初始抗滑移系数不小于 0.55，环境条件下搁置 6 个月后，抗滑移系数不小于 0.45。目前水性无机富锌防锈防滑涂料和醇溶性无机富锌防锈防滑涂料均符合以上参数要求，在多个大型铁路桥梁的钢构件连接的摩擦面上得到应用。

4.5　涂层系统

涂层种类众多，各有功能，对于钢结构防护来说，需要根据其所处的环境条件、结构部件、使用年限、施工和维修的难度和造价等多种要求进行涂层系统的选择和配套。钢铁的防护涂层系统包含底涂层、中间涂层（有的系统不需要）和面涂层之分，也有的涂层系统只需要一种产品就能满足所有要求，称为底面合一的涂料。

4.5.1　涂层系统的设计原则

根据环境、耐久性、成本预算、涂料品种、客户的喜好和新技术发展等因素选择不同的涂层系统，尽管如此，涂层系统设计仍具有如下一些共性：

（1）应明确不同涂层在涂层体系中的设计干膜膜厚和涂装道数。干膜厚度主要取决于服务环境和预期寿命等要素，涂装道数取决于产品类型和施工方法等要素，比如若采用刷涂或压缩空气喷涂方法施工，单道涂层膜厚较低，则可能需要增加施工遍数。

（2）当选择不同成膜物的涂料用于一个涂层体系时，基本原则是物理固化的涂层后道不能使用化学固化的涂料，反过来，化学固化的涂层后道则可以使用物理固化的涂料。例如氯化橡胶底漆后道涂层不采用环氧云铁中间漆；而在环氧云铁中间漆后道则可以使用氯化橡胶面漆。原因是化学固化的涂料可能会将物理固化的涂层再溶胀，而充分化学固化的涂层则具有耐溶剂性不会被后道涂层溶胀。

（3）醇酸树脂会被碱皂化，醇酸树脂涂料不可施工在碱性或含金属锌的底材 / 底漆上；聚氨酯涂料耐碱性不好，不合适施工在水性无机富锌表面（碱性）。醇酸树脂涂料吸收空气中的氧气固化，每道涂层施工厚度不应超过供应商建议的最高膜厚。

（4）涂层系统的防护耐久性与涂层系统中涂料的种类和干膜厚度相关；涂层系统中涂料选择与涂层系统所处的环境相关。

（5）关于涂层系统耐久性的描述一般不是指担保时间，而是帮助业主设定进行维修计划的技术依据；采用成本效益更高的涂层系统可在整个钢结构的服役期限内减少维修或重涂的次数。

（6）水下环境和土壤环境中，一般不建议采用富锌底漆作为防锈底涂层，而更多选择不含锌粉环氧类厚浆涂料；在需要重点防护的大气环境中，富锌涂料是最为优选的防护底漆，富锌涂层中金属锌含量需要达到一定数量，一般依据《富锌底漆》HG/T 3668—2020 确定金属锌含量。

（7）从环保和满足防护需求的角度出发，浸泡环境、水下环境、土壤环境建议采用高固体份含量溶剂型涂料或无溶剂涂料产品，水性涂料的耐水性和对应的溶剂型产品相比普遍较差，具备工厂加工条件的粉末涂料也是一种很好的选择。

（8）对于有防火要求的钢结构，需要在涂装防火涂料之前对钢结构进行表面处理和防腐处理，必要时增加连接层改善防火涂料与底涂层的附着力或相容性，不建议在防火涂料之上再涂装装饰性涂层，如从美观角度一定需要涂装，则应该进行相关防火性能测试，判断面漆是否会改变防火涂料在火灾高温下的性能。

4.5.2 涂层系统中涂料种类和厚度的要求

根据 ISO 12944-2017（2018）的规定，大气环境的腐蚀性分为 C1~C5、CX 级，水和土壤环境分为 Im1~Im4；其中 C1 环境一般不需要采取防护手段，故未提供涂层系统，如有外观需求可采用 C2 环境的涂层系统。

涂层体系的耐久性分为四类：短期（7 年或以下）、中期（7~15 年）、长期（15~25 年）和超长期（25 年以上）。根据环境等级和耐久性的不同，需要设计不同的涂层系统来满足防腐要求，对此 ISO 12944 进行了详细说明。

使用的涂层系统必须通过严格的实验室测试，涂料在实际使用中要严格按照施工要求和工艺进行涂装和管理。经过长期试验和实践总结得出，由于实际环境千变万化，通过测试的涂料和涂层体系也有可能在使用过程中出现保护结构件不力的情况，因此，涂装行业科学家仍需努力拓展研究新型涂料，设计具有更佳防腐性能的涂层系统，并在实践中求证 ISO 12944 的合理性。

【重要定义、术语和概念】

（1）涂料是一种材料，这种材料可以用不同的施工工艺涂覆在物件表面，形成粘附牢固、具有一定强度、连续的固态薄膜，这样形成的膜通称涂膜，又称漆膜或涂层。

（2）涂料的作用，也即使用涂料的目的：

① 保护功能；

② 赋予物体装饰功能；

③ 提供特别的标志性的颜色；

④ 特殊的功能。

（3）涂料的组成：涂料一般由成膜物质、颜填料、助剂和溶剂等组成。

成膜物质是涂料能够形成涂层的基础，也称为聚合物，是涂料的主体。按习惯被称为树脂或黏结剂。颜填料是次要的成膜物质，没有主成膜物时不能独立成膜，和主成膜物一起可以形成具有一定强度和功能性的漆膜。助剂在涂料中用量少，也可称之为辅助成膜物质，它不能单独成膜，主要在于改善和提高涂料的生产、施工性能和成膜性能。溶剂是挥发组分，其作用在于使涂料成为液体，并降低涂料的黏度，便于施工。一旦涂料施工完毕，它的使命也就结束，溶剂应该尽可能地挥发完全，否则涂料就不能成膜。

（4）涂料的成膜方式（干燥或固化）分为两大类：物理干燥成膜和化学反应成膜；物理干燥成膜也分为两类，一是液体涂料中溶剂挥发；二是热塑性粉末涂料熔固化。化学反应成膜是指在溶剂挥发的同时，成膜物与空气中的活性成分或各成膜物之间发生缩聚或加聚化学反应形成玻璃化温度高的高分子聚合物，而后形成一定附着力或强度的涂层。

（5）常用涂料类型：醇酸树脂漆、氯化橡胶树脂漆、丙烯酸树脂漆、环氧树脂漆、无机硅酸锌底漆、聚氨酯漆（含氟碳树脂漆）、聚硅氧烷漆、聚脲和乙烯基酯树脂漆。

CHAPTER 5

第 5 章

涂料施工

第5章 涂料施工

【培训目标】

完成本章节的学习后，学员应了解以下内容：

（1）涂料施工前需要做哪些必要的施工准备工作；

（2）涂料施工和干燥固化过程对环境气候条件的要求；

（3）涂料混合和搅拌的基本要求；

（4）稀释剂添加种类和添加量的基本要求；

（5）常见涂料的施工方法及方法的选择；

（6）各种施工方法的操作要点及优缺点；

（7）涂料施工过程中检验师的职责及安全保证措施。

5.1 概述

业主方需要的是合格的涂层，而油漆生产厂商生产的液态涂料（在此不介绍粉末涂料和金属涂层）是中间产品，不是最终涂层。涂料只有通过施工方采用合理的施工方法，施工到基材表面，干燥和固化后才能形成涂层，因此，最终涂层的质量，不仅取决于涂料质量，更取决于涂料施工质量，“三分涂料七分施工”，就是说施工对最终涂层质量的影响权重可能达到70%。

5.2 施工前准备工作

涂料施工前，施工方和检验师需要从各方面做好准备，以保证涂料施工的顺利进行并最终达到质量良好的涂层。施工前准备包括文件和资料、涂料、施工及检验设备和工具、人员和安全。

5.2.1 文件和资料的准备

（1）涂装规格书（Painting Specification）

涂装规格书是合同的一部分，也是该项目涂装施工和质量检验等工作的指导文件；是参与项目各方必须要共同遵守的文件，也是各方现场沟通和交流的基础。涂装检验师在项目开始前必须要做到阅读、理解项目规格书；对于规格书中模糊不清或缺失内容的部分进行咨询，并获得书面澄清或错误纠正。

（2）涂料产品技术说明书（TDS或PDS）和安全说明书（MSDS或SDS）

当说明书与规格书有冲突的时候，通常需要发书面文件告知规格书制定方，在未得到书面澄清前，应遵照规格书执行。

（3）施工和检验标准

每个项目的涂装规格书中都会写明与本项目涂装施工和质量检验等相关标准，施工前，检验师和施工方都需要拥有并熟悉规格书引用的相关标准。不同项目对于同一施工过程引用的标准可能不同，如在很多项目规格书中，表面处理清洁度的标准是《涂覆涂料前钢材表面处理 表面清洁度的目视评定 第1部分：未涂覆过的钢材表面和全面清除原有涂层后的钢材表面的锈蚀等级和处理等级》GB/T 8923.1—2011或ISO 8501-1，但在一些美国的项目中，其表面处理清洁度标准往往引用SSPC标准。

（4）施工工艺与检验和测试计划（ITP）

涂装规格书往往不是特别具体和详细，施工方通常需要根据规格书的要求，结合项目现场、设备和人员等实际状况，编写施工工艺（施工程序）等文件。同样，施工方还需要根据规格书要求，编制现场可具体实施的检验和测试计划（ITP），业主和总包的涂装检验师可能需要审核施工方提交的施工工艺、施工程序和ITP等。

（5）程序文件、质量控制记录和表格

项目开工前，检验师需了解和熟悉项目过程控制的程序文件和相关记录表格。质量记录是质量控制和追溯的重要环节，项目结束后，这些文件将作为项目重要文件存档备查。

5.2.2 涂料准备

规格书可能不会指定涂料的具体品牌，但规格书一定会对项目所用涂料有必要的规定和限制，涂料采购方所选择的涂料必须满足规格书要求，在项目开工前，检验师需要确认该项目所用的涂料是否满足规格书要求，并做好必要的记录。

5.2.3 施工及检验设备和工具

作为检验师，开工前应按照批准的施工工艺（施工程序）要求，检查客户现场的施工设备和工具是否满足实际施工要求，包括清洗设备、表面处理设备、涂料施工设备和工具等。

涂料施工过程中的检验以及涂层质量的检验等都需要一些专业的检验设备和工具，施工前，检验师需要根据该项目批准的检验测试计划，检查和确认检验设备和工具数量、性能等是否满足要求。

5.2.4 人员

项目实施最关键的要素是人，很多项目规格书对于参与项目关键岗位的人员资质都有严格的要求，如：获得认证资格的检验人员，获得认证资格的施工人员（喷砂工和油漆工）。尽管有些项目规格书没有严格要求关键岗位人员必须获得资格认证，但是通常会要求项目开工前，对员工进行必要的技术和技能培训。

5.3 环境气候条件检测

涂装施工的全过程都需要监测环境气候条件，避免因环境气候条件因素导致的涂层缺陷，环境气候条件监测一般是指检测表面处理、涂料施工、涂层干燥和固化过程中的温度、湿度，并禁止在恶劣天气室外环境下施工等。

5.3.1 环境温度

（1）空气温度

可以通过温度计、电子温湿度计、干湿球湿度计的干球温度来测量涂层施工环境的空气温度。空气温度太高，溶剂挥发快，容易导致干喷、流平性差等涂层缺陷；空气温度太低，溶剂挥发慢，容易导致溶剂滞留等涂层缺陷；对于反应型固化涂料，油漆固化需要在一定的温度下进行，如果温度太低，可能导致涂层固化慢或不固化。

（2）表面温度

可以通过磁性表面温度计、红外线表面温度计、电子表面温度计等测量待施工构件的表面温度。表面温度太低，构件表面会结露，产生冷凝水；表面温度太高，会导致涂层因流平性差而产生的漏涂等缺陷。

（3）涂料温度

很多高黏度的涂料在施工过程中需要通过加热的方式提高涂料温度，从而降低涂料黏度；还有一些涂料，混合后发生放热反应，导致涂料温度上升，则需要控制涂料温度，所以，部分涂料施工过程中涂料温度的测量和控制是必不可少的一个环节。

对于大多数常规涂料，在常温下施工，无需加热或降低温度，施工过程中不强制测量涂料温度。

5.3.2　相对湿度和露点温度

（1）相对湿度（见 2.2.1 节）

（2）露点温度

露点温度是指结露时的温度，在气压和水汽含量不变的情况下，温度降低到某一温度时，空气中水汽达到饱和，开始结露。

（3）相对湿度和露点温度检测

相对湿度和露点温度通常采用吊链式干湿球湿度计和电子温湿度计检测。吊链式相对湿度计即通常所说的摇表；电子温湿度计使用简单，打开仪器后立即会显示空气温度、相对湿度、露点温度等数值，电子温湿度计的显示屏如图 5-1 所示。

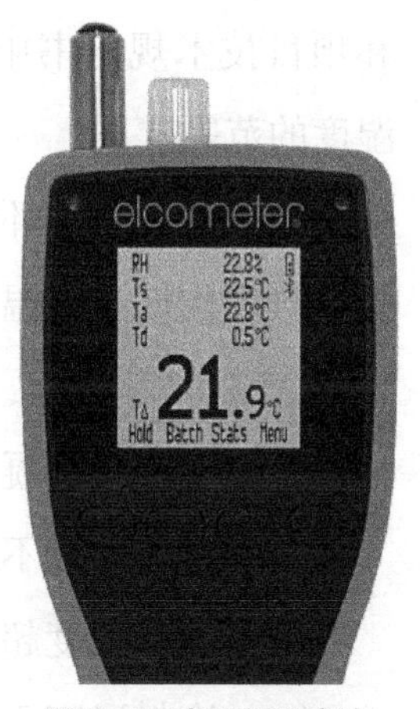

图 5-1　电子温湿度计

5.3.3　风速

大风天气喷涂涂料，不仅会导致漆雾飞扬、污染环境、增加油漆损耗，还会导致干喷、漏涂、针孔、起泡等油漆缺陷。按照《金属表面的车间、现场和维修涂装》SSPC–PA1 要求，喷涂施工时，环境风速应低于 25 英里 / 小时（约 40km/h），汽车行业、喷涂车间等对风速的要求等则更严格。风速仪如图 5–2 所示。

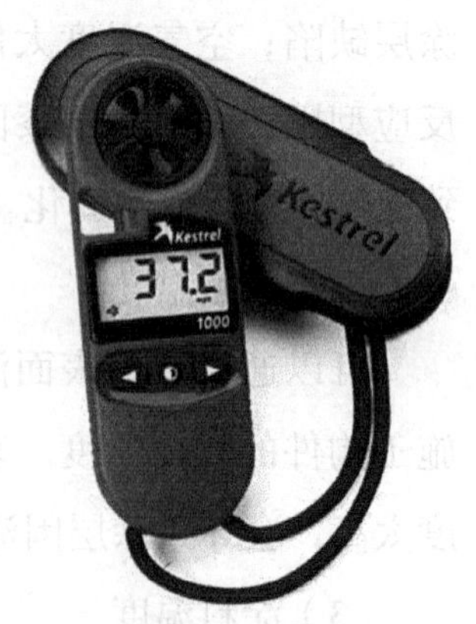

图 5–2　风速仪

5.3.4　光照度

如果环境光照度不足，油漆工和检验人员将无法有效实施涂料施工和涂层检验工作，《工业涂装项目照明指南》SSPC- 指南 12 中对涂料施工和质量检验的光照强度提出了具体的要求，如表 5–1 所列。光照度检测一般采用光照度仪，光照度仪有勒克斯和英尺烛光可以选择，使用者可以根据自己习惯进行选择。

涂装作业光照强度要求　　表 5–1

作业	照明（勒克斯或米烛光）		照明（英尺烛光）	
	最低	推荐	最低	推荐
一般区域	108	215	10	20
表面处理	215	538	20	50
涂装施工	215	538	20	50
检验	538	2153	50	200

5.3.5　涂料施工对环境气候条件的一般要求

涂料施工和固化过程对环境气候条件的要求，通常在涂料制造商的说明书和项目技术规格书中都有明确的规定，比如空气温度、表面温度的范围，相对湿度的范围等。

如遇下列施工环境条件，一般情况下涂料施工应停止进行。

（1）构件表面温度与环境空气露点温度之差小于 3℃，或涂装环境相对湿度大于 85% 时。

（2）下雨、冷凝、霜冻等天气条件下，在被涂装构件表面形成潮气层时。

（3）施工环境不符合光照度要求时。

（4）环境温度超过说明书要求的最高和最低温度时。

（5）涂料温度不符合施工要求的温度范围时。

（6）环境风力超过规格书或标准要求时。

环境条件一般要每 4h 测量一次，但当环境条件趋于变坏时，要增加测量频次。

5.4　涂料混合和搅拌

5.4.1　涂料混合和搅拌规则

无论是单组分涂料还是多组分的涂料，在施工前都需要有一个混合和搅拌的过程，单组分涂料虽无需混合，但施工前也需要充分搅拌，避免出现沉淀和分层；双组分和多组分涂料施工前，主剂、固化剂，有些涂料可能还有催化剂、促进剂等组分，需要按照规定的比例和规定的顺序进行混合，并充分搅拌均匀。涂料混合前，必须确保：

（1）涂料各组分处于涂料生产商规定的保质期范围内

（2）各组分正确的混合比

单组分涂料无需混合，也不存在混合比；多组分涂料往往都有固定的混合比，施工前，施工方必须按照该产品说明书要求的混合比和混合顺序，对涂料进行混合。

（3）正确的混合、搅拌方法

多组分涂料混合时，各组分搅拌的时长、混合时的温度要求、混合顺序等，需要符合产品说明书的规定。

（4）特殊的混合要求得到满足

有些涂料需要混合时对涂料熟化，有些涂料需要混合时控制涂料的温度，还有些混合后使用寿命比较短的涂料，需要采用特殊“枪前混合”或“远端混合器混合”等。

5.4.2　熟化时间

部分多组分涂料混合后到施工前需要放置一段时间，让混合后油漆各组分有一个预反应的时间，该时间段被称为熟化时间，该过程称为“熟化”。

并不是所有的涂料混合后都需要熟化，对于施工方来说，混合后是否需要熟化应根据涂料产品说明书来确定，如果需要熟化，生产商的产品说明书上混合章节中会给出熟化时间及相应的涂料温度。

5.4.3 混合后使用寿命

混合后使用寿命（Pot Life）是指多组分涂料混合后可以用于涂装施工的时间。混合后使用寿命又称为罐内寿命。施工方和检验师需要密切关注涂料的混合时间，一旦超过其混合后使用寿命，应禁止使用该涂料进行施工。

熟化时间是混合后使用寿命的一部分，如某涂料在 25℃时的混合后使用寿命为 3h，熟化时间为 30min 的话，其混合后可用寿命仅为 2.5h。

5.4.4 混合比例

对于大多数多组分涂料来说，涂层干燥和固化是各组分间发生化学反应的过程，各组分必须按照一定的比例进行混合，才能保证涂层充分地固化，施工方可以从涂料产品说明书混合章节中获取各组分的混合比例，混合比分为重量比和体积比。

大批量的涂料施工，推荐采用整桶混合。对于双组分涂料来说，通常一套涂料中包括一桶基料（主剂），一桶固化剂，基料和固化剂已经按照固定的混合比例分桶包装，施工前只需要将基料和固化剂整桶混合在一起，就能确保混合比例正确。

如果需要混合少量涂料（如涂层修补、局部预涂等），需要采用带有刻度的量具量取不同组分，从而确保混合比例正确；如果混合比是重量比，需要用秤称取不同组分的量来保证混合比例正确。

5.4.5 涂料混合和搅拌

对于单组分涂料，因为本身就是一个组分，施工前只需要将涂料搅拌混合均匀即可。对于双组分和多组分涂料的混合，首先需要保证各单一组分分散均匀，混合后的各组分也需要分散均匀。混合涂料的方法通常有棍棒混合、倒桶混合、动力工具混合几种。

5.4.6 混合后涂料温度测量

多组分涂料混合后，化学反应就已经开始。化学反应往往伴随着吸热和放热，导致涂料温度发生变化，温度的变化又会影响化学反应速度和混合后使用寿命，所以混合的过程中应该采用专用的涂料温度计检测涂料温度，测量时将长柄探头插入涂料，可实时检测涂料温度。不要采用红外线温度计测量涂料温度，因为红外线温度计只能测量混合后涂料表面的温度。

5.4.7　涂料混合注意事项

正确的涂料混合是保证涂装质量的基础，施工方需要遵照规格书和涂料说明书要求进行正确的混合，同时还需要注意以下几点：

（1）不能用压缩空气通入涂料桶“吹”涂料的方式混合涂料。

（2）推荐采用动力搅拌混合，棍棒搅拌只适用于单组分低黏度的涂料。

（3）湿气固化涂料（如湿气固化聚氨酯等）不能采用倒桶混合，容易把湿气带入涂料中。

（4）动力搅拌器的转速不宜过快，容易将湿气带入涂料中。

5.5　涂料稀释

施工方在混合涂料的过程中加入一定数量的稀释剂，可用于调节涂料的黏度和固体含量，方便涂料施工，以期获得更好的涂层质量。当在这些情况下，①涂料黏度太大，流动性差，不便于施工；②施工设备老旧或施工设备选择不正确，无法施工高黏度涂料；③过低的环境温度，导致黏度太大，或干喷等缺陷；④控制涂层厚度；⑤增加流平性和表面润湿性；则可能需要加入一定量的稀释剂稀释涂料。稀释不足的情况下，涂料施工时可能产生干喷、涂层不连续、流平性不佳、外观粗糙等涂层缺陷，适当加入稀释剂稀释涂料，可改善涂料的施工性能，但是如果过度稀释，可能会对涂层产生不利的影响，如容易导致流挂、针孔和溶剂滞留等涂层缺陷。

涂料施工过程中应该少加或者不加稀释剂。施工方在稀释前应了解限制 VOCs 排放的法律、法规和政策，确保有机类稀释剂最大加入量满足规范要求。

5.5.1　稀释剂加入量原则

综上，施工方在稀释时，稀释剂加入量往往需要考虑以下因素：

（1）有机稀释剂加入量不能超过当地法律法规的规定。

（2）涂料的种类和性质：主要关注黏度、是否允许稀释等。

（3）温度、风速等环境条件：温度太高，喷涂时容易出现干喷；温度太低，涂料黏度较大，不容易喷涂；室外大风环境，容易出现干喷等。

（4）安全要求：密闭空间内涂装时，需要考虑到溶剂是可燃性气体，在通风不足的条件下，容易导致溶剂含量超过安全允许浓度。

（5）工作习惯：很多工人习惯在混合时加入一定量的稀释剂；也有些工人喷涂时喜欢漆雾飞扬的感觉，这容易导致加入过量的稀释剂。

（6）外观：固体含量越高和黏度越高，通常流平性就越差，如果不加入一些稀释剂促进流平，涂料表面平整性就难保证。

（7）施工设备和施工方法：不同施工设备和不同施工方法对稀释剂添加要求是不同的，空气喷涂相对于无气喷涂来说，需要添加更多的稀释剂才能有效雾化；同样是无气喷涂，单泵喷涂可以加入稀释剂，但双组分无气喷涂设备一般无需对涂料进行稀释。

5.5.2 添加稀释剂施工要求

施工方在添加稀释剂稀释涂料时，一般要求如下：

（1）采用符合涂料说明书要求的稀释剂：通常技术规格书只允许施工方加入涂料生产商提供的配套稀释剂，不允许施工方自行采购其他品牌的稀释剂。

（2）阅读稀释剂的安全数据表，使用人员需要做好必要的个人防护。

（3）清洁的稀释剂：用于稀释涂料的稀释剂必须是清洁的，清洗设备后的废旧稀释剂不得加入涂料中。

（4）加入错误的稀释剂可能导致涂料失效。

（5）稀释剂通常可以用来清洗设备，但是清洗剂也许不能作为稀释剂使用。

（6）被污染和使用过的废旧稀释剂包括废水等，不能随意倾倒，应按照安全数据表和国家法律法规要求，专门收集，并由专业的公司进行处理。

5.6 涂料施工方法

涂料的施工方法很多，通常有刷涂、辊涂、空气喷涂、无气喷涂、混气喷涂、多组分喷涂、低压大流量喷涂（HVLP）、淋涂、浸涂、静电喷涂、电泳涂装等。

5.6.1　施工方法的选择

每种施工方法都有它的优点和缺点，涂料施工方法的选择既要考虑涂层质量，还需考虑施工效率、施工难度、环保和成本等因素。施工方法的选择通常是由以下因素决定的：

（1）构件的复杂程度：构件越复杂，喷涂的难度和损耗相对就越高，也越容易产生漏涂和涂层不连续等涂层缺陷。需要采用预涂的部位，刷涂往往是推荐的施工方法。

（2）涂料的施工特性：对于一些高固体含量的涂料，手工刷涂和辊涂（滚涂）往往很难施工，无法达到其单道涂层要求的厚度。

（3）施工效率：工期很紧张的情况下，通常需要选择高效率的涂装施工方法，无气喷涂的施工效率要远高于刷涂和辊涂（滚涂）。

（4）施工环境：正在运行的车间环境，通常不允许采用喷涂，漆雾飞扬会污染车间环境，也可能导致一些仪表等受损；大风的室外环境，如果采用喷涂，涂料损耗会大大增加，可能还会导致针孔、起泡等涂层缺陷。

（5）是否有合适的通道和施工平台：高空部位的局部涂层修补，一般不会专门搭设施工平台，通常会采用高空车或移动平台去实施修补施工，这种情况下，通常会选择刷涂和辊涂（滚涂）施工。

（6）施工成本：如果是小面积的修补施工，采用刷涂和辊涂（滚涂）其施工成本会相对较低；如果是大批量、大面积的构件施工，喷涂效率更高，施工成本也相对较低。

（7）工人的技术水平：每一种施工方法，都需要熟练的技术工人。

（8）设备配备状况：刷涂和辊涂（滚涂）工具投入小，施工效率低；无气喷涂施工设备投入大，但施工效率相对较高。

对于大部分涂料产品来说，可以采用多种施工方法施工，具体选择哪一种施工方法，受到规格书质量要求、产品特性、自身技术能力等多重因素影响，施工方法的选择往往是施工方自行决定，但施工后的涂层质量必须满足规格书要求。

5.6.2　刷涂

用涂料刷蘸取混合好的涂料，并将其均匀地刷在构件表面，形成一定厚度的涂层。

（1）油漆刷

市场上有各种不同的涂料刷，主要按照外形分为长柄刷、弯头刷、平刷、圆形刷、笔刷等；一般刷涂施工采用平刷，特殊难以施工的部位，为了方便施工，可以选择长柄刷、弯头刷等，螺栓孔内壁需要笔形刷才能有效施工；按照刷毛材质分为鬃毛刷、羊毛刷、聚酯或尼龙毛刷等，聚酯和尼龙毛刷耐水性较好，耐溶剂性能较差，一般不用于溶剂类涂料；如果需要高质量的面漆外观，通常需要选择软毛刷，如羊毛刷；如图5-3所示，按照刷毛尺寸分为1号、2号、3号、4号毛刷等。

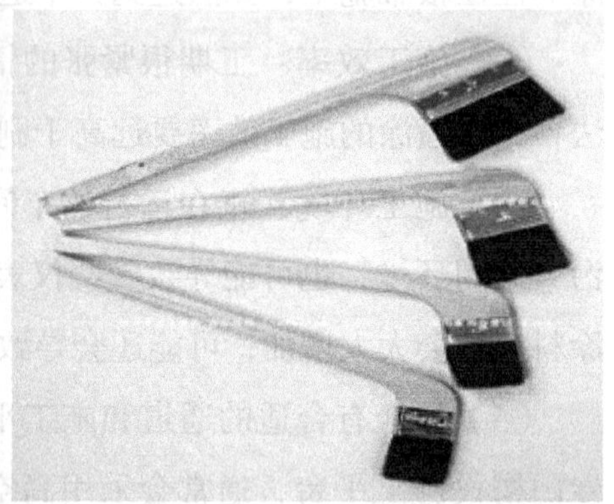

图5-3 油漆刷

（2）刷涂的优点

刷涂施工相对简单、易学、易操作，灵活性强，应用范围广；刷涂需要的工具只是涂料刷，投资成本极低；由于涂刷时外力作用，可以帮助涂料更好地渗透进入底材缝隙或孔隙中，提高了涂料的润湿性能；刷涂不会产生漆雾，涂料浪费极少，损耗也极低；对于一些复杂的构件表面如角落、自由边、螺栓孔等，喷涂难以实施或难以保证涂层质量，需要采用刷涂施工；刷涂不会产生漆雾，不会产生过喷和交叉污染等问题。

（3）刷涂的缺点

除非维修项目，大面积或大工作的新建项目涂装施工主要的施工方式不会采用刷涂；不适用于高黏度、高固体分和流平性差的涂料，对于一些流平性差的涂料，刷涂会导致很深的“刷痕”；单道涂层厚度较低，刷涂施工的单道涂层干膜厚度一般不超过50mm，刷涂施工容易产生刷痕，很难获得平整度高、色泽统一的高质量外观。

（4）刷涂施工技巧

① 选择正确的刷子类型和刷子尺寸，如复杂区域可能需要选择弯头刷；高质量外观需要选择刷毛细软的羊毛刷等。

② 刷毛平顺，旧毛刷使用前刷毛里应没有过多的残余涂料。劣质刷子会导致涂料表面不平整，涂层厚度不均匀。

③ 刷涂只适用于低黏度的涂料，高固体含量和高黏度涂料，刷涂很难施工。

④ 刷子蘸取涂料时，不应该超过刷毛长度的 1/2，并应在容器边缘去除多余涂料。

⑤ 刷涂前，毛刷与涂覆表面形成 90° 角，涂刷时将毛刷的 1/2 与涂覆表面接触并保持在 45°~60° 的角度，沿一个方向均匀用力，匀速刷涂。自上而下，从左至右、先里后外、先斜后直、先难后易、纵横涂刷。每一刷重叠 1/3 的刷涂宽度。

5.6.3　辊涂施工

辊涂（滚涂）施工，就是利用滚筒施工涂料的施工方法，是一种常用的施工方法，广泛应用于工业、海工和船舶的新建和维修施工。

（1）滚筒

如图 5–4 所示，辊涂（滚涂）施工的工具是滚筒，滚筒的种类多种多样，主要有：①按照材质分为腈纶绒、马海毛（安哥拉山羊的被毛）、羔羊毛、海绵等；②按照尺寸，一般常用的规格有普通 2 寸、3 寸、4 寸、6 寸，美式 4 寸、7 寸、9 寸以及欧式 7 寸、9 寸的不同滚筒；③按照滚筒毛的长短分为长毛、中毛和短毛滚筒。长毛滚筒会滚刷出一些细小的纹理，有凹凸感，类似于肌理效果；短毛滚筒辊涂（滚涂）后漆面比较均匀，平滑，没有凹凸感；中毛介于两者之间；滚筒毛越长，蘸取涂料量越大，越容易上厚度，也越容易产生气泡。新的滚筒使用前，通常需要用胶带粘滚筒表面，粘除容易掉落的滚筒毛，海绵滚筒一般不能用于溶剂型涂料的施涂。

（2）主要用途

辊涂（滚涂）施工因其操作简单，主要用于相对大而平的构件表面（与刷涂相比），尤其是建筑涂料的施工中；用于复杂构件表面施工（与喷涂相比）；需严格控制漆雾污染的区域（维修项目中）。

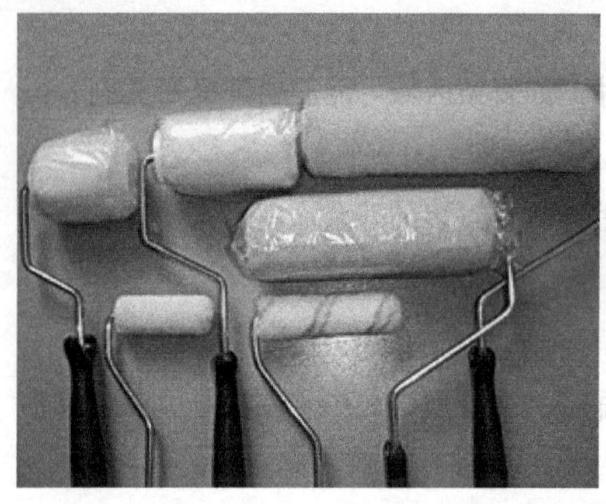

图5-4 滚筒和涂料托盘

（3）施工技巧

① 蘸取涂料，在容器内边缘或槽内挤出多余的涂料，即拿出滚筒时，涂料不要滴落。

② 先在构件表面用滚筒划“M”或“W”形，如图5-5（a）所示，滚筒上蘸取的涂料大部分已施涂到被涂表面。

③ 再用滚筒将涂料均匀分散开，十字交叉辊涂（滚涂），如图5-5（b）所示，直到涂层表面平整且厚度相对均匀。一般来说，辊涂（滚涂）分散均匀后，还需要用不沾涂料的辊涂（滚涂）继续辊压涂层表面，以确保涂层外观一致和均匀。

④ 尽量不要让滚筒毛残留在涂层中，否则会产生“灯芯”效应，水汽容易通过滚筒毛进入到涂层中。

（4）辊涂（滚涂）施工的优点如下：

① 施工简单、易操作：辊涂（滚涂）施工操作简单，施工人员容易掌握和操作。

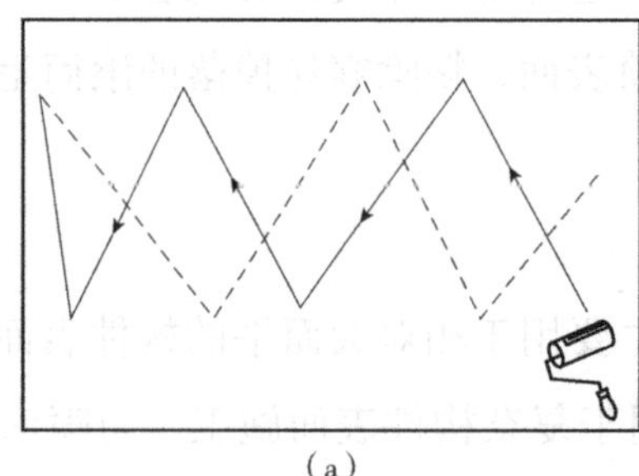
（a）

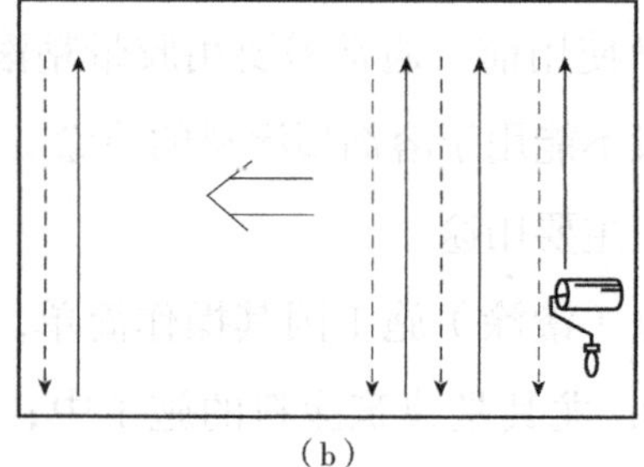
（b）

图5-5 滚筒施工技巧

② 设备成本较低：滚筒的价格不高，对于施工方来说初期投资较少。

③ 较刷涂施工效率高：总体上，辊涂（滚涂）的效率远高于刷涂，特别对于大而平的构件表面。

④ 可施工复杂的构件和难以到达区域：对于一些复杂和难以到达、喷涂无法施工或难以施工的区域，可以采用滚涂的施工方法施工涂料。

（5）辊涂（滚涂）施工的缺点如下：

① 湿润性差，不推荐用于底漆施工；辊涂（滚涂）施工对底材的润湿性不如刷涂施工好，所以对于焊缝等部位底漆的预涂施工等，不推荐采用辊涂（滚涂）的方法。

② 单道涂层膜厚低；和刷涂施工类似，施工单道涂层的厚度通常在30~50μm。

③ 只适用于低黏度涂料或大量稀释的高固体含量涂料。

④ 容易将空气带入涂层中，形成针孔或起泡。

5.6.4 空气喷涂

利用压缩空气从空气帽的中心孔喷出，在喷嘴前端形成负压，使涂料从喷嘴中喷出，并被高速压缩空气流微粒化，涂料呈雾状飞向并附着在被喷物上，迅速集聚成漆膜。

（1）空气喷涂分类

① 重力式：重力式喷涂的涂料壶设计在喷枪上部，依靠自身重力和压缩空气在通过喷嘴及风帽时形成的负压使涂料喷出。

② 虹吸式（吸上式）：虹吸式喷涂主要依靠文丘里效应将涂料从虹吸杯中抽取出来，因此，虹吸式喷枪所需空气压力比重力式喷枪的大。

③ 压送式：压送式喷涂的涂料输送依靠涂料输送设备加压进行，由于涂料是压送出来的，可通过施加不同的压力调节涂料流量。

三种空气喷涂施工的工具如图 5-6 所示。

如图 5-7 所示，空气喷涂的喷幅和涂料流量是可以调节的，喷枪的后端有二个旋钮，高位旋钮用以调节喷涂幅宽，低位旋钮用于调节涂料流量。另外，喷枪扳机有两个挡位，扣动扳机到半开的时候，喷出压缩空气，用来清理被喷涂表面灰尘，满开时用于涂料喷涂。

（a）　　（b）　　（c）

图 5-6　有气喷涂设备

（a）重力式；（b）虹吸式；（c）压送式

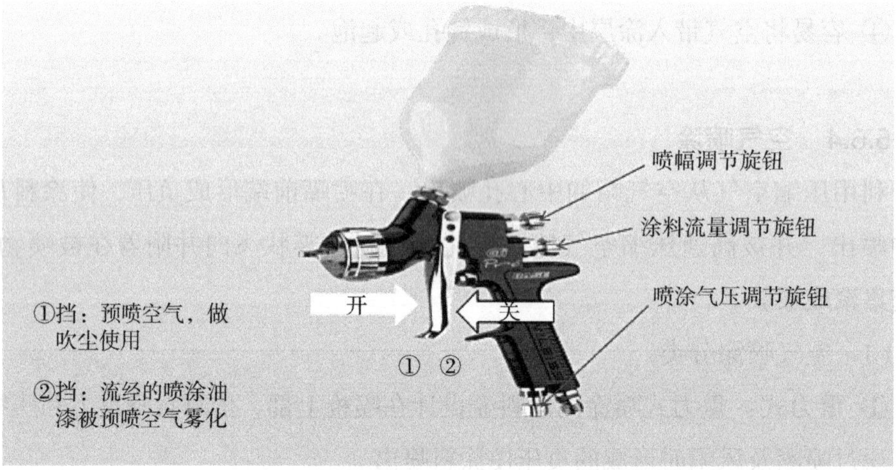

喷幅调节旋钮

涂料流量调节旋钮

喷涂气压调节旋钮

开

关

①　②

①挡：预喷空气，做吹尘使用

②挡：流经的喷涂油漆被预喷空气雾化

图 5-7　空气喷涂幅宽、流量调节示意图

压送式空气喷涂的压力罐和喷枪是分开的，通过管路将压力罐和喷枪连接起来，大部分压力罐带有气动搅拌装置，能保持边喷涂边搅拌，从而使涂料混合更均匀，其中，湿气固化涂料不建议边喷涂边搅拌，因为过度搅拌可能会带入湿气。

如图 5-8 所示，压送式空气喷涂的喷枪与其他两种空气喷涂的略有不同，有两根管道分别连接压力罐和压缩空气，前端连接压力罐的管道用于输送涂料，并将涂料压入喷枪，后端连接压缩空气的管道，用于喷涂时的涂料雾化。

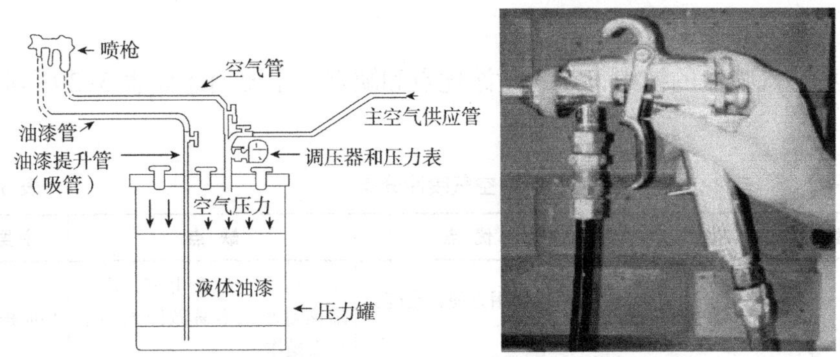

图5-8　压送式空气喷涂设备示意图和喷枪实景图

（2）雾化机理

如图 5-9 所示，扣动扳机，喷枪撞针被拉回，空气首先进入空气帽，随后空气带动涂料进入空气帽，压缩空气将涂料吹散成细小的涂料液滴，空气帽两侧整形空气孔喷出的空气将雾化的涂料以扇面形状喷涂到构件表面。

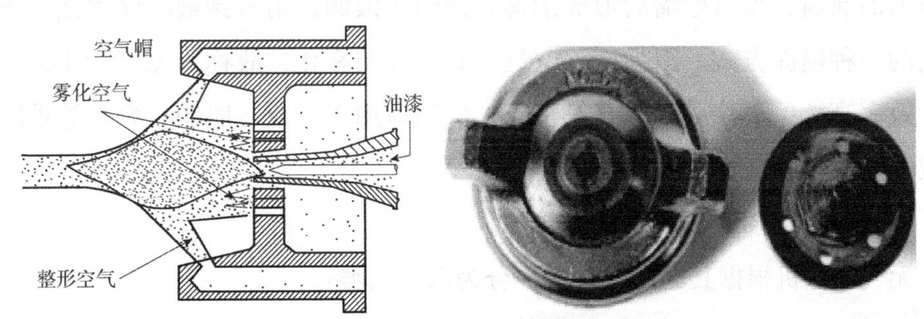

图5-9　空气喷涂雾化原理图及喷嘴实景图

（3）施工技巧

空气喷涂相对于刷涂和辊涂（滚涂）来说，需要施工人员在施工前进行一段时间的喷涂训练，熟练掌握以下喷涂手法和技巧。

① 喷涂时，保持与喷涂表面的距离 15~20cm，不超过 25cm（10 英寸）。

② 先移动喷枪，再扣动扳机喷涂。

③ 喷涂时，始终保持喷枪与表面垂直。

④ 重叠部位，保持 50% 的搭接。

⑤ 为保证涂层均匀，减少漏涂，需要十字交叉喷涂。

⑥ 喷涂时，必须按照安全数据表要求佩戴必要的个人防护设备。

（4）空气喷涂的优缺点

各种空气喷涂的结构特点、喷涂优点和缺点及主要用途如表5-2所列。

空气喷涂分类　　表5-2

喷涂类型	结构特点	优 点	缺 点	主要用途
重力式	涂料罐安在喷嘴的上方	喷枪使用方便，黏度影响小	要保持涂料罐在上方，涂料罐储量小，不易做仰面和水平面操作	小面积施工
虹吸式	涂料罐安在喷嘴的下方	操作稳定性好，涂料颜色更换方便	水平面喷涂困难，受涂料黏度影响大	小面积施工
压送式	涂料罐和喷枪分置，通过涂料输送管连接	可几支喷枪同时使用，涂料容量大	涂料更换、清洗麻烦	连续喷涂大面积表面

5.6.5　无气喷涂

无气喷涂也称高压无气喷涂，是指使用高压柱塞泵直接将涂料加压，形成高压力的涂料，喷出枪嘴后形成细雾状涂料小液滴，附着到被喷涂表面，形成涂层的一种喷涂方式。因为压缩空气不直接参与雾化，故称为无气喷涂，具有施工效率高、单道涂层膜厚高等特点，广泛应用于工业、船舶、海工等重防腐领域。

（1）无气喷涂设备分类

无气喷涂机根据其驱动力不同，分为以下三类：

① 气动无气喷涂机：该类设备历史最悠久，也最常用，目前工业、船舶和海工领域基本上采用的都是气动无气喷涂设备。

② 电动无气喷涂机：传统无气喷涂需要压缩空气作为动力，但很多野外施工现场没有气源，电动无气喷涂设备就很好地解决了此类问题。

③ 汽油引擎无气喷涂机：在既没有压缩空气源，也没有电的现场，汽油引擎的无气喷涂设备是很好的补充。

（2）无气喷涂机工作原理

如图5-10所示，压缩空气推动空气马达内的活塞上下往复运动，带动下缸体内柱塞上下往复运动，柱塞往复运动过程中，将涂料吸入下缸体，并加压，再通过高压软管将高压涂料输送至喷枪，将高压涂料雾化成漆雾，喷涂到构件表面，形成湿膜。

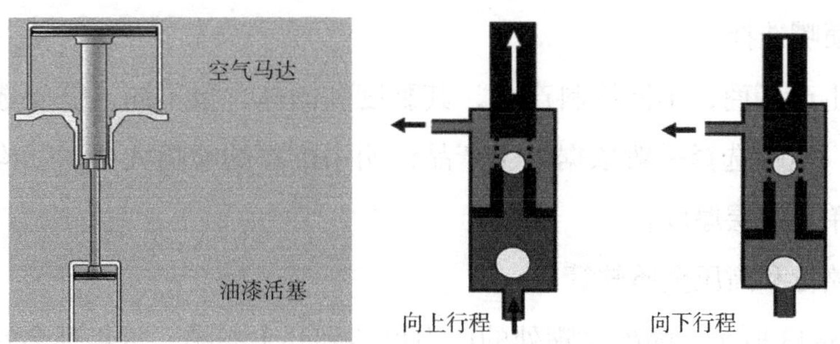

图 5-10 无气喷涂机活塞运动原理

（3）无气喷涂机的几个重要参数

不同涂料，其施工性能各不相同，可选择不同型号的无气喷涂机，喷涂机型号的选择，往往是依据压缩比、流量这两项重要指标。高压无气喷涂的压缩比，是指喷涂时喷嘴处压力和进气压力之比。

（4）无气喷涂喷嘴

如图 5-11 所示，无气喷涂的喷嘴尺寸不可调节，不同涂料需要选择不同型号的喷嘴，不同型号喷嘴的喷涂流量和喷涂扇面幅宽是不同的。国际上，喷嘴型号用 3 个阿拉伯数字表示，以 519 为例，5 表示距离喷嘴前 30cm 处的喷涂幅宽的一半为 5 英寸，也就是幅宽为 10 英寸（约为 25cm）；19 表示喷嘴孔径为 19 毫英寸。

国内大部分施工单位都采用国产喷涂机和喷嘴（如图 5-12），其喷嘴的尺寸规则为“流量 + 喷嘴型号 + 喷幅宽度”。以 17B25 为例，17 表示流量为 1.7L/min，B 型喷嘴，25 表示距离喷嘴前 30cm 处的喷幅宽度为 25cm。

B 型喷嘴雾化较 C 型喷嘴稍差，适宜对涂膜外观要求不高的场合；Z 型喷嘴适合富锌涂料；C 型喷嘴雾化较好，均匀细腻，漆膜较光滑美观，适宜对涂膜外观要求较高的场合。

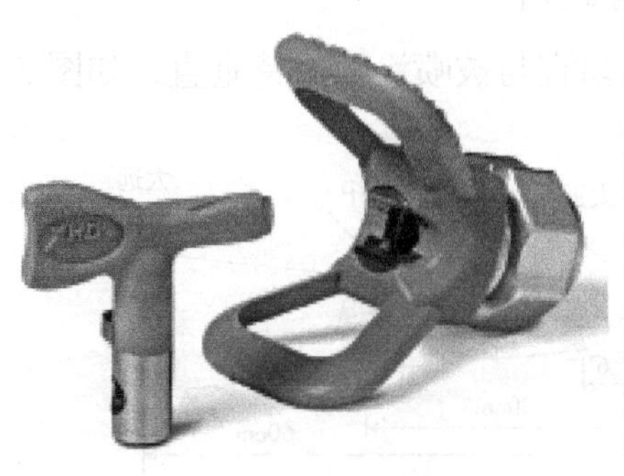

图 5-11 无气喷涂喷嘴和护罩

图 5-12 无气喷嘴

（5）喷嘴选择

不同生产厂商，不同涂料产品，其黏度和固体含量不同，需要选择不同型号的喷嘴，喷嘴选择一般依据：①产品说明书推荐的喷嘴大小；②构件的复杂程度；③单道涂层厚度。

（6）喷枪和高压金属软管

如图 5-13 所示，喷枪喷嘴处的压力可达到几十兆帕，每年都会发生高压喷枪喷射流体导致的手部伤害，所以使用时，务必确保安全；喷涂时，枪嘴处的安全罩不能拆除，停止喷涂时，一定要将喷枪的安全锁锁死。

如图 5-14 所示，高压金属软管是输送高压涂料的管道，要选择耐压等级符合要求的高压金属软管，且需要经常检查管道是否破损以及接头是否牢固。

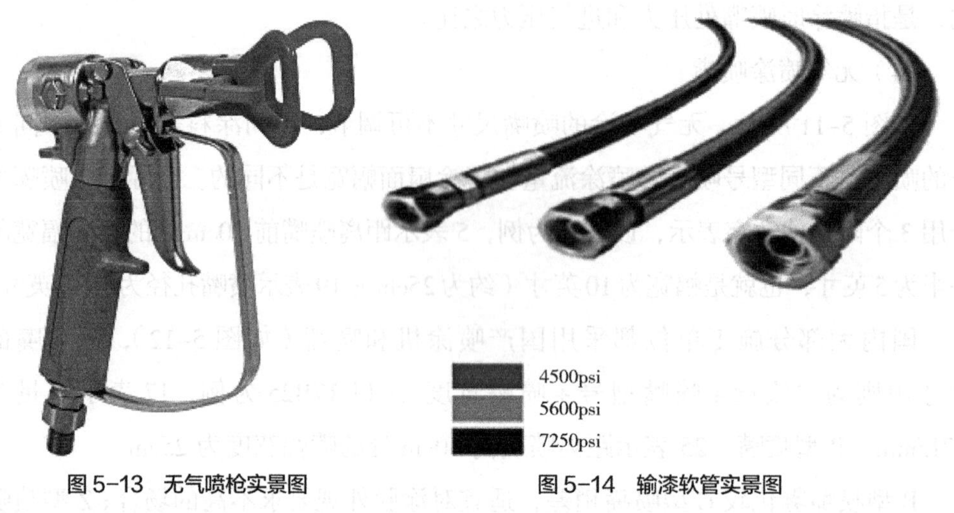

图 5-13　无气喷枪实景图　　图 5-14　输漆软管实景图

（7）无气喷涂施工技巧

① 喷涂距离：推荐喷涂距离为 30~50cm，如图 5-15 所示。太远容易导致干喷和过喷，太近容易导致橘皮等缺陷。

② 喷涂角度：喷枪及喷雾扇幅宜与被喷涂面保持垂直，如图 5-16 所示。

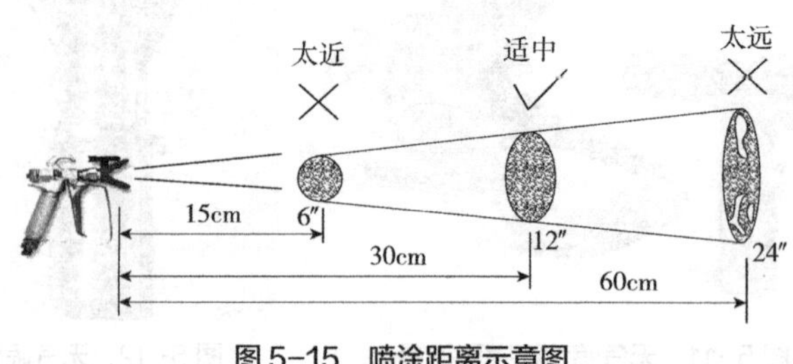

图 5-15　喷涂距离示意图

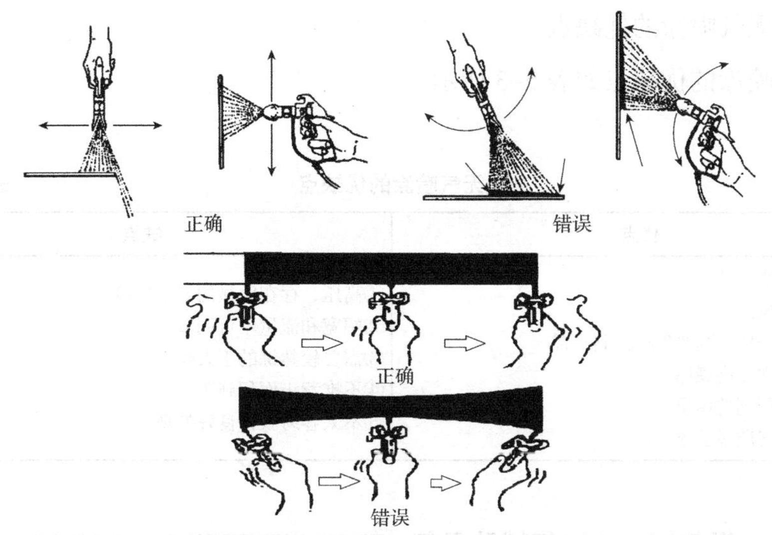

图 5–16　喷雾扇幅与表面的夹角示意图

③ 搭接：如图 5–17 所示，喷幅之间的搭接宜为 50%，以避免厚度不均匀。

④ 内角：如图 5–18 所示，每一侧面单独喷涂，不能正对内角喷涂，否则容易产生“气穴”。

⑤ 外角：如图 5–18 所示，先正面喷涂，后二侧喷涂。

⑥ 先预涂，后喷涂：一般情况下，如图 5–19 所示，在喷涂前，需要对焊缝、耳孔、自由边、角落、背面等难以喷涂或喷涂难以保证质量的部位实施预涂。

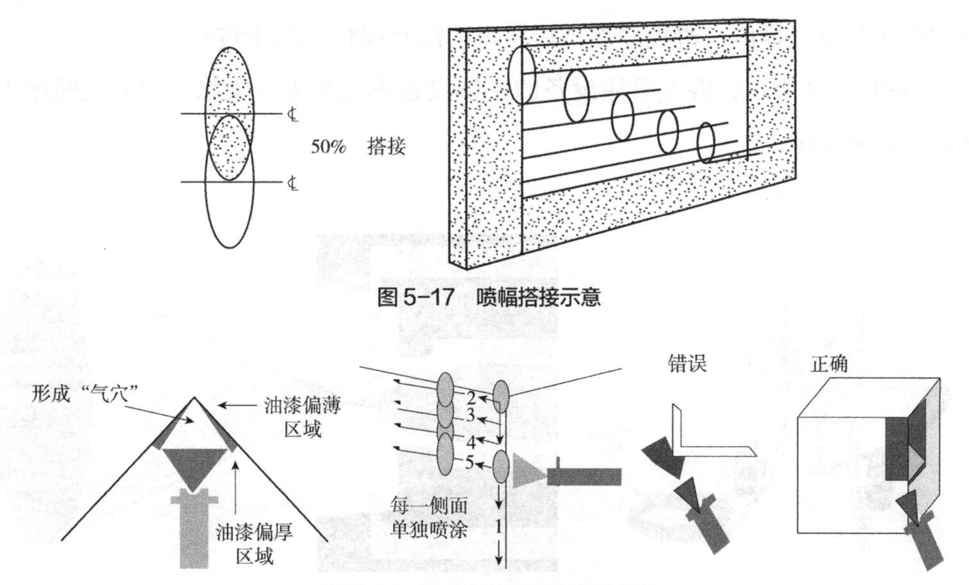

图 5–17　喷幅搭接示意

图 5–18　内外角的喷涂方法示意图

（8）无气喷涂的优缺点

无气喷涂的优缺点如表 5-3 所示。

无气喷涂的优缺点　　表 5-3

优点	缺点
①喷涂速度快、效率高 ②减少了过喷涂 ③可喷涂高固体、高黏度的涂料产品 ④单道可实现更高膜厚 ⑤减少了稀释剂的用量 ⑥对压缩空气质量要求不高	①高压，存在明显的安全风险 ②幅宽和流量不可调节 ③需要较熟练的工人操作 ④不推荐小面积施工 ⑤不太容易获得良好外观

5.6.6　混气喷涂（空气辅助无气喷涂）

图 5-19　货舱盖预涂实景图

结合了高压无气喷涂和传统有气喷涂的优点，混气喷涂具体原理为，无气喷涂单元将液态涂料加压到 3~10MPa，在喷嘴处初步雾化；然后，辅助空气单元的压缩空气在喷枪空气帽内喷出，对初步雾化的涂料漆雾进一步雾化，使漆雾变得更细腻。压缩空气还可以形成空气幕，将雾化的涂料漆雾“罩在”空气幕内，避免漆雾飞扬导致的涂料损耗，减少过喷。

如图 5-20 所示，混气喷涂设备的主体设备单元是无气喷涂，与无气喷涂不同的是涂料喷枪。

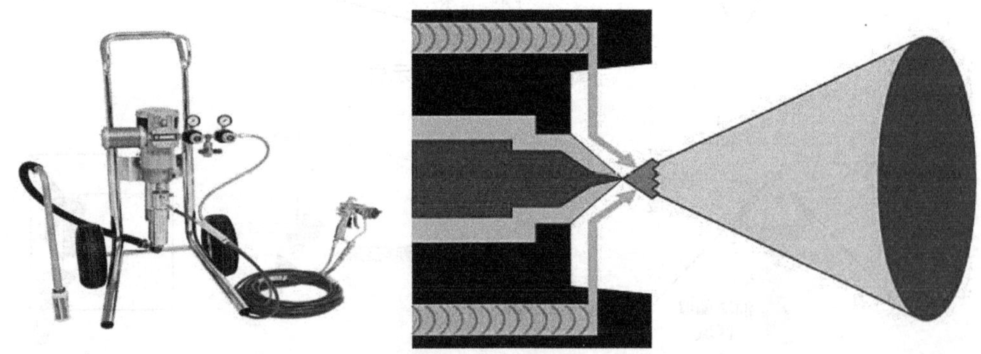

图 5-20　混气喷涂设备实景图和喷嘴结构示意图

混气喷涂和无气喷涂比较可见，喷涂主单元还是无气喷涂单元，只是压缩比相对较低，雾化机理不同，有二次雾化（无气 + 压缩空气），所以喷枪结构不同，图 5-21 为混气喷涂喷枪示意图；由于降低了涂料的反弹，所以损耗更低，而且压力更低，更安全，漆雾更细腻；喷涂效率较无气喷涂略低；不能喷涂含有金属的涂料和黏度特别大的高固体涂料。

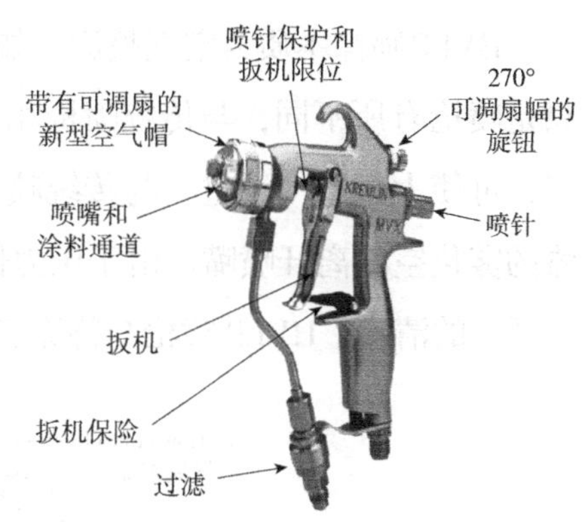

图 5-21　混气喷涂喷枪示意图

如图 5-22 所示，混气喷涂和传统有气喷涂比较可见，混气喷涂可以喷涂黏度更高的涂料，减少了漆雾紊流，降低了干喷等缺陷，减少了稀释剂的用量，所以效率更高，降低了涂料损耗。

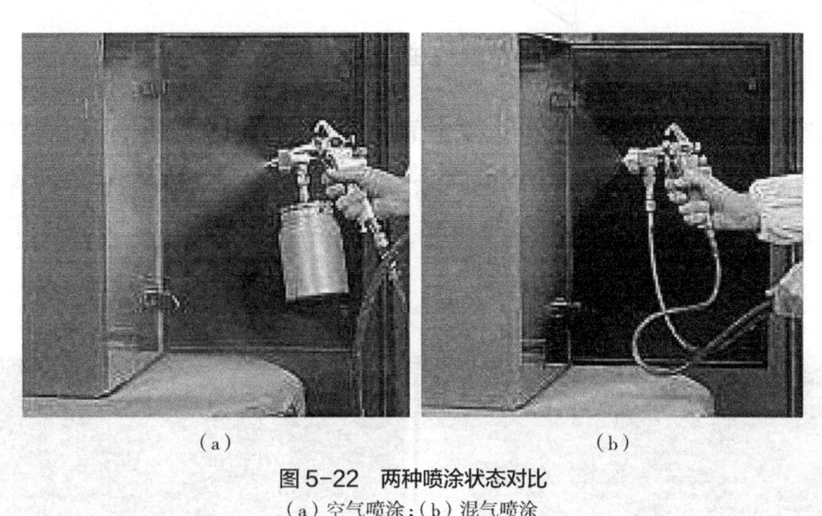
（a）　（b）

图 5-22　两种喷涂状态对比
（a）空气喷涂；（b）混气喷涂

5.6.7　高流量低压力空气喷涂

高流量低压力空气喷涂简称 HVLP 喷涂，是空气喷涂的一种，依靠空气雾化，HVLP 的英文全称是 High Volume Low Pressure。其特点为，雾化的空气压力较低，一般 6~8（不超过 100）磅 / 平方英寸，雾化空气量较大，降低了涂料反弹，减少了空气中飞散涂料量，更环保；涂料转化率达到传统空气喷涂的 2 倍以上，涂料损耗降低；不能喷涂黏度大和高固体涂料。

HVLP喷涂本质为空气喷涂，如图5-23所示，设备配置基本与空气喷涂相同，只是喷枪有所不同，与传统喷枪相比，HVLP喷嘴周边以及气嘴中的气孔要大得多，可使大量空气通过。与传统喷枪类似，HVLP喷枪也可以半拉扳机，使不带漆的雾化空气离开喷嘴。由于压力低，吹力可能不足以去除较厚的灰尘，只能用于浮尘的清理。HVLP喷枪与待涂表面的距离与使用传统喷枪时一样为15~20cm。

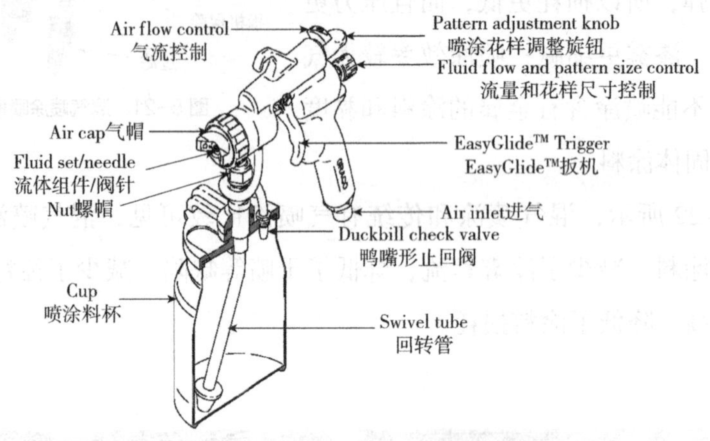

图5-23 高流量低压力空气喷涂喷枪结构

如图5-24所示，空气喷涂主要依靠空气压力对涂料进行雾化，空气压力为40~70psi（约3~5kg/cm^2）；HVLP喷涂主要依靠空气流量对涂料进行雾化，空气压力为6~8psi（约0.5kg/cm^2）或更低，空气流量为80CFM（立方英尺/分钟）或更多。

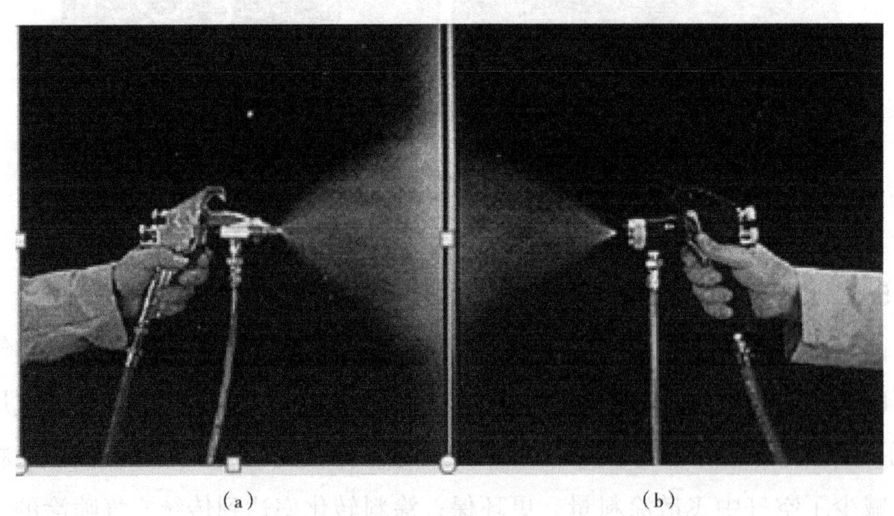

图5-24 空气喷涂和高流量低压力空气喷涂比较

（a）空气喷涂；（b）HVLP喷涂

（1）HVLP 喷涂的优点如下：

① 通过降低气压以减少过度雾化，从而减少涂料的流失，有效节约喷涂材料成本；

② 提高涂料的传递效率（达到 65% 以上）以减少污染，从而起到保护环境的作用；

③ 由于涂料从工件上的反弹较小，因此可以有效减少溶剂或稀释剂等有毒物质的排放，从而降低喷涂工作对油漆工健康的损害。

（2）HVLP 喷涂的缺点如下：

① 不能喷涂高黏度、高固体分涂料；

② 压缩空气用量较大。

5.6.8　几种喷涂方式雾化和输出量的比较

无气喷涂和空气喷涂是施工领域最常用的喷涂施工方式，混气喷涂、HVLP 喷涂和双组分喷涂是有效的补充，每一种施工方法都有其优点和不足之处，参考图 5-25，施工方可以根据自己的实际需要和现场的实际状况选择合适的施工设备。

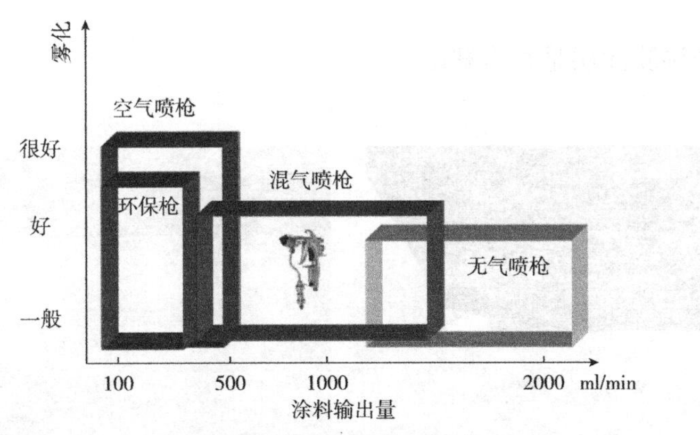

图5-25　雾化和输出量的比较

5.7　涂装检验师对涂料施工的职责

涂装检验师对涂料施工的职责分为施工前的职责、施工过程中的职责和施工完成后的职责。

5.7.1 涂装检验师在施工前的主要职责

① 检查表面清洁度（表面污染物、基材清洁度、被覆涂涂层清洁度）、粗糙度是否满足规格书要求；

② 检查环境气候条件是否满足规格书要求；

③ 检查涂料的品牌、产品、保质期和质保资料等；

④ 检查施工前准备是否完毕；如图 5-26 所示，可溶性盐分测试套装测试盐分含量；

⑤ 检查和确认覆涂间隔；

⑥ 检查和确认人员资质。

5.7.2 涂装检验师在施工过程中的主要职责

① 检查环境气候条件是否满足规格书要求；

② 检查和确认混合比、混合方法、搅拌等；

③ 检查和确认稀释剂添加种类和添加量；

④ 确认施工方法是否满足施工程序要求；

⑤ 按照检验和测试计划要求，如图 5-27 所示，对湿膜厚度进行检查和控制；

⑥ 检查湿膜涂层是否有缺陷。

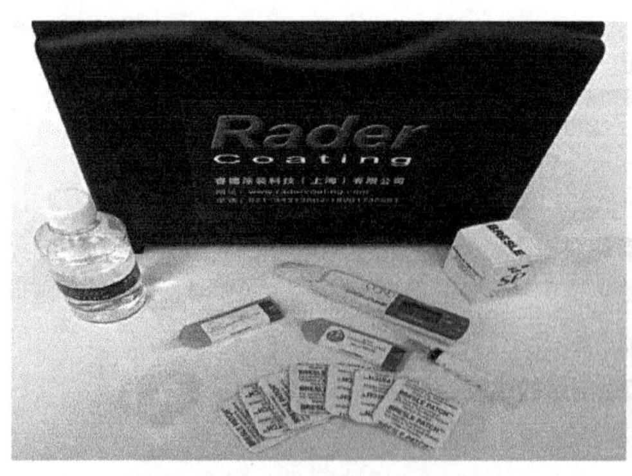

图5-26 可溶性盐分测试套装

图5-27 测量湿膜厚度

5.7.3 涂装检验师在涂层施工完成后的主要职责

① 检查涂层干燥和固化过程中的环境气候条件；

② 检查涂层干燥和固化程度；

③ 根据 ITP 要求，测定干膜厚度、光泽、颜色和漏涂点等；

④ 检查涂层缺陷；

⑤ 检查涂层缺陷是否按照程序要求及时修复；

⑥ 检查涂层完工状态。

5.8　涂料施工安全

所有参与现场涂装施工的人员都必须遵守“安全第一”的原则，服从现场安全管理，做好风险预防，确保自身免受伤害，也不伤害他人。按照项目现场健康安全环保（HSE）管理要求，参加 HSE 培训；熟悉现场逃生线路、紧急集合点、急救站的位置，参与急救演练；学习产品健康安全环保知识，了解产品主要危害、安全防护措施和急救措施等；了解现场重大风险以及控制风险的措施；不接受违章指挥，不违章指挥；熟知如何安全地实施自己的现场工作；熟练掌握施工设备的安全要求，遵照现场健康安全环保文件执行其他安全要求。

【重要定义、术语和概念】

（1）熟化时间

部分多组分涂料混合后到施工前需要放置一段时间让混合后油漆各组分进行预反应，该时间段被称为熟化时间，该过程称为“熟化”。有些资料上把熟化时间称为“诱导时间”。

（2）混合后使用寿命（Pot Life）

多组分涂料混合后，可以用于涂装施工的时间。混合后使用寿命又称为罐内寿命。

（3）传统有气喷涂

由空气带动涂料进入空气帽，压缩空气将涂料吹散成细小的涂料液滴，空气帽两侧整形空气孔喷出的空气将雾化的涂料以扇面形状喷涂到构件表面的施工方式。

（4）高压无气喷涂

使用高压柱塞泵，直接将涂料加压，形成高压力的涂料，喷出枪嘴后形成细雾状涂料小液滴，附着到被喷涂表面，形成涂层的一种喷涂方式。

（5）混气喷涂（空气辅助无气喷涂）

结合了高压无气喷涂和传统有气喷涂的优点。其无气喷涂单元将液态涂料加压到3~10MPa，在喷嘴处初步雾化。而辅助的压缩空气在喷枪空气帽内喷出，对初步雾化的涂料漆雾进一步雾化，使漆雾变得更细腻。混气喷涂设备的主体设备单元是无气喷涂，与无气喷涂不同的是涂料喷枪。

（6）高流量低压力（HVLP）喷涂

空气喷涂的一种，依靠空气雾化。雾化的空气压力较低，一般6~8（不超过10）磅/平方英寸。

① 雾化空气量较大；

② 降低了涂料反弹，减少了空气中飞散涂料量，更环保；

③ 涂料转化率达到传统空气喷涂的2倍以上，涂料损耗降低；

④ 不能喷涂黏度大和高固体涂料。

（7）各种施工方式的原理及优缺点：

① 刷涂；

② 辊涂（滚涂）；

③ 有气喷涂；

④ 无气喷涂；

⑤ 混气喷涂；

⑥ 高流量低压力空气（HVLP）喷涂。

CHAPTER 6

第6章

涂层缺陷和处理

第6章

涂层缺陷和处理

【培训目标】

完成本章节的学习后，学员应了解以下内容：

（1）涂层缺陷对于腐蚀防护性能的影响；

（2）不同的涂层缺陷名称和术语；

（3）涂层缺陷常见的施工成因、预防措施和修补方法。

6.1 涂层缺陷概述

评价涂料性能和质量时，需从涂料自身品质以及涂层品质两个方面着眼，其中尤以涂层品质更为引人关注。常见的评价依据包括：涂层表面颜色是否鲜艳、是否有光泽；表面是否有鼓泡、裂缝；是否看到锈蚀，以及涂层表面是否有锈迹等。以上种种评价依据，都可以归结到某一类或某些涂层缺陷。

涂层缺陷是涂料施工过程中以及施工完毕后表面所呈现的异常形态，通常会影响涂层的平整度、连续性、强度以及美观。其中，相当多的涂层缺陷会弱化其防护性能，导致早期腐蚀的发生。无论是施工阶段，还是投入服务以后，涂层表面出现缺陷通常都是防护性能下降、腐蚀即将发生的信号。对于用户而言，了解缺陷成因、判定追偿责任、估算修复成本是必须考虑的问题，涂装检验师在其中扮演了重要的角色。

合格的涂装检验师应当能够：

① 正确地辨别不同涂层缺陷；

② 了解形成不同缺陷的常见原因，并可结合实际情况推断最有可能的成因；

③ 熟悉常见缺陷的修复方式，并为雇主推荐合适的解决方案；

④ 基于确定的成因，提出预防措施，避免在施工和涂层使用中再次出现问题。

涂料由涂料生产商研发生产，承包商进行施工，并交付用户使用，这三个阶段都存在造成涂层缺陷的因素。包括涂料自身的因素：配方、原材料、生产加工和贮存等；涂料使用（亦即施工）的因素：表面处理、涂料混合、施工设备、干燥和固化过程控制、环境条件以及操作人员技术水平和责任心等；涂层服务的因素：服务环境、时效、维护和其他外部条件等。

本章介绍的涂层缺陷主要包括表 6–1 所列各项。

常见涂层缺陷　　表 6–1

<table>
<tr><th>影响</th><th>缺陷名称</th><th colspan="4">常见英文名称</th></tr>
<tr><td rowspan="6">平整度</td><td>流挂</td><td>Sagging</td><td>Curtain</td><td>Run</td><td></td></tr>
<tr><td>干喷</td><td>Dry spray</td><td>Over spray</td><td></td><td></td></tr>
<tr><td>皱皮</td><td>Wrinkle</td><td></td><td></td><td></td></tr>
<tr><td>翻卷</td><td>Lifting</td><td>Curling</td><td></td><td></td></tr>
<tr><td>橘皮</td><td>Orange peel</td><td></td><td></td><td></td></tr>
<tr><td>刷痕</td><td>Brush mark</td><td>Ropiness</td><td></td><td></td></tr>
<tr><td rowspan="8">颜色和光泽</td><td>发白</td><td>Blushing</td><td></td><td></td><td></td></tr>
<tr><td>渗出</td><td>Sweating</td><td>Blooming</td><td></td><td></td></tr>
<tr><td>粉化</td><td>Chalking</td><td></td><td></td><td></td></tr>
<tr><td>渗色</td><td>Bleeding</td><td></td><td></td><td></td></tr>
<tr><td>褪色</td><td>Fading</td><td></td><td></td><td></td></tr>
<tr><td>漂白</td><td>Bleaching</td><td></td><td></td><td></td></tr>
<tr><td>变色</td><td>Discoloration</td><td></td><td></td><td></td></tr>
<tr><td>黄变</td><td>Yellowing</td><td></td><td></td><td></td></tr>
<tr><td rowspan="9">连续性</td><td>剥落</td><td>Delamination</td><td>Detachment</td><td>Flaking</td><td>Peeling</td></tr>
<tr><td>针孔</td><td>Pin hole</td><td></td><td></td><td></td></tr>
<tr><td rowspan="2">裂纹</td><td>Cracking</td><td colspan="2">Checking/hair cracking（细裂纹 / 发丝裂纹）</td><td>Mud cracking（泥裂）</td></tr>
<tr><td>Cold cracking</td><td colspan="2">Crows foot cracking（乌鸦脚裂纹）</td><td></td></tr>
<tr><td>漏涂</td><td>Holiday</td><td>Missing</td><td></td><td></td></tr>
<tr><td>缩孔</td><td>Fish eye</td><td></td><td></td><td></td></tr>
<tr><td>收缩</td><td>Cissing</td><td>Crawling</td><td></td><td></td></tr>
<tr><td rowspan="2">泡</td><td>Blistering</td><td>Popping</td><td>Bubbling</td><td></td></tr>
<tr><td colspan="3">Osmotic blistering（渗透性泡）</td><td></td></tr>
<tr><td>强度</td><td>干酪化</td><td>Cheesiness</td><td>Cheesy</td><td></td><td></td></tr>
</table>

6.2 影响涂层表面平整度的缺陷

本节讨论的缺陷会导致涂层表面凹凸不平，但不会整体上出现涂层断裂及不连续的状况，也不会弱化涂层的表面颜色和光泽以及涂层强度。短期而言，这些缺陷的存在并不会导致结构出现腐蚀，但是不加修复，则有可能发展出开裂、剥落和早期腐蚀等问题。

6.2.1 流挂

如图 6–1 所示，涂料施工于垂直或倾斜表面时，干燥过程中湿膜向下流动形成局部厚度不规整的漆膜。流挂根据体量大小有不同的名称：小体量的称为流淌、垂泪或小滴；大体量的称为帘状流挂。

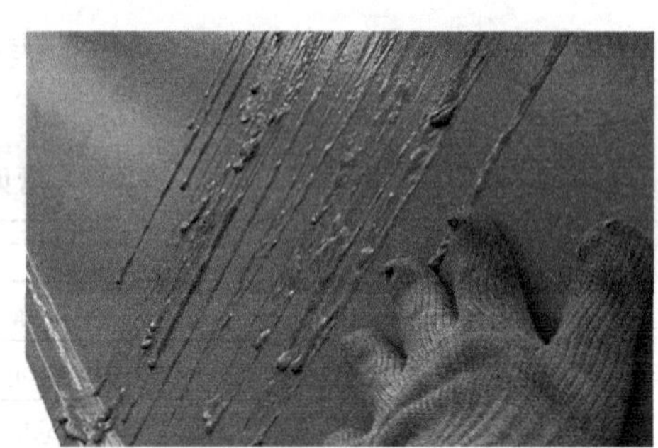

图6–1 流挂

流挂的成因如下：

① 过高的喷嘴压力会在喷涂时，挤压和推动湿膜，增厚局部漆膜，导致流挂出现。

② 错误的施工技术：喷涂时施工人员甩枪，无法使喷嘴保持平行于基材表面移动，会对湿膜加以侧向压力，推动湿膜流动。

湿膜内部剪切应力及与基材的摩擦阻力减弱，会受如下因素影响：

① 添加稀释剂；

② 涂料自身温度过高；

③ 湿膜内部的温度梯度。

湿膜与基材接触的部分到与空气接触的表面有着不同的温度，而沿厚度方向会产生温度梯度，导致湿膜内部存在不同的黏度，这就形成湿膜内部的剪切应力差，增加湿膜内不同黏度层的相互滑移趋势，如图 6–2 所示，最终产生流挂问题。

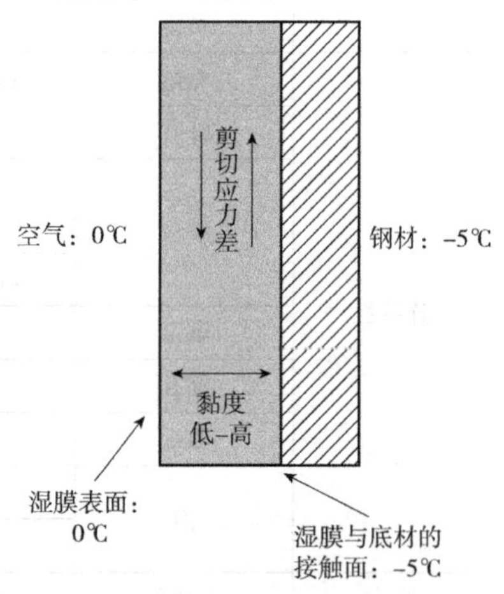

图6–2 温度梯度造成流挂

综上，为了避免流挂的出现，涂装检验师和施工方需注意：

① 控制恰当的湿膜厚度；

② 选择合适的喷嘴及设定合理的喷涂压力；

③ 以正确的施工技术进行涂料施工；

④ 避免不必要的稀释及控制稀释剂使用量；

⑤ 确保涂料贮存于推荐的环境；

⑥ 避免在极端天气条件下施工涂料。

6.2.2　干喷

如图6–3所示，涂料喷涂过程中，雾化的微滴或其干燥颗粒粘附于干燥表面，导致表面呈现砂纸状的粗糙外观。

图6–3　干喷

干喷仅存在于喷涂施工的过程，其他施工方法不会造成干喷。正常喷涂时，雾化微滴受流体压力驱动会撞击基材，因此不同的微滴可以互相融合成一体，经流平而形成光滑平整的漆面。如果雾化微滴由于各种原因，抵达表面时没有足够的撞击力或已经干燥，则微滴无法融合形成连续漆膜，会以颗粒状存在于表面，形成干喷。

影响微滴撞击力的主要因素有：

① 喷嘴与施涂表面距离过长；

② 涂料过度雾化。

造成雾化油漆微滴过早干燥的因素有：

① 空气温度高或相对湿度低；

② 使用高蒸发率的溶剂或稀释剂；

③ 不恰当的施工技术。

使用喷涂方式施工油漆时，完全避免干喷是非常困难的，但是可以通过以下方式尽可能地减少干喷的产生：

① 采用正确的喷涂技术；

② 设定恰当的压力，选择匹配的喷嘴，调节喷涂设备至理想状态；

③ 合理安排施工时间，避免在高温天气进行喷涂作业；

④ 选择低蒸发率的稀释剂混合油漆；

⑤ 如果干喷对现场其他设施会造成严重影响，可能不得不改变施工方式，譬如采用滚刷进行施工，或进行保护，避免过喷；

⑥ 根据结构的形态，结合空气流动方向，合理安排施工顺序，可减少干喷的出现。

6.2.3 皱皮

涂层在干燥过程中产生的皱起现象，称为皱皮。如图 6-4 所示，通常涂层会出现线状局部隆起。皱皮产生的基本原因是涂层在干燥过程中内部积聚应力，挤压表层。通常造成内部应力积聚的因素有：

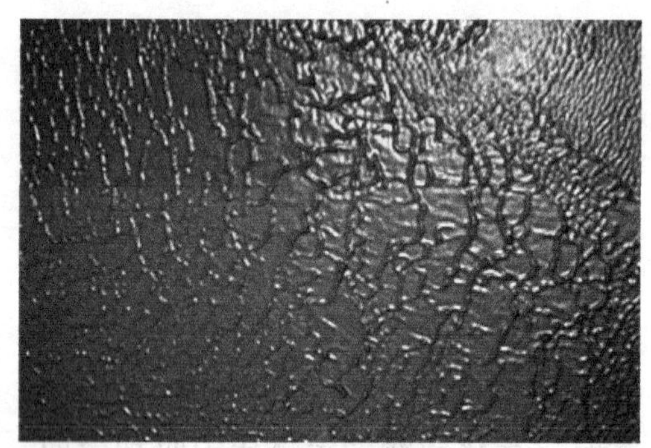

图6-4 皱皮

（1）涂层系统不兼容；

（2）湿膜厚度过高；

（3）环境条件。

对于涂层皱皮的管控，可以通过：

（1）选择兼容的涂层系统；

（2）控制湿膜厚度；

（3）如有可能，避免在高温、低湿环境条件下进行涂料施工。

消除皱皮可以采用打磨方式，磨平表面并覆涂同一涂料。但是，由于涂层不兼容或整体膜厚过高导致的皱皮，有些时候需要完全清除涂层并重新施工涂层系统，仅仅磨平表面不足以消除后续可能出现的开裂和剥落风险。

6.2.4 翻卷

如图 6-5 所示，在干燥漆膜表面施工新涂层，或诸如溶剂之类的化学品而导致其出现软化、膨胀或从基材表面脱离的现象，称为翻卷。

翻卷与皱皮在外观和成因方面有其相似之处，有些时候两者会归于同一缺陷类型。出现翻卷的涂层是基材上原有涂层。

翻卷出现的原因有：

（1）现有涂层接触强化学品；

（2）原有涂层附着力下降。

为了避免涂层出现翻卷，可以采用以下措施：

（1）对于有化学品接触的环境，选择具有化学品耐受力的涂层系统；

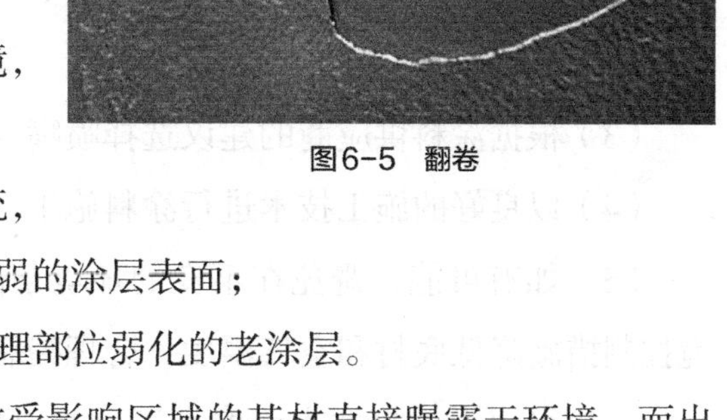
图6-5　翻卷

（2）选择兼容性的涂料及系统，避免含有强溶剂的涂料施工在强度较弱的涂层表面；

（3）在维护作业中，清除局部处理部位弱化的老涂层。

涂层一旦出现翻卷，最终会导致受影响区域的基材直接曝露于环境，而出现腐蚀。修复出现翻卷的涂层，通常需要清除涂层直至底材并重新施工合适的涂层系统。

6.2.5　橘皮

涂层表面出现类似于橘子皮的不平整外观。

通常涂料施工完毕后，需在一定时间保持其流动性，高湿膜的区域可以流动填平低湿膜的区域，最终形成平整的干燥漆膜，这一过程称为流平。如果漆膜在丧失流动性之前未能完成流平过程，其表面的凹凸形态将保留而形成橘皮的外观，如图 6–6 所示。

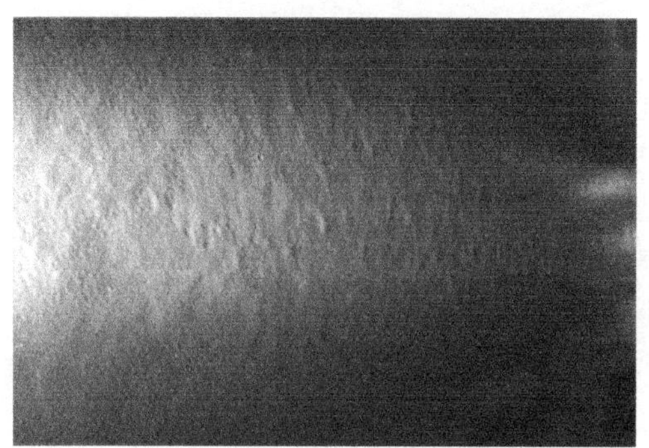
图6-6　橘皮

实际施工中，橘皮的出现往往是影响涂料流动性和干燥的以下因素综合作用的结果：

（1）高黏度涂料；

（2）高湿膜厚度；

（3）快干的涂料；

（4）环境条件影响。

涂层表面的橘皮一方面影响美观，另外一方面造成不均匀的漆膜厚度，而导致膜厚低的位置防护不足，膜厚高的位置应力增加而发展出开裂。

橘皮问题可以通过以下措施得以改善：

（1）添加稀释剂，降低涂料黏度，增强其流动性。另外，如果选择低蒸发率的稀释剂，可以延长干燥时间，获得更佳的流平。

（2）控制湿膜厚度，特别是在高温、低湿度和大风天气。

（3）根据涂料供应商的建议选择喷嘴及设定喷涂压力。

（4）以良好的施工技术进行涂料施工，保持喷嘴与表面的恰当距离。

（5）如有可能，避免在不良的环境条件下进行涂料施工。或采用合适的环境控制措施降低底材和空气温度，合理控制和规划通风。

橘皮可以通过打磨方式磨平表面并以同一涂料覆涂的方式加以修复。通常不需要整体清除。

6.2.6　刷痕

使用漆刷施工涂料时，涂层中形成如图 6–7 所示的线状痕迹。

图6–7　刷痕

使用漆刷施工获得光滑漆膜，需要合适的涂料和非常细致的作业。以下几种情况使用刷涂方式施工容易产生刷痕：

（1）高黏度的涂料；

（2）快干涂料；

（3）高温、低湿度环境条件；

（4）漆刷质量差；

（5）施工技术不熟练。

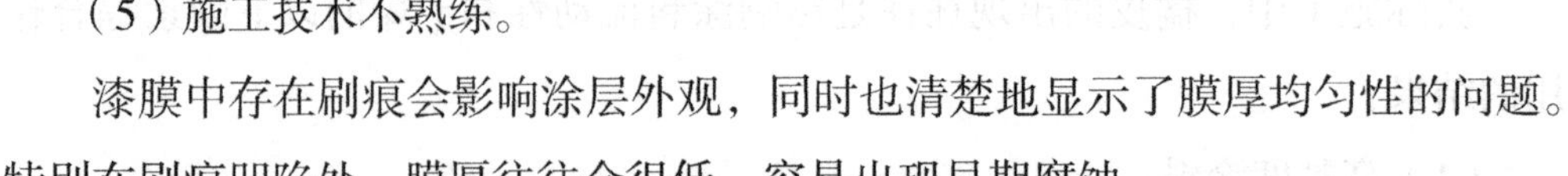

漆膜中存在刷痕会影响涂层外观，同时也清楚地显示了膜厚均匀性的问题。特别在刷痕凹陷处，膜厚往往会很低，容易出现早期腐蚀。

在涂料施工时，刷涂得到广泛使用。对于喷涂无法进行的区域、预涂和修补时，有时不得不使用刷涂。此时，可通过以下控制点来减少和避免刷痕问题：

（1）选择与刷涂方式相匹配的涂料，或调节涂料黏度以适应刷涂方式；

（2）使用蒸发率低的稀释剂控制涂料的干燥速度；

（3）避免在高温、低湿度，特别是过高温度的底材表面进行刷涂作业；

（4）采用交叉刷涂方式；

（5）刷涂面积较大时，应分割成小块区域施工，对已施工涂层进行搭接覆盖时，需确保此部分漆膜有足够的流动性。

漆膜中存在的刷痕可以通过轻打磨磨平并覆涂同一涂料。如果后续施工的涂层材料黏度低、流动性好，有时可以直接覆涂。

6.3　影响外观颜色和光泽的缺陷

涂层缺陷会导致涂层颜色和光泽发生变化，这些缺陷不会影响整个涂层系统的防护性能，但是在施工时，则需进行恰当处理，否则有可能会对后续涂层的附着力造成影响。

6.3.1　发白

发白是指漆膜表面出现色如牛奶的乳白色斑，如图 6-8 所示，有些时候会发展成干蜡状的膜。

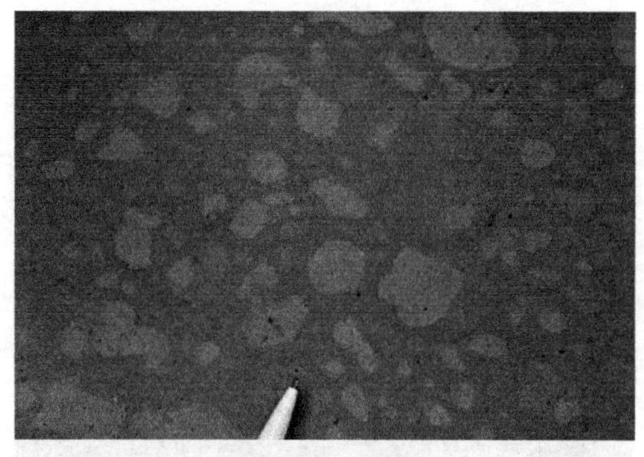

图 6-8　发白

实际施工中，漆膜表面出现发白，主要是由于湿膜表面沉积水汽或漆膜中一种或多种固体组分析出而形成的。湿膜未表干前，空气和环境中的水沉积在表面，会对表面油漆产生乳化作用，后续的干燥过程中，水汽微滴蒸发，在漆膜表面残留微细空隙，形成白色斑痕。主要成因如下：

（1）天气情况，如果下雨、起雾或其他存在富含水汽的情况；

（2）表面冷凝；

（3）如溶剂和稀释剂挥发速率很高，会对基材造成明显的吸热效应，导致冷凝出现，表面发白。

为了避免涂层表面出现发白，应避免在雨雪等不良天气条件下施工涂料；

涂料施工时，基材温度至少高于露点温度 3℃以上；避免在涂料中使用高挥发率的稀释剂。

6.3.2 渗出

渗出是涂层组分或基材中的物质迁移至表面所产生的沉降物，这些物质包括颜填料、固化剂、不同的树脂成分、基材表面的浮锈等，通常是湿膜中或相对湿膜比重较小的物质，在干燥过程浮出湿膜，或者随溶剂蒸发被携带到漆膜表面，最终在干燥涂层表面形成如霜的外观，如图 6–9 所示。

如果渗出物是涂装材料中的一种或多种液体物质，则可称为发汗。常用油漆类型中，含有胺类固化剂或使用碳氢树脂改性的环氧类油漆，常见发汗现象。出现发汗现象的涂层，即使已经硬干，其表面仍然会有触手发粘的情况。目视可观察到光亮的液滴或黏液层，此液状物质就是湿膜中较轻的胺类固化剂或碳氢树脂。曝露的胺类固化剂随后会与空气中的二氧化碳和湿气反应，如图 6–10 所示，生成白色的氨基甲酸铵，形如白色果霜。而碳氢树脂也会经由一系列复杂的反应而生成类似的沉积物。

图6–9 渗出

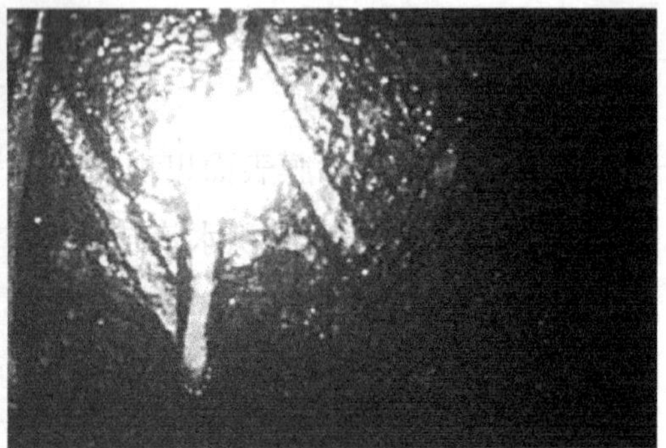

图6–10 胺渗出

实际施工时，湿膜的干燥固化时间与渗出有着直接的关联性。湿膜内和基材表面的物质渗出是一个较长时间的过程，如果在这些物质到达表面之前，涂层已恰当干燥固化，则不会出现渗出。因此，渗出主要受到下述因素的影响：

（1）低温、高湿度环境条件；

（2）没有恰当的通风条件；

（3）低挥发率的溶剂和稀释剂。

绝大多数情况下，无论是固体物质渗出还是液体物质渗出形成的发汗，所涉及的物质仅占整个漆膜的极少量，因此不会对漆膜性能造成负面影响。渗出的最大风险在于影响后续涂层的附着，直接覆涂在渗出表面会造成严重的涂层剥离。

控制和防止渗出的关键在于确保涂层能够在合适的时间内干燥。因此，选择合适的天气条件进行施工，或采用必要的设备改善施工环境，确保良好通风等措施，可极大程度上降低渗出的概率；对于多组分涂料施工，按涂料厂商建议控制熟化时间。

对渗出缺陷进行处理，取决于渗出物类型以及渗出物曝露时间。如果渗出物为固体介质，或者液体渗出物已与环境反应而转化为固体颗粒，则可采用高压水清洗或打磨方式清除松动颗粒，然后再进行覆涂。如果是液体渗出物，诸如胺渗出和碳氢树脂渗出，可使用淡水（温水效果更佳）清洗的方式进行处理，然后进行覆涂。

6.3.3　粉化

粉化（Chalking）是由于漆膜或涂层中的一种或多种组分降解后，在漆膜或涂层表面曝露出来的疏松粉末状表观。

涂层曝露在大气环境中，其表面会遭受紫外线攻击而出现主链断裂，此时表层降解破坏，而导致包裹覆盖的颜填料颗粒直接曝露。不同的树脂材料对于紫外线的耐受性各异，其中环氧树脂相对较差，环氧涂层直接曝露在太阳光线下，会在相对较短的时间内出现粉化，如图 6-11 所示。

图 6-11　粉化

总体而言，粉化是涂层使用中正常老化的结果。

粉化对涂层的直接影响是减弱表面光泽度，影响美观。除此之外，涂层更易受到环境影响而加速老化，在粉化表面存在大量松动颗粒，如后续直接覆涂，则会造成严重的剥落。为了避免或减少粉化的影响，需要在大气环境应用的涂层系统中，选择紫外线耐受性强的面漆，如聚氨酯等。

6.3.4 渗色

渗色是指受底部涂层或基材中的着色物质扩散进入或穿透上面的涂层，从而产生影响面漆的色斑或颜色变化。图 6–12 中，左侧是正常涂层，右侧则出现了渗色。

图 6–12 渗色

渗色通常会发生在含有煤焦油或沥青底漆的涂层系统中。为了避免渗色出现，需要在选择涂料系统时，避免选择含有煤焦油和沥青成分的底漆。

另一种可见渗色的情况是水性底漆施工在钢材表面有可能造成闪锈，锈蚀中的可溶性物质随着水的蒸发向上迁移，并影响涂层颜色；另一方面，水性面漆中的水可以溶解底漆中的水溶性颜料，并把这些颜料带到面漆造成面漆颜色变化。

渗色主要是一种外观缺陷，对于涂层整体防护性能并无过多的不良影响。但是，煤焦油和沥青造成的渗色，最终会在面漆表面形成光滑坚硬的表面，对今后的维护翻新造成不良影响。对于水性涂料相关的渗色问题，确保涂层及时干燥能够尽可能地减少该问题的出现。一旦涂层系统出现渗色问题，彻底修复的唯一方法是清除整个涂层系统直至底材，并施工不含煤焦油和沥青的涂层体系。对于水性涂料，则需在重新施工时，注意控制环境条件，确保其能快速干燥。

6.3.5 褪色、漂白、变色、黄变

（1）褪色是指涂层使用过程中出现颜色退化的现象，如图 6–13 所示，通常都是漆膜中的颜料受紫外线影响而导致的。事实上，任何涂层曝露在环境中都会出现褪色现象。由于涂料配方中的树脂、颜料类型和所用的助剂不同，每种涂料可能会呈现出不同的颜色保持能力，亦即抵抗褪色的性能。

（2）漂白是指漆膜受到酸碱作用，颜色逐渐变浅，最终呈现白色外观，如图 6–14 所示，主要是由于漆膜中的颜料在此环境中出现分解而失色。

（3）变色是漆膜受到环境影响而出现的不同颜色变化。如图 6–15 所示，棕

红色的防污漆接触环境后，受空气中的硫化物影响而转变为棕黑色。

（4）黄变是漆膜在老化过程中颜色变黄的现象。许多有机树脂，例如环氧、醇酸等，在环境中由于氧化作用、紫外线、热等各种因素的影响，漆膜内出现反应杂质，如图 6-16 所示，导致漆膜呈现黄色。

对于上述缺陷的修复，一般是对原涂层进行整体翻新。

图 6-13　褪色

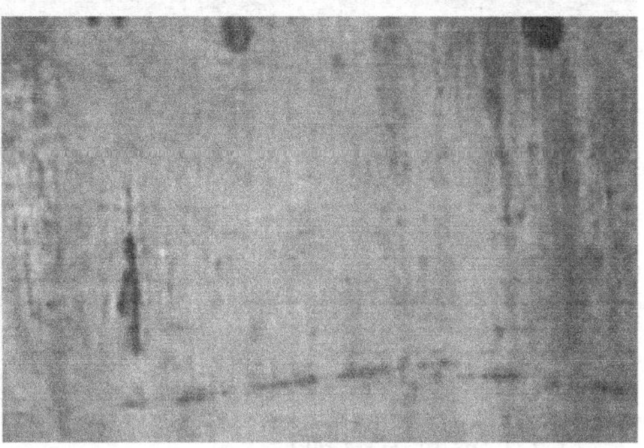

图 6-14　漂白

图 6-15　变色

图 6-16　黄变

6.4　影响涂层连续性的缺陷

涂层缺陷，会影响涂层的连续性，使涂层产生防护弱点，如不进行立即修复，往往会导致早期腐蚀的产生，并影响整个涂层系统的防护品质。

6.4.1　剥落

涂层由于丧失附着力而从基材表面发生的自然脱离称为剥落，如图 6-17 所示。根据脱离涂层的形态，剥落亦可被称为起皮、起鳞、分层等。

图6-17　剥落

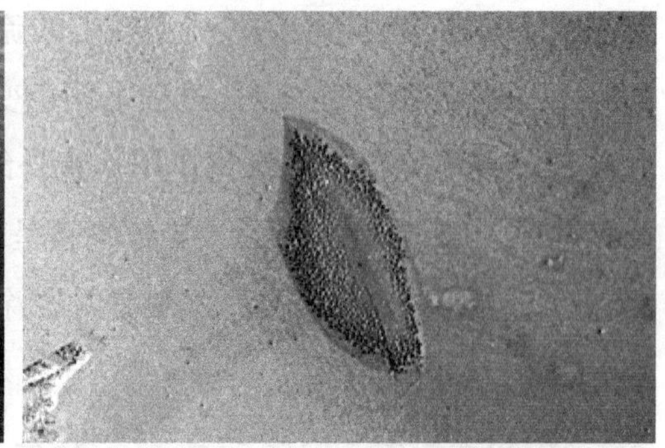
图6-18　溶剂沉陷形成漆膜内部空穴

涂层剥落的断点可以出现在不同界面，涂层与涂层之间或者涂层与基材之间，通常被称为附着力失效；如果断点出现在同一层内部造成分离，则被称为内聚力失效，正确区分附着力和内聚力失效有助于分析成因及制定预防措施。

附着力失效往往与剥落涂层施工前表面状况有关，这包括：

（1）表面污染物；

（2）涂层表面缺陷；

（3）表面粗糙度影响；

（4）待施工涂层与表面的兼容性。

综上所述，附着力失效的诱因往往来源于外部介质，而内聚力失效通常是涂层自身的强度由于不同因素弱化而发生的。常见的施工问题有：

（1）过高的漆膜厚度；

（2）涂料过度稀释、湿膜厚度太高使溶剂无法在表干之前彻底挥发，残留溶剂在涂层内部形成蜂窝状空穴（如图6-18），降低了涂层内部的聚合力，一旦内应力或外力作用，涂层很容易从空穴处发生断裂。

（3）涂层表面结皮。

涂层老化，某些涂层缺陷，诸如裂纹、渗透压起泡和翻卷，如果任由其发展，会导致涂层出现剥落。

为了避免剥落，特别是避免在涂层防护的早期出现，涂装检验师和施工方应注意控制：

（1）施工涂料前，表面应得到彻底清理，所有可见污染物应以恰当的方式清除；

（2）表面如果存在影响附着力的缺陷，应先修复这些缺陷，然后再施工后续涂层；

（3）确保待施工涂料表面具有恰当的粗糙度，为后续涂层的良好附着提供坚实基础；

（4）确认施工涂料与表面之间可兼容。如果现有涂层已完全固化，可能需要额外对其表面进行打毛处理，增加粗糙度；

（5）避免施工的漆膜厚度超过规定要求；

（6）合理地使用稀释剂，控制稀释比例；

（7）尽可能在理想的天气环境下施工涂料；

（8）注意充分通风。

涂层出现剥落后，应尽快进行修复，以免基材腐蚀加剧恶化。

6.4.2　针孔

如图 6-19 所示，漆膜中存在形似针眼的小孔，称为针孔。

图 6-19　针孔

涂层中出现针孔通常与溶剂、空气排放以及涂料黏度相关，如果溶剂蒸汽或空气释放过程中湿膜丧失流动性无法融合修复其排放路径，排放通路就会成为针孔。通常，下列条件下容易产生针孔：

（1）使用高黏度涂料，流动性差，无法愈合溶剂蒸汽释放的路径。

（2）雾化不良或高湿膜厚度；

（3）辊涂（滚涂）施工；

（4）待涂装基材表面状况过于粗糙，孔隙率高；

（5）底材温度高、相对湿度过低以及通风量过高。

漆膜中的针孔是整个防护系统的薄弱位置，这一位置的整体漆膜厚度有所降低，甚至基材会直接接触空气环境，产生早期腐蚀。如果前度漆膜中存在针孔，无法通过施工后续涂层进行修复，新涂层同一位置很有可能再次出现针孔。现场施工时，主要通过增加湿膜流动性并延缓干燥时间来进行控制，可采用以下方法：

（1）调整涂料至恰当的黏度，可以通过添加稀释剂达成；

（2）选择合适的喷涂压力和喷嘴，达到理想的雾化状态并控制湿膜厚度；

（3）如必须采用辊涂（滚涂）施工，尽可能选择短毛滚筒并调整涂料黏度；

（4）针对多孔隙表面，在涂料配套系统中设定封闭涂层，现场施工时，可以采用雾喷施工工艺减少针孔形成；

（5）环境条件不佳时，尽可能避免施工涂料或采用恰当的设备管控环境，如无条件，可采用低挥发的稀释剂稀释涂料，降低其干燥速度。

对于已产生针孔的涂层进行修复，可以采用打磨的方式磨除有针孔的涂层。针孔有时仅出现在面层，有些时候可能穿透几度涂层直至底材，因而磨除的原则以看不到针孔为止，去除针孔后，根据磨除的涂层道数，补涂相应的涂层。

6.4.3 裂纹

干膜中出现的断裂称为裂纹，如图 6–20 所示。根据裂纹形状、尺度和成因，可以分为细裂纹、泥裂、鸦脚纹和冻裂等。

（1）细裂纹：干膜或涂层表面出现近乎规则的细小裂纹，如图 6–21 所示。

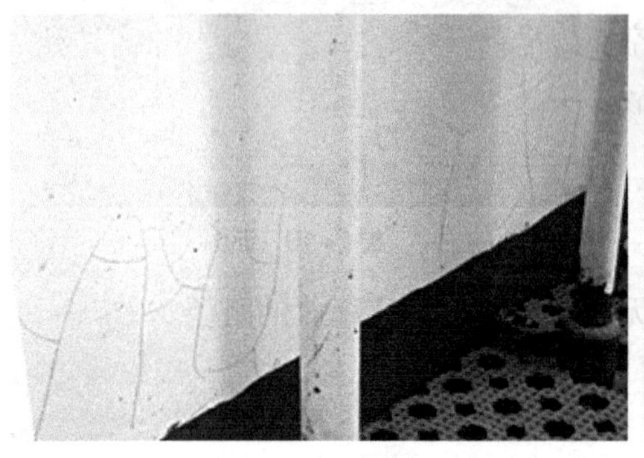

图6–20 裂纹

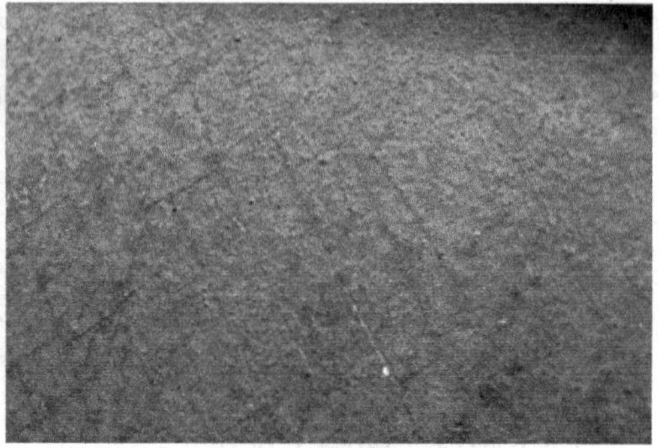

图6–21 细裂纹

（2）泥裂：干燥过程中形成的深裂纹，如图 6–22 所示。通常是由于在多孔隙基材表面施工的高颜填料油漆厚度过高而产生。

（3）鸦脚纹：漆膜表面放射状的短裂纹，形似乌鸦脚，如图 6–23 所示。

（4）冷裂：漆膜曝露于低温时形成的裂纹，如图 6–24 所示。

行业中对于裂纹有十几种不同的名称，事实上无论哪一种裂纹，都是由于涂层无法抵御内部和外部应力而产生。分析具体裂纹产生的原因时，可着眼于涂层自身强度，以及涂层所承受的应力。

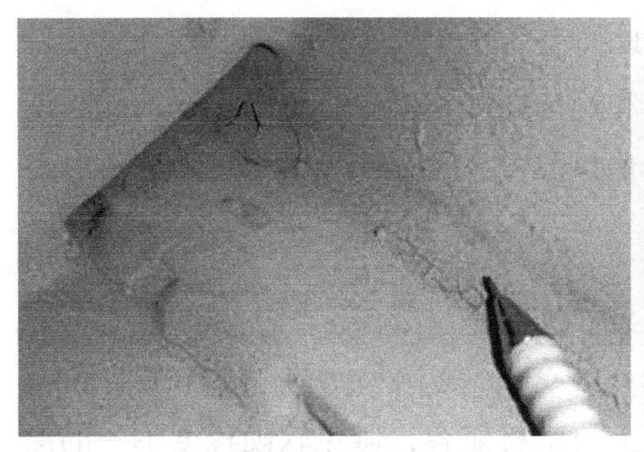
图6-22　泥裂

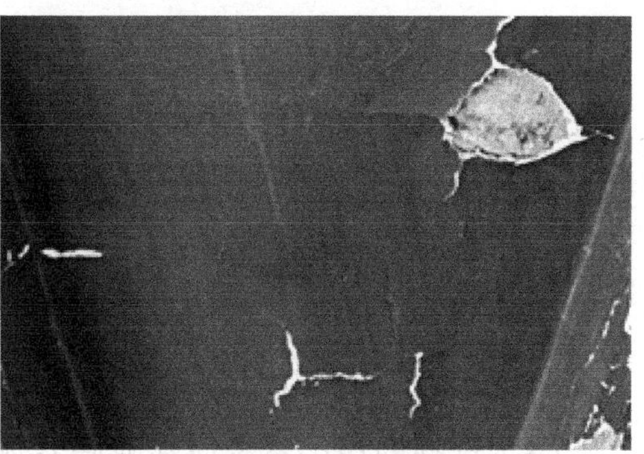
图6-23　鸦脚纹

涂层应用过程中，除了材料自身性质以外，其强度主要受两方面因素影响：

（1）干燥和固化程度；

（2）老化程度。

图6-24　冷裂

涂料配方设计时，都会考虑到其应用环境的应力耐受情况，确保所形成的干膜具有恰当的延展性、柔韧性和冲击强度。涂层在实际应用过程中，应力来源及强度各异，一旦其超出涂层的设计极限，则易导致涂膜出现裂纹。应力来源包括：

（1）机械应力；

（2）温度变化；

（3）基材表面的尖锐突起；

（4）附着力弱；

（5）涂层内部的断点；

（6）涂层漆膜厚度。

裂纹可以是单一涂层中的断裂，也可以穿透整个系统直至基材。一旦裂纹出现，环境中的水汽、氯离子、氧气以及其他腐蚀介质可以从此处进入涂层系统甚至底材，这样底材会出现锈蚀，并在锈蚀作用的影响下，发展出膜下腐蚀。锈蚀在生成过程中，增加对漆膜的作用推力，最终从裂纹处开始，漆膜形成剥落。

涂层出现断裂很多时候是多种因素的综合作用，控制和预防裂纹出现，需要综合考虑以下影响因素：

（1）确保漆膜恰当干燥和固化，因此需要考虑干燥和固化阶段的环境条件控制、多组分涂料施工时混合比例控制和均匀搅拌，对于有后固化要求或长期接触高温表面的涂层，一方面需要控制加热温度，避免热冲击，另一方面需考虑材料自身的耐高温性能。

（2）当涂层的老化达到一定程度时，应及时进行修复，避免局部的涂层退化或轻微退化影响到整体系统的稳定。

（3）选择的涂层系统应在膨胀系数上与基材兼容，避免软硬程度不一的涂层或涂层系统与基材相互附着。

（4）清除表面的尖锐突起，对自由边进行倒圆、对粗糙电焊缝打磨光顺等处理结构缺陷措施，可以使施涂表面更为平整，减少后续漆膜局部应力加剧的问题。

（5）涂层施工前，应确保表面清洁彻底，任何松动的介质都应去除。另外在光滑表面施工前，可进行一定的拉毛，形成粗糙度以增加附着力。

（6）涂料施工时，应控制稀释剂的使用；干燥过程中，保持通风，控制加热烘干工艺，减少溶剂沉陷。

（7）在多孔基材表面施工涂料时，可以选择封闭涂层或雾喷技术封填空隙，避免空气截留在漆膜内部。

（8）涂层膜厚应控制在生产商的推荐值范围内，施工时避免诸如皱纹和橘皮等会造成局部膜厚超高的缺陷。

对于裂纹的修复，应先评估其深度和范围再安排具体措施。一般原则是，少量局部开裂，可采用打磨方式清除出现裂纹的涂层并按需修补油漆；大范围浅裂纹，譬如大面积细裂纹，可以采用打磨方式或轻扫砂清除存在裂纹的涂层，并修补涂料；大范围深裂纹，需要采用打磨、喷砂等恰当方式清除整个涂层系统，并重新施工。

6.4.4 漏涂

如图 6–25 所示，基材表面局部区域涂层缺失，称为漏涂。

漏涂出现的面积，很大程度上体现了施工人员的责任心及技术水平，施工使用的涂料黏度，结构复杂程度以及施工现场操作条件和照明条件等因素会增加出现漏涂的概率。

图6-25　漏涂

一旦涂层系统出现漏涂，轻则系统膜厚无法达到规格书要求，重则基材直接曝露在环境中，两种情况都会导致早期腐蚀发生。对于漏涂的管理和预防，通过提高施工人员责任心，可以很大程度上减少漏涂，需要落实以下措施。

（1）施工过程中加强对漆面的观察，如果出现漏涂可立即修补；另外在狭小区域，如过焊孔边缘等反手位进行施工时，应随身携带小镜了对施工区域进行检查和及时修复。

（2）提高使用涂料施工工具的技能，如漆刷、滚筒和喷涂设备。加强施工人员培训，现场有效监督，以确保施工人员采用正确的施工技术。

（3）针对其他造成作业困难的情况，可以提供良好的通行条件，如有需要应采用辅助工作平台，诸如脚手架或高空车等措施；确保施工区域具有充足的照明条件。

（4）对于复杂结构，增加预涂范围；合理安排喷涂顺序（先难后易）。

（5）涂料黏度过高时，可适量添加稀释剂，调整涂料流动性和干燥速度，以便湿膜流平愈合细微漏涂区域。

（6）涂装规格书及现场施工时，单道涂层厚度应设定为高于产品技术说明书中的最低膜厚。

修复漏涂，通常只需要进行补涂。实施补涂前，当施工表面已受到污染、产生粉化或超过覆涂间隔，或露底区域出现锈蚀时，进行恰当的表面处理，以确保补涂涂层的附着力是非常必要的。

6.4.5　缩孔

涂料施工后出现于涂层的小的准圆形凹坑，其中心有某种污染物存在，如图 6-26 所示，称为缩孔。

涂料需要润湿基材以达到吸附形成附着力的目的，如果基材表面附着有某些低表面能污染物颗粒时，涂料接触到此类物质时，由于湿膜内能高于接触表面的能量，涂料会从接触面脱离而产生收缩，此时在湿膜中出现围绕颗粒物的环形坑，即形成缩孔。

要避免出现缩孔问题，需注意在施工涂料前，对表面进行恰当的清理。

有机硅涂料喷涂时产生的干喷会成为造成缩孔的最常见原因，因此，在施工此类涂料时，应做好防范措施，避免干喷颗粒粘附于其他待涂装表面。

对缩孔进行修复，首先需要判断由何种污染物造成，然后通过恰当方式清除带缩孔涂层，根据污染物类型选择合适的清洗剂进行表面清理并进行淡水漂洗，完成后，重新处理基材或涂层表面，再行修补涂层。

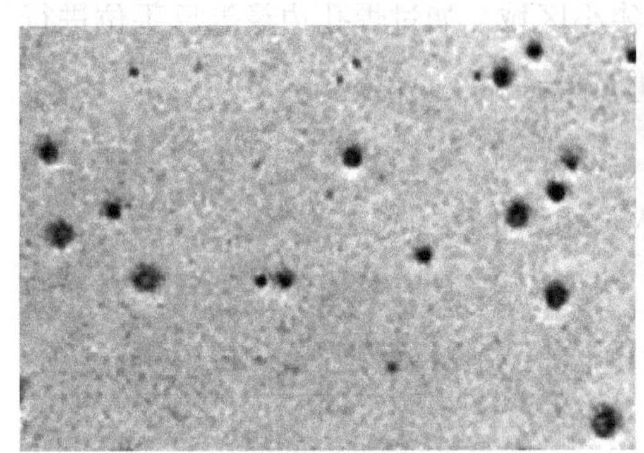
图6-26　缩孔

图6-27　收缩

6.4.6　收缩

如图 6-27 所示，漆膜中出现随机分布、范围不等的塌陷，可以呈点状，也可以较大面积。

收缩在外观上看起来与缩孔非常接近，而其成因也有相似之处，因此常常会被归于同一缺陷类型，如果要细分其差异，缩孔通常是小尺寸的圆坑，中心处可以观察到颗粒状突起；而收缩的尺寸有小有大，中心凹陷处平坦。

收缩的产生也与低表面能介质相关，包括：

（1）低表面能污染物；

（2）低表面能基材。

为了避免收缩出现，施工前应彻底清除待涂装表面的相关污染物；在低表面能基材上施工涂料时，需咨询涂料供应商以选择与表面匹配的底漆。另外可以采用打磨、拉毛或其他特殊处理工艺处理表面，以增加表面粗糙度或表面极性。少量收缩缺陷的修复，可以采用与缩孔修复同样的方式；大面积的收缩往往需要清除全部涂层，再结合恰当的清洗或表面处理措施，然后再重新施工涂层。

6.4.7　泡

泡是部分涂层或漆膜从一度或多度涂层中的局部区域脱离形成的突起变形，如图 6–28 所示。施工过程中或服务于大气环境中的涂层中出现的泡，多半是由于内部沉陷的空气、水汽和溶剂蒸汽膨胀而形成，在此称为气泡。有些情况下，气泡形成后，由于内部气体收缩或蒸汽压过高，气泡顶部出现塌陷或被穿透，形成的缺陷被称为弹穴，如图 6–29 所示。

图6–28　气泡

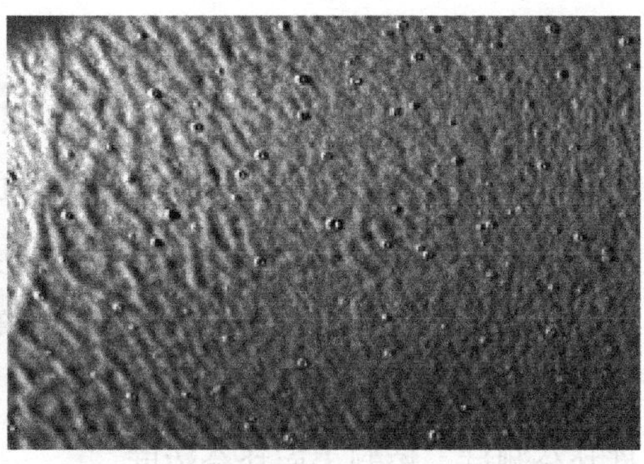

图6–29　弹穴

如果涂层服务于浸没环境中，例如水下或掩埋于土壤中，此时出现泡的常见原因是基材表面盐分浓度与服务环境中的盐分浓度之间的差异对漆膜形成渗透压，导致鼓泡，在此称为渗透压起泡，如图 6–30 所示。导致泡产生的原因有：

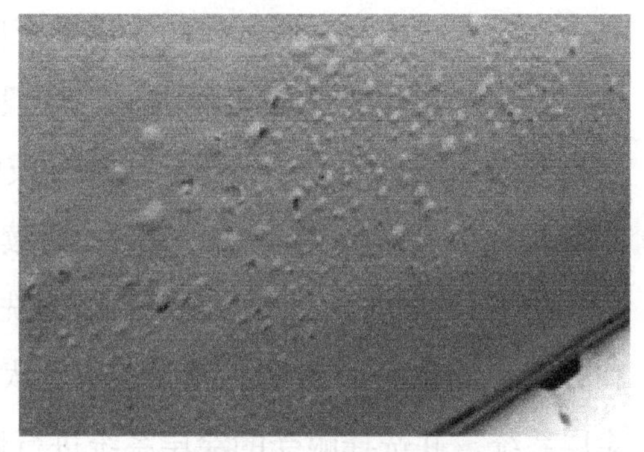

图6–30　渗透压起泡

（1）空气沉陷；

（2）溶剂沉陷；

（3）水汽；

（4）漆膜内存在断点；

（5）环境条件；

（6）可溶性介质；

（7）电流。

一般情况下，仅出现在漆膜表面的气泡，对涂层的整体性能影响不大，但是，形成起泡的断点出现在涂层与基材之间、涂层与涂层之间或涂层内部时，后续会发展成裂纹和剥离，相关区域的保护会减弱甚至完全丧失。

减少和避免涂层出现起泡问题，需要通过如下施工过程中的控制和管理实现。

（1）多孔隙基材表面施工时，选择封闭涂层或雾喷工艺封闭孔隙。在主涂层施工前，排尽基材中的空气。

（2）使用空气喷涂或辊涂（滚涂）时，应使用低黏度、干燥慢的涂料，以使空气和溶剂有足够的时间挥发。

（3）控制稀释剂的使用量，减少湿膜中的溶剂含量，确保溶剂能够在干燥窗口彻底挥发，而非被截留在漆膜中形成空穴。

（4）涂料施工时，确保基材表面温度至少高于露点 3℃，从而减少表面结露的可能性，同时，避免在大雾、高湿度等不良天气条件下施工。

（5）待涂装基材表面应彻底清洗，清除可溶性介质，如有必要，执行可溶性盐分测试，控制表面盐分浓度。

（6）应用于水下和埋地环境的涂层系统，应有良好的耐电性能，结构安装有阴极保护系统时，所选择的涂层系统应该具有认可的阴极剥离测试报告。

对于仅出现于涂层表面的泡，一般可以采用砂纸磨平的方式进行处理，然后再补涂面漆；而对于造成涂层部分或整体脱离的泡，应彻底清除起泡的区域，并需要分析起泡成因，做出不同的后续处理；如果起泡是由于可溶性介质造成的，缺陷涂层清除后，应进行淡水冲洗，清除污染物，然后再次进行表面处理和补涂；如果是因为电流原因造成的大范围起泡，则有可能需要彻底清除整个涂层系统，并选择耐受的涂层系统进行修复。

6.5 影响涂层强度的干酪化缺陷

干酪化是指漆膜在充分干燥后，仍呈现发软、硬度不够的现象，如图 6–31 所示。

涂层只有彻底干燥和固化后，才能够抵御服务环境中的机械应力和化学攻击，现场判断涂层是否固化的一种表观特征，是通过按压或指甲刮擦判断其表面硬度，干酪化的涂层在按压时会有明显变形或产生刮擦痕迹。

很多现场施工因素会导致涂层干酪化的出现：

（1）低温环境条件；

（2）过高的漆膜厚度；

（3）覆涂间隔；

（4）稀释量；

（5）涂料调配。

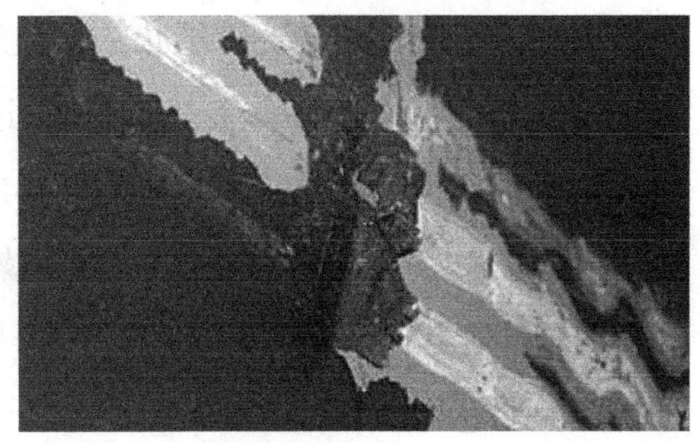

图 6-31　干酪化

如前所述，涂层出现干酪化，会影响其后续的整体防护性能，因此，在施工过程中，应按照以下要点控制各项施工参数，这对于避免此类缺陷出现是极其重要的。

（1）施工涂料，特别是施工完成后的干燥和固化阶段，确保恰当的环境（底材）温度、充足的通风，以使涂层能够彻底干燥和固化。

（2）每道涂层应按推荐膜厚进行施工，并遵循涂料供应商建议的最高膜厚限制。

（3）覆涂时，应使前道涂层的干燥时间达到最短覆涂间隔时间。对于非标准厚度的涂层干燥，应咨询涂料供应商，并进行现场检查以确定其干燥状态。

（4）施工时，应尽可能减少稀释剂的使用。如果不得不添加稀释剂，可能需要适当地延长涂层的干燥时间。

（5）多组分涂料的配比应当严格按照涂料供应商的推荐执行，特别是少量调配涂料时，可采用称量工具进行定量配比。

产生干酪化的涂层无法满足今后服务的要求，因此需要彻底清除该涂层并重新恰当地施涂新的涂层。

【重要定义、术语和概念】

（1）流挂（Sagging）：涂料施工于垂直或倾斜表面时，干燥过程中湿膜向下流动形成局部厚度不规整的漆膜。取决于体量大小，有不同的名称：小体量的称为流淌（Runs）、垂泪（Tears）或小滴（Droplets）；大体量的称为帘状流挂（Curtains）。

（2）干喷（Dry spray）：涂料喷涂过程中，雾化的微滴或其干燥颗粒粘附于干燥表面，导致表面呈现砂纸状的粗糙外观。

（3）过喷（Over spray）：涂料喷涂过程中，所喷涂料超出待施工区域，吸附到其他表面。其结果通常在其他表面形成干喷。

（4）皱皮（Wrinkling）：涂层在干燥过程中产生的皱起现象。通常涂层会出现线状局部隆起。

（5）翻卷（Lifting，Curling）：在干燥漆膜表面施工新涂层，或诸如溶剂之类的化学品而导致其出现软化、膨胀或从基材表面脱离的现象。

（6）橘皮（Orange peel）：涂层表面出现类似于橘子皮的不平整外观。

（7）刷痕（Brush marks）：使用漆刷施工涂料时，涂层中形成的线状痕迹。

（8）剥落（Delamination，Detachment，Flaking，Peeling）：涂层由于丧失附着力而从基材表面发生的自然脱离。根据脱离涂层的形态，剥落亦可被称为起皮（Peeling）、起鳞（Flaking）、分层（Delamination）等。

（9）针孔（Pinholing）：漆膜中存在的形似针眼的小孔。

（10）裂纹（Cracking）：干膜中出现的断裂。

（11）细裂纹（Checking / hair cracking）：干膜或涂层表面出现近乎规则的细小裂纹。

（12）泥裂（Mud cracking）：干燥过程中形成的深裂纹。通常是由于在多孔隙基材表面施工的高颜填料油漆厚度过高而产生。

（13）鸦脚纹（Crows foot cracking）：漆膜表面放射状的短裂纹，形似乌鸦脚。

（14）冷裂（Cold cracking）：漆膜曝露于低温时形成的裂纹。

（15）漏涂（Holiday，Missing）：基材表面局部区域涂层缺失。

（16）缩孔（Fish eyes）：涂料施工后出现于涂层的小的准圆形凹坑，其中心有某种污染物存在。

（17）收缩（Cissing，Crawling）：漆膜中出现随机分布、范围不等的塌陷，可以呈点状（Cissing），也可以较大面积（Crawling）。

（18）泡（Blistering）：部分涂层或漆膜从一度或多度涂层中的局部区域脱离形成的突起变形。

（19）气泡（Popping，Bubbling）：泡的一种形态，由于气体或液体汽化后产生的膨胀力导致漆膜鼓泡。

（20）弹穴（Cratering）：气泡坍塌以后形成的底部平坦的凹穴。

（21）渗透压起泡（Osmotic blistering）：泡的一种形态，由于漆膜与基材和漆膜与环境两个界面之间存在盐分浓度差，从而在漆膜与基材这一界面形成渗透压，顶起漆膜形成鼓泡。

（22）发白（Blushing）：指漆膜表面出现色如牛奶的乳白色斑，有些时候会发展成干蜡状的膜。

（23）渗出（Blooming）：涂层组分或基材中的物质迁移至表面所产生的沉降物。

（24）发汗（Sweating）：渗出的一种。特指液体渗出物出现在漆膜表面。

（25）粉化（Chalking）：由于漆膜或涂层中的一种或多种组分降解后，在漆膜或涂层表面曝露出来的疏松粉末状表观。

（26）渗色（Bleeding）：指受底部涂层或基材中的着色物质扩散进入或穿透上面的涂层，从而产生影响面漆的色斑或颜色变化。

（27）褪色（Fading）：指涂层使用过程中出现颜色退化的现象。通常都是由于漆膜中的颜料受紫外线影响而导致的。

（28）漂白（Bleaching）：指漆膜受到酸碱作用，颜色逐渐变浅，最终呈现白色外观。主要由于漆膜中的颜料在此环境中出现分解而失色。

（29）变色（Discoloration）：漆膜受到环境影响而出现的不同颜色变化。

（30）黄变（Yellowing）：漆膜在老化过程中颜色变黄的状态。

（31）干酪化（Cheesy，Cheesiness）：指漆膜在充分干燥后，仍呈现发软、硬度不够的现象。

【参考文献】

[1]　中华人民共和国国家质量监督检查检疫总局，中国国家标准化管理委员会：色漆和清漆 术语和定义：GB/T 5206—2015[S]. 北京：中国标准出版社，2016.

[2]　ISO 4618：2023，Paints and Varnishes — Terms and Definitions[S]. Genera，ISO，2023.

CHAPTER 7

第 7 章

常规涂装检验

【培训目标】

完成本章节的学习后，学员应了解以下内容：

（1）环境监控检验；

（2）表面粗糙度检验；

（3）残留灰尘检验；

（4）盐污染检验；

（5）涂料温度检验；

（6）涂层厚度检验。

7.1 概述

对于涂料涂装的从业人员来说，了解各种检验仪器的基本原理及其应用是十分必要的。在此主要讨论非破坏性检验，包括环境监控、表面粗糙度、残留灰尘、盐污染、涂料温度和涂层厚度检验。对于破坏性检验，比如结合力检验、高压电火花检验和破坏性的涂层厚度检验等，将在涂装检验师的Ⅱ级课程里介绍。

7.2 环境监控检验

要获得良好的涂装质量，除了要有良好的结构设计、良好的表面处理、良好的涂料品质、良好的涂装设备和良好的施工水平外，还要有良好的涂装环境。涂装环境的监控管理包括对照明、通风、温度和相对湿度等的综合管理。

7.2.1 照明

涂装现场既有喷涂设备、涂料桶，又有各种输送管道，可能还有脚手架等，往往比较杂乱，为了便于涂装作业并保证作业安全，必须要保证一定的照明条件（见 5.3.4 节）。

7.2.2 通风

涂装车间周围环境应相对独立，需设置必要的通风设施。通风的作用有三个方面：保证操作者身体健康；避免发生火灾事故；确保涂料施工质量。

当涂装工作在室外进行时，通风条件基本可以得到保证，但需要注意风力过大对涂装质量的影响。在涂装施工时通常要求风速不超过四级（5.5~7.9m/s）。美国防护涂料协会标准《金属表面的车间、现场和维修涂装》SSPC-PA 1—2016 中的 6.5.4 节从施工质量角度规定了“风速超过 25 英里 / 小时应停止喷漆”，即 40km/h，11m/s，相当于 5 级风。

7.2.3 温度

不同品种涂料的干燥方式可能不同，有的涂料干燥过程是物理方式（溶剂挥发），有的则主要是化学方式（有化学反应，同时也有溶剂挥发），这两种干燥的过程都需要能量的参与，大多数涂料的固化速率都与温度密切相关。与涂料施工过程相关的温度主要包括环境温度、底材温度、涂料温度和露点温度等。

7.2.4 环境温度

环境温度是指周围空气的温度，通常可通过手摇干湿温度计（摇表）或电子温湿度计进行测量。具体应参考涂料厂商的说明书对环境温度的规定。

7.2.5 相对湿度

相对湿度（定义见 5.3.2 节）通常可通过采用手摇干湿温度计或电子温湿度计进行测量。合适的相对湿度有利于涂料的施工、干燥固化和涂层的服务性能，在涂装过程中的空气相对湿度应小于等于 85%（水性涂料 70%），并且钢材表面温度高于露点温度至少 3℃。

7.2.6 露点温度

露点温度是水蒸气在表面上发生冷凝，留下水珠时的温度。露点温度通常与空气的相对湿度和环境温度等相关。

采用摇表测量相对湿度和露点时，首先要测量环境的干、湿球温度，干球温度是指用温度计测得的空气温度，简称干温；湿球温度是指用淡水湿润的引线（棉套）包裹的温度计测量的温度，简称湿温；可通过“相对湿度和露点对照表”或摇表管套上的刻度获知相对湿度和露点。

局部摘录摘自某品牌的产品说明书，手摇干湿温度计（摇表）的使用方法如图 7-1 所示。

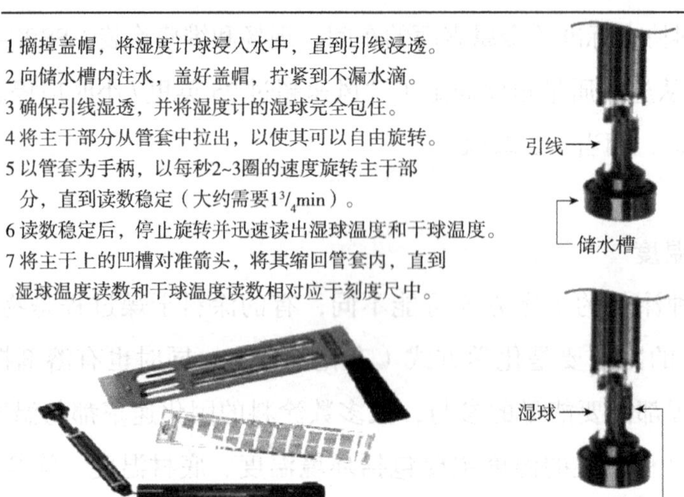

图 7-1　摇表的使用方法

假设干温为 28℃，湿温为 25℃，在表 7-1 中查寻相对湿度和露点的步骤如下：

（1）在最左列找到“28”；

（2）在首行找到干温与湿温的差值（28℃ -25℃ =3℃）;

（3）干温 28℃这一行与差值 3℃这一列的交叉显示 79 24；则相对湿度为 79%，露点为 24℃。

从表 7-1 可以看出，在相同干温情况下，干、湿温度差值越大，相对湿度越低；也就是说，相对湿度越低，会导致湿球上有更多的水分挥发，带走更多热量，从而导致了更大的干湿温差值。

相对湿度和露点对照表（局部）　表 7-1

D/T-P/T	0.0	0.5	1.0	1.5	2.0	2.5	3.0	3.5	4.0	4.5	5.0	5.5	6.0	6.5	7.0
D/T	RH-DP	RH-DP	RH-DP	RH-DP	RH-DP	RH-DP	RH-DP	RH-DP	RH-DP	RH-DP	RH-DP	RH-DP	RH-DP	RH-DP	RH-DP
25.00	100 25	96 24	92 24	88 23	84 22	81 21	77 21	74 20	70 20	67 18	63 17	60 17	57 16	54 15	50 14
25.50	100 25	96 25	92 24	88 23	85 23	81 22	77 21	74 20	70 20	67 19	64 18	60 17	57 16	54 15	51 15
26.00	100 26	96 25	92 25	88 24	85 23	81 22	78 22	74 20	71 20	67 19	64 19	61 18	58 17	55 16	51 15
26.50	100 26	96 26	92 26	88 24	85 24	81 23	78 22	74 21	71 21	68 20	64 19	61 18	58 18	55 17	52 16
27.00	100 27	96 26	92 26	89 25	85 24	82 24	78 23	75 22	71 21	68 21	65 20	62 19	59 18	55 17	52 16
27.50	100 27	96 27	92 27	89 25	85 25	82 24	78 23	75 23	72 22	68 21	65 20	62 20	59 19	56 18	53 17
28.00	100 28	96 27	93 27	89 26	85 25	82 25	79 24	75 23	72 22	69 22	65 21	62 20	59 19	56 18	53 18
28.50	100 28	96 28	93 28	89 26	86 26	82 25	79 24	75 24	72 23	69 22	66 21	63 21	60 20	57 19	54 18
29.00	100 29	96 28	93 28	89 27	86 26	82 26	79 25	76 24	72 23	69 23	66 22	63 21	60 20	57 20	54 19
29.50	100 29	96 29	93 28	89 27	86 27	82 26	79 25	76 25	73 24	70 23	66 23	63 22	61 21	58 20	55 20
30.00	100 30	96 29	93 29	89 28	86 27	82 27	79 25	76 25	73 25	70 24	66 23	64 22	61 21	58 21	55 20
30.50	100 30	96 30	93 29	89 29	86 28	82 27	79 26	76 26	73 25	70 24	67 24	64 23	61 22	59 21	56 21

相对湿度和露点的获取，除了采用摇表外，还可采用电子温湿度计来进行测量。电子温湿度计的外观和构造如图 7-2。

值得一提的是，不同厂家不同机型的外观和构造可能并不相同，其使用方法也可能并不一样，具体要参考各厂家各产品的使用说明书。

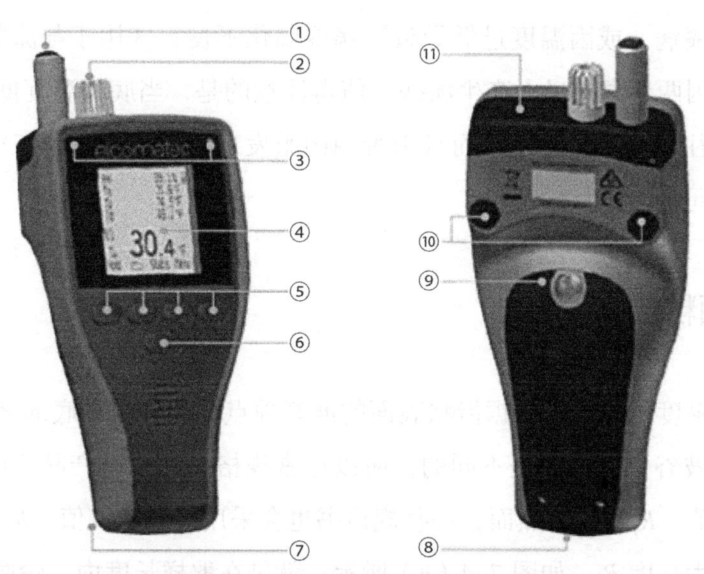

图 7-2　电子温湿度计（正面和背面）

①表面温度计探头；②空气温度和湿度探头；③ LED 指示灯：红灯（左边），绿灯（右边）；④液晶显示屏；⑤按键；⑥开 / 关按钮；⑦腕带连接；⑧ USB 数据输出插孔（在机盖下方）；⑨电池盖；⑩内置磁体；⑪K- 型探头接口（在机盖下方）

7.2.7 底材温度

底材温度是指在进行涂装时底材的表面温度。在室内条件下其与环境温度通常是基本一致的，但是在室外时由于底材的热容不同以及阳光照射的原因，底材温度与环境温度往往是不一致的，通常可采用如图 7–3 所示的表面温度计进行测量。温度的测量，要在被施工构件的多个部位进行，尤其是易产生高温和低温的部位。

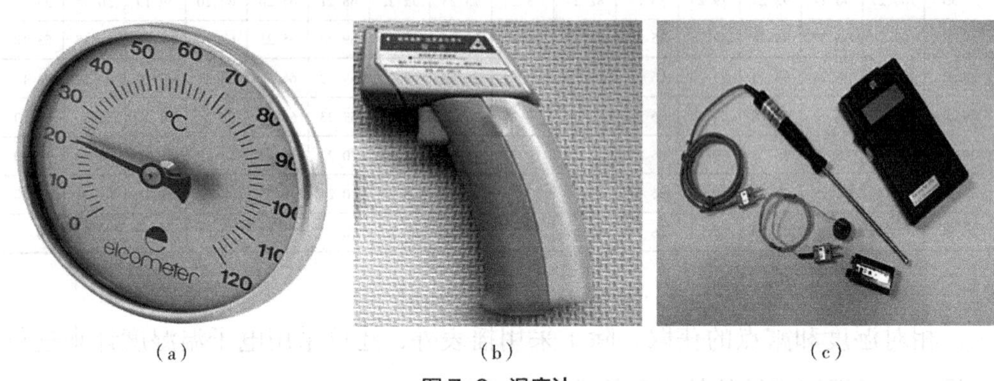

（a） （b） （c）

图 7–3 温度计

（a）磁性型表面温度计；（b）红外线型表面温度计；（c）接触式数字型表面温度计

底材的表面温度管理通常有三方面的内容，①用于与露点温度比较，来判断施工时表面结露的可能性；②避免因底材温度过高造成涂料中的溶剂挥发速率过快导致漆病，或因温度过低导致漆病或固化不良；③用于与涂料温度进行比较，避免因两者温差过大产生漆病。值得注意的是，当底材温度低于冰点时，底材表面往往会结冰或结霜，而且很难用肉眼发现，如果这时施工往往会带来意想不到的问题。

7.3 表面粗糙度检验

表面粗糙度（轮廓）是锯齿状表面的波峰顶点和相邻波谷底部之间的距离。不同的波峰波谷，该距离是不同的，所以通常规格书和涂料产品说明书规定的是一个平均值（R_y5/R_z），然而，一些规格书也会采用最大允许值（R_y）。

轮廓最大高度 R_y，如图 7–4（a）所示，就是在取样长度内，轮廓峰顶 R_p 和轮廓谷底 R_m 之间的距离，即 $R_y = R_p + R_m$。

微观不平度十点高度 R_y5/R_z：如图 7–4（b）所示，就是在取样长度内，

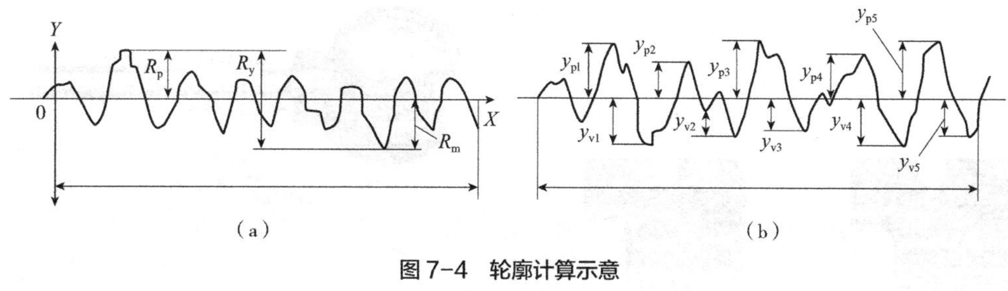

图 7-4　轮廓计算示意

（a）R_y；（b）R_z

5 个最大的轮廓峰高 y_{pi} 的平均值与 5 个最大的轮廓谷深 y_{vi} 的平均值之和，如式（7-1）：

$$R_z=\left(\sum_{i=1}^{5} y_{pi}+\sum_{i=1}^{5} y_{vi}\right)/5 \tag{7-1}$$

粗糙度值一般都是采用一个范围值，比如说重防腐行业一般就规定为 30~80μm 不等。测量粗糙度的方法有很多种，行业内常用的有粗糙度比较样块（Visual profile comparator）、触针式粗糙度仪（Depth micrometer）和复制胶带（Replica tape），用来规范测量粗糙度的标准有：

（1）GB/T 13288 涂覆涂料前钢材表面处理—喷射清理后的钢材表面粗糙度特性；该标准共分为 5 个部分，等同采用 ISO 8503；

（2）ISO 8503，涂装油漆和其他相关产品之前的钢底材处理—喷砂清理后钢底材的表面粗糙度，该标准共分为 5 个部分；

（3）ASTM D4417 喷砂清理后钢材表面粗糙度现场测量的标准测试方法；

（4）NACE SP0287—2016 使用复制胶带来现场测量喷砂清理后钢表面的粗糙度；

（5）SSPC-PA 17-2020 确定钢材轮廓、表面粗糙度和峰值计数要求一致性的程序。

对于表面粗糙度检验的相关理论知识以及专业术语，可以从以上提及的相关标准中获得，在此重点介绍各种检测仪器的应用。

7.3.1　粗糙度比较样块

行业内有多种样式的粗糙度比较样块（对比板），其中著名的有 ISO 粗糙度比较样块和基恩塔特（Keane-Tator）粗糙度比较样块，如图 7-5 所示。虽然外形上各不相同，但其检验测量的原理是一样的，即将待检测表面与“比较样块”

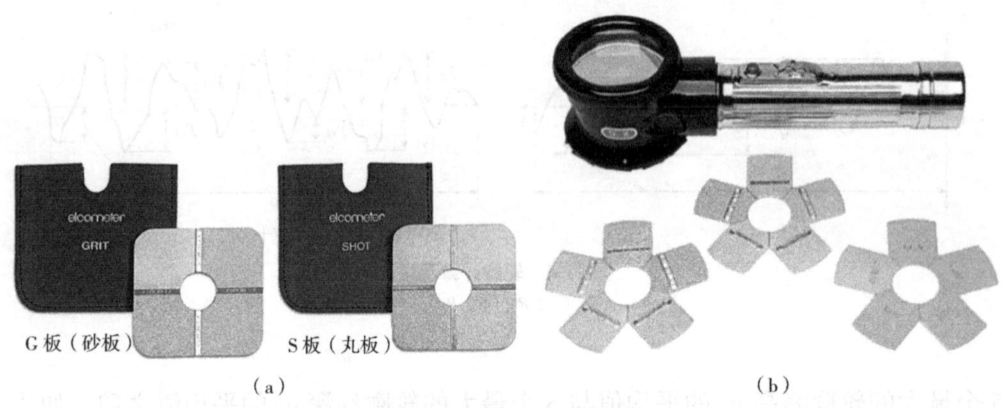

（a）（b）

图 7-5　粗糙度比较样块

（a）ISO 粗糙度比较样块；（b）基恩塔特（Keane-Tator）粗糙度比较样块

的几个区域进行对比，然后做出评估。

（1）ISO 粗糙度比较样块

共有两块比较样块，即 Grit 板（G 板，砂板）和 Shot 板（S 板，丸板），前者是砂粒磨料喷射清理后的比较样板，后者是丸粒磨料喷射清理后的比较样板，都由 4 个区域（Segment）组成，即区域 1、区域 2、区域 3 和区域 4，如图 7-6 所示。

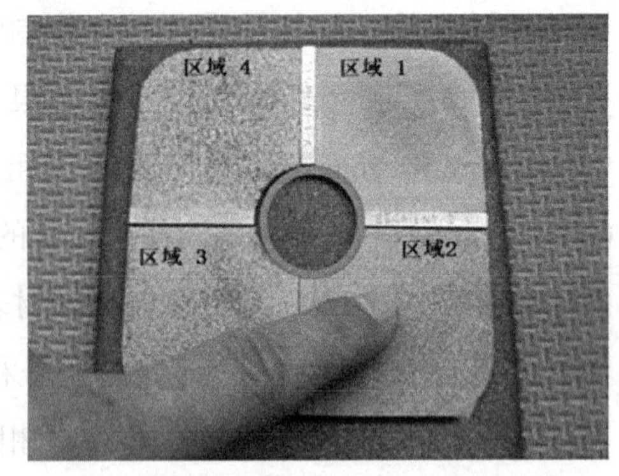

图 7-6　ISO 粗糙度比较样块的四个区域

采用 ISO 比较样块需注意相关要点：①清除待检测表面上的所有灰尘和杂质；②通过比较板中间的圆孔用手指甲感触待检测表面，与 4 个区域比较；③可借助放大镜（不大于 7 倍）进行观察；④报告粗糙度结果等级。

ISO 粗糙度比较样块表示结果的 5 个等级如下：

① 比细更细：粗糙度比区域 1 还细；

② 细：粗糙度相当和超过区域 1 的标称值，但不到区域 2 的标称值；

③ 中：粗糙度相当和超过区域 2 的标称值，但不到区域 3 的标称值；

④ 粗：粗糙度相当和超过区域 3 的标称值，但不到区域 4 的标称值；

⑤ 比粗更粗：粗糙度比区域 4 还粗。

《涂覆涂料前钢材表面处理 喷射清理后的钢材表面粗糙度特性 第 1 部分：用于评定喷射清理后钢材表面粗糙度的 ISO》GB/T 13288.1—2008 中表面粗糙度比较样块的技术要求和定义的第 4 节列出了 ISO 表面粗糙度比较样块各区域表

面粗糙度的标称值和公差。

（2）基恩塔特（Keane-Tator）粗糙度比较样块

共有三块比较样块，即 Grit 板（G 板，砂板）、Shot 板（丸板）和 Sand 板（沙板），每块板有 5 个区域（Section）。其使用与 ISO 粗糙度比较样块没有本质区别，可参阅其产品说明书进行使用，如图 7-7 所示。

Part Number	Description	Section Profiles
E127---2	Elcometer 127 Sand Surface Comparator	0.5, 1, 2, 3, 4 mils
E127---3	Elcometer 127 Grit Surface Comparator	1.5, 2, 3, 4, 5 mils
E127---4	Elcometer 127 Shot Surface Comparator	2, 2.5, 3, 4, 5.5 mils
E127---1	Illuminated magnifier (x 5) with integrated surface comparator holder	

图 7-7　不同编号的粗糙度的描述（局部）

7.3.2　触针式粗糙度仪

行业内有多种触针式粗糙度仪，它们测量的是待测表面的波峰波谷距离值。不同测量仪制造商和同一制造商的不同型号，按是否有电子显示可以分为机械型（图 7-8a）和电子显示型（图 7-8b、c）。其中电子显示型又有各种型号，有的型号并不具有存储统计分析功能（图 7-8b），有的型号可对所测量的数据进行记录保存（图 7-8c），并可通过数据线与电脑连接，对所记录数据进行统计分析处理。

（a）

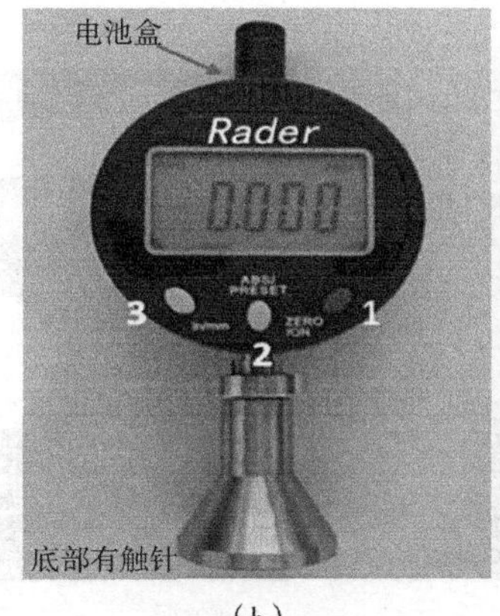

（b）

（c）

图 7-8　粗糙度仪

（a）机械型；（b）、（c）电子显示型

由于触针式粗糙度仪的制造商众多，操作者应按其指导说明并同时参照相应标准和规格书的要求进行操作，Elcometer（易高）123、Rader（睿德）SR1008、Elcometer（易高）224 是行业内几款常见类型仪器，具体操作见仪器说明书。

涂装检验师可根据前述的规范测量粗糙度的相应标准、涂装规格书要求和仪器制造商要求进行操作；需要注意的是，即使是同一标准的不同年份版本的要求也可能是不同的，例如：ASTM D-4417 的 1999 年版本规定“某区域测量 10 个读数取平均值”（图 7-9a），而其 2014 年版本规定“某区域测量 10 个读数记录其最大值”（图 7-9b）。

6.2.3 Measure the profile at a sufficient number of locations to characterize the surface, as specified or agreed upon between the interested parties. At each location make ten readings and determine the mean. Then determine the mean for all the locations and report it as the profile of the surface.

（a）

7.2.3 Measure the profile at a sufficient number of locations to characterize the surface, as specified or agreed upon between the interested parties. At each location make ten readings and record the maximum value. Then determine the mean for all the location maximum values and report it as the profile measurement of the surface.

（b）

图 7-9　ASTM D-4417 的粗糙度测试数据处理规定

（a）ASTM D-4417-99；（b）ASTM D-4417-2014

7.3.3　复制胶带和千分尺

测量粗糙度的另一种方法是复制胶带，行业内最常见的复制胶带是英国易高公司生产的 Testex ® 复制胶带，即易高 122，如图 7-10（a）所示，配合复制胶带一起使用的最主要的仪器就是千分尺，同时还有小刷子和摁压棒，摁压棒类似于调咖啡的塑料棒，如图 7-10（b）所示。

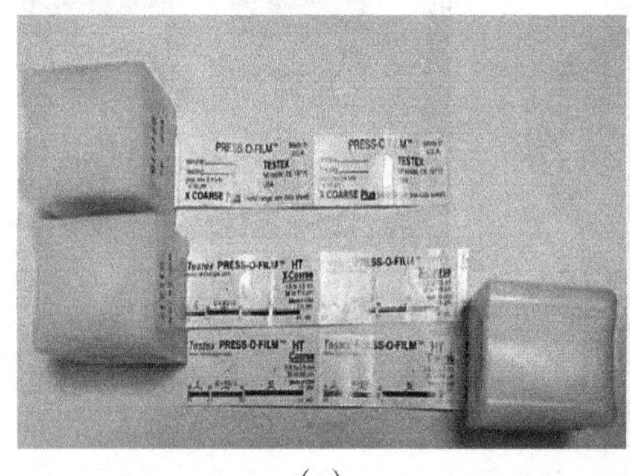

（a）

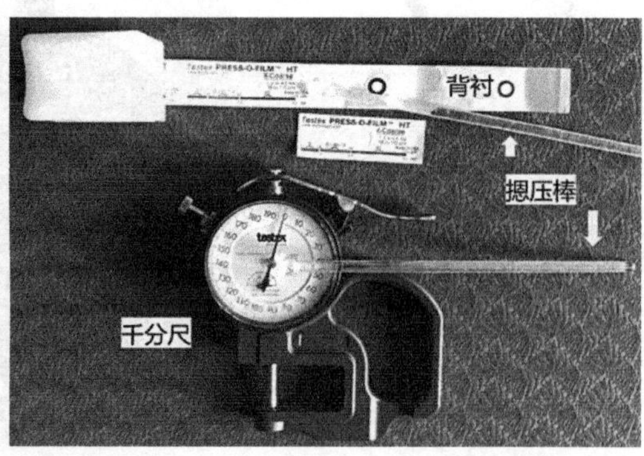

（b）

图 7-10　复制胶带和千分尺

（a）Testex ® 复制胶带；（b）复制胶带、摁压棒和千分尺

Testex ® 复制胶带有四种规格，名称和量程范围如下，常用的是②、③两种。

① 粗减胶带（C-=Coarse Minus Tape）：量程 12~25μm；

② 粗胶带（C=Coarse Tape）：量程 20~64μm；

③ 超粗胶带（XC=X- Coarse Tape）：量程 38~115μm；

④ 超粗加胶带（XC+=X- Coarse Plus Tape）：量程 116~127μm。

选择合适测量范围胶带，粗糙度要在测量范围内，如图 7-11 所示，越靠近中间越精准，例如：12~25μm，选择粗减；20~3μm，选择粗；38~64μm，选择粗和超粗两种，取平均值；64~115μm，选择超粗；大于 115μm，选择超粗加。

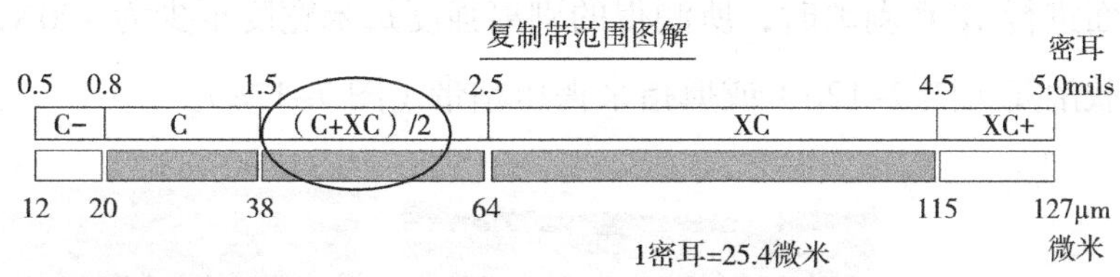

图 7-11　复制胶带测量范围

采用复制胶带测量粗糙度的操作步骤，应遵循操作说明书。

在使用复制胶带的过程中还需要注意，不能让灰尘等杂质粘附在复制胶带上，千分尺测量之前要“归零”。关于“多大面积测量多少点”等统计学问题，检验师可根据前述介绍的规范测量粗糙度的相应标准、涂装规格书要求和仪器制造商要求等进行处理。

需要强调的是，如果粗糙度低于规格书的要求，一般可采用更大尺寸、更大硬度的磨料重新喷砂处理；如果粗糙度高于规格书的要求，不建议采用对表面进行打磨或用更小尺寸的磨料进行重新喷砂处理的方式进行弥补，因为这种处理并没有太多实质效果，略微增加涂层厚度是可行的弥补方式之一；或者告知喷射承包方，通过采取调整喷射参数（如磨料尺寸、硬度）、喷射压力和速度等措施，使粗糙度符合规格书的要求。

7.4　残留灰尘检验

第 3 章中表面处理，对灰尘和砂粒污染进行了较为详细的介绍。在此主要介绍如何根据相应标准对已处理过的表面进行残留灰尘的检验。

7.4.1 检验测试工具

行业内通常依照 ISO 8502-3 或《涂覆涂料前钢材表面处理 表面清洁度的目视评定 第 1 部分：未涂覆过的钢材表面和全面清除原有涂层后的钢材表面的锈蚀等级和处理等级》GB/T 18570.3—2005 进行残留灰尘的检测，测试工具包括压敏粘带、10 倍放大镜和 ISO 8502-3 或《涂覆涂料前钢材表面处理 表面清洁度的目视评定 第 1 部分：未涂覆过的钢材表面和全面清除原有涂层后的钢材表面的锈蚀等级和处理等级》GB/T 18570.3—2005 标准灰尘数量等级对比图片（如图 7-12 和图 3-3）。标准中对压敏粘带要求是宽度为 25mm、无色、透明并可自粘贴；按 IEC 454-2 规定进行剥离试验，以（300 ± 30）mm/min 的剥离速率从钢材表面进行 180° 剥离时，所测得的剥离强度每米宽度至少为 190N；测试时可采用加载滚筒（图 7-12b）或拇指来摁压粘带（图 7-12c）。

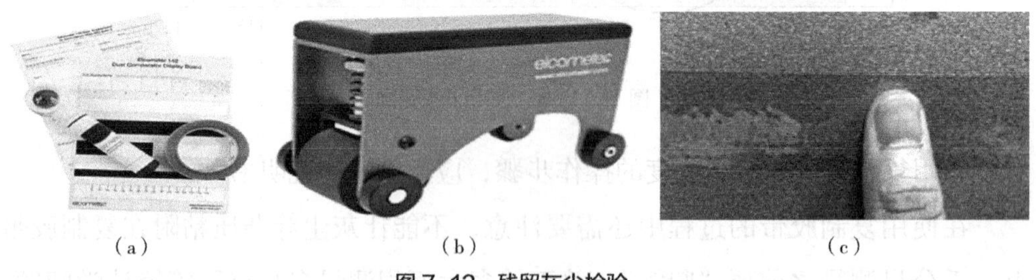

（a）　（b）　（c）

图 7-12 残留灰尘检验

（a）灰尘残留测试套装；（b）加载滚筒；（c）拇指摁压粘带

7.4.2 检验测试方法

钢材表面清理前应符合 ISO 8501-1（《涂覆涂料前钢材表面处理 表面清洁度的目视评定 第 1 部分：未涂覆过的钢材表面和全面清除原有涂层后的钢材表面的锈蚀等级和处理等级》GB/T 8923.1—2011）规定的锈蚀等级 A、B 或 C，因为压敏粘带的弹性有限，不可能深入钢材表面清理后的深凹坑内，所以不适用于初始锈蚀等级为 D 的钢材表面。尽管以拇指加压压敏粘带进行试验操作带有主观性，通常可以满足要求，尤其适用于要求表面无灰尘的情况。若有争议，除涉及锈蚀等级 C 或 D 外，可使用弹簧加载滚筒对压敏粘带的背面加压，每次系列试验开始前，拉出的前 3 圈压敏粘带废弃，再拉出约 200mm 长备用，仅在两端接触粘贴面，将新拉出的压敏粘带中约 150mm 长压实在试验表面上。

可任选下面其中一种方法进行试验操作：

（1）拇指横放在压敏粘带的一端，移动拇指并保持压实力，以一个恒定的速率沿压敏粘带来回压实。每一个方向压实 3 遍，每一遍时间为 5~6s。再从试验表面取下压敏粘带，放在适当的显示板上，然后用拇指按下使之粘到板上，

（2）采用标定过的弹簧加载滚筒，将其中心横过压敏粘带的一端，移动滚筒，使朝下的载荷重量在 4~5kgf（39.2~49.0N）之间。以一个恒定的速率沿压敏粘带的每个方向滚动 3 遍，每遍时间为 5~6s。然后从试验表面取下压敏粘带，放在适当的显示板上，也就是与灰尘颜色有反差的单色显示板如玻璃、纸张等，用拇指按下使之粘到板上。

7.4.3　检验步骤及报告注意事项

将压敏粘带的一个区域与图 7–12（a）规定的等尺寸区域进行目视比较，评定压敏粘带上的灰尘数量，记录与之最为相似的参考图上的等级。

（1）对照表 3–2 来评定压敏粘带上最显著的灰尘颗粒尺寸，其规定了 6 种灰尘颗粒的尺寸等级，分别标为 0、1、2、3、4 和 5 级。

（2）应报告任何达到数量等级 5 及尺寸等级 1 的完全变色情况。试验后通常会发现压敏粘带完全变色为红灰色或黑色，有时还可见离散颗粒存在，这与使用的磨料类型有关，这种变色是由试验表面上的微观灰尘引起的，会对涂料的附着产生严重影响，微观灰尘引起的变色通常由直径小于 50μm 的微粒构成。

（3）无论是灰尘数量还是灰尘颗粒尺寸，若要求提出更详尽的报告，则允许使用中间的半级值。

（4）应进行足够次数的试验以了解试验表面的特征。对每一种特定类型和外观的表面，应进行不少于 3 次的独立试验，若试验结果不是分布在一个或一个以下的数量等级上，应至少再进行 2 次试验，取平均值。

（5）试验完毕后应去除粘带或粘附在表面的残留物。

7.5　盐污染检验

7.5.1　盐污染检验标准

第 3 章对盐污染的危害已经进行了较为详细的介绍，能产生污染物和腐蚀问题最多的盐类是氯盐（主要是氯化钠）、硫酸盐，和硝酸盐。在此主要介绍如何根据相应标准对已处理过的表面进行残留盐污染的检验。

不同标准所采用的测试方法和程序并不完全相同，对可允许的盐污染水平的要求也并不完全相同。关于可允许的盐污染水平的限值与测量方法等，应遵循项目规格书、项目施工工艺、涂料产品说明书和国家标准及行业标准等文件的规定。

关于表面和磨料盐污染的取样和检测的部分相关标准如下：

① ISO 8502-5 及《涂覆涂料前钢材表面处理 表面清洁度的评定试验 第 5 部分：涂覆涂料前钢材表面的氯化物测定（离子探测管法）》GB/T 18570.5—2005；

② ISO 8502-6 及《涂覆涂料前钢材表面处理 表面清洁度的评定试验 第 6 部分：可溶性杂质的取样（Bresle 法）》GB/T 18570.6—2011；

③ ISO 8502-9 及《涂覆涂料前钢材表面处理 表面清洁度的评定试验 第 9 部分：水溶性盐的现场电导率测定法》GB/T 18570.9—2005；

④《钢铁和其他无孔底材上可溶性盐的萃取及分析的现场方法》SSPC-Guide 15-2020；

⑤《喷射用磨料水溶性离子污染物电导率分析的标准测试方法》ASTM D4940-15（2020）；

⑥《涂覆涂料前钢材表面处理—喷射清理用金属磨料的试验方法 第 6 部分：外来杂质的测定》ISO 11125-6：2018；

⑦《涂覆涂料前钢材表面处理—喷射清理用非金属磨料的试验方法 第 6 部分—通过测量电导率测定水溶性杂质》ISO 11127-6：2022。

各有关标准对于已进行过表面处理的钢材表面，其可允许的盐污染水平摘录如下：

①《表面处理和防护涂层》NORSOK M 501，不得超过 20mg/m^2；

② 船舶 IMO PSPC 项目，应小于 50mg/m^2；

③《风力发电设施防护涂装技术规范》GB/T 31817—2015 规定 C5 M 和 Im 2：50mg/m^2，其他：100mg/m^2；

④《公路桥梁钢结构防腐涂装技术条件》JT/T 722—2023 规定，C5 环境应小于 70mg/m^2，CX 环境应小于 50mg/m^2；

⑤《钢结构防护涂装通用技术条件》GB/T 28699—2012 规定，大气环境应不大于 70mg/m^2，液体浸润应不大于 50mg/m^2。

关于可允许的盐污染水平的检验和标准，应关注以下说明：

① NORSOK M501 规定不超过 20mg/m^2，实际工况中不易达到；其他标准规定的都是不超过 50mg/m^2，或者是更低的要求；

② 标准内对盐污染水平的规定，绝大多数都是指所有盐类的总污染水平，这些盐类可能包含但不限于氯盐（主要是氯化钠）、硫酸盐和硝酸盐等，有的检验能区分类别，而有的检验不能区分类别；

③ 标准中对表面盐污染水平的规定采用的是单位面积上的重量含量“mg/m^2”，另一个类似单位是“μg/cm^2”，同时可能还会有 PPM（百万分之一）、mS/m 或 μS/cm 等单位；

④ 换算关系：1mg/m^2 = 0.1μg/cm^2；1mS/m = 10μS/cm；

⑤ 表面的盐污染可能来自结构的服务环境，可能来自钢铁的制造、运输、贮存和加工过程，也可能来自表面处理过程中所采用的水、磨料等，标准规定的一般是“表面处理结束之后涂装之前”的表面盐污染水平。

7.5.2　水和磨料的检验

为了使最终完成处理的表面盐污染水平不超标，应对钢铁的制造、运输、贮存和加工过程进行管理，也要考虑结构的服役环境，如果可能有盐污染，在喷砂或打磨等表面处理过程之前就应该进行高压淡水冲洗。另外，还要对所采用的淡水和磨料进行含盐量检验。对淡水含盐量检测最常用的仪器就是电导率仪，如图 7–13 所示，也可以用来检验磨料的表面含盐量水平。在每次进行检验之前应采用校准溶液对电导率仪进行现场校准，使用完毕应采用纯净水对电极进行清洗，校准和清洗程序可参考电导率仪的产品说明书。

图 7–13（a）易高 138E 电导率仪各部位名称：①电池仓盖；②液晶显示屏；③控制件；④传感器单元（电极）。

经验表明，如果在使用的磨料中发现电导率大于 25mS/m，则很难保证表面

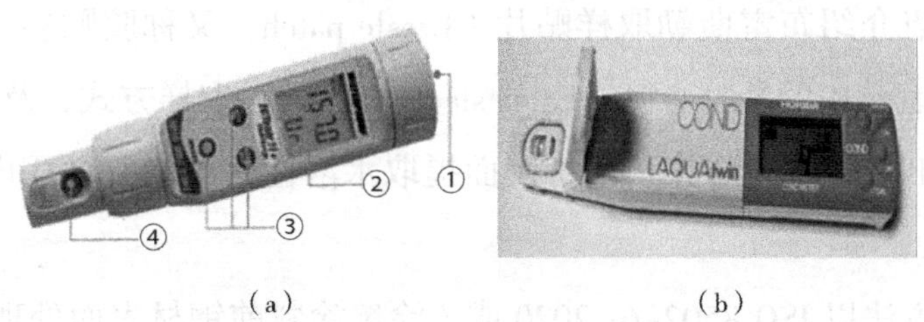

（a）　　（b）

图 7–13　电导率仪

（a）易高 138E；（b）HORIBA

处理后残留在基材表面的水溶性污染物的水平合格。冲洗用水的电导率要小于400μS/cm。

7.5.3 表面取样和检验

一般来说，对于表面盐分残留的规定，都是以单位面积上的质量残留来标定的，单位为 mg/m^2 或 $\mu g/cm^2$。而大多数检验都是通过某种取样方式从被检测表面取得液体样品，然后通过电导率方法和滴定试管方法等进一步量化。

在被检验表面的取样方式有多种，如下所列：

① 在待测表面特定面积区域内用棉球蘸一定量的去离子水搽拭取样；

② 在待测表面放置一张用蒸馏水润湿的定制高纯度测量纸，一段时间后取样，如图 7–14（a）所示。

③ 在待测表面贴敷 Bresle 取样贴片，用针筒注入蒸馏水，一段时间后取样，如图 7–14（b）所示。

④ 在待测表面贴敷如“CSN”套装中的乳胶套筒（先加入配套溶液），一段时间后取样，如图 7–14（c）所示。

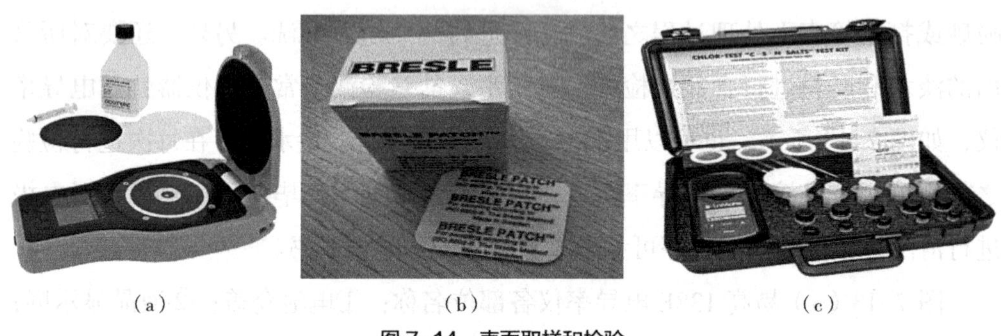

（a）　　（b）　　（c）

图 7–14　表面取样和检验

（a）易高 130SSP 可溶性盐探测器；（b）Bresle 取样贴片；（c）CSN 测试套装

在此重点介绍布雷斯勒取样贴片（Bresle patch，又称胶贴袋或采样片）和“CSN”测试套装中的乳胶套筒（Latex sleeve）这两种取样方式，及随后的检验。

（1）用 Bresle 取样贴片从钢材表面提取水溶性污染物并使用电导率方法进行量化。

本测量方法以 ISO 8502–6：2020 或《涂覆涂料前钢材表面处理 表面清洁度的目视评定 第 1 部分：未涂覆过的钢材表面和全面清除原有涂层后的钢材表面

的锈蚀等级和处理等级》GB/T 18570.6—2011 和 ISO 8502-9：2020 或《涂覆涂料前钢材表面处理 表面清洁度的目视评定 第 1 部分：未涂覆过的钢材表面和全面清除原有涂层后的钢材表面的锈蚀等级和处理等级》GB/T 18570.9—2005 为基础。布雷斯勒（Bresle）取样贴片是由具有封闭气孔的耐老化、柔韧性材料组成，例如聚乙烯泡沫，贴片为中空，未使用前空腔处的保护材料（胶衬）应保留不动。贴片的一面是单层弹性薄膜，另一面涂有黏性物质并覆盖了一层可去除的保护纸，如图 7-14（b）所示。常用的取样贴片规格如表 7-2 所列。

常用的布雷斯勒取样贴片规格　　表 7-2

取样贴片代号	截面大小（mm^2）
A-0155	155 ± 2
A-0310	310 ± 3
A-0625	625 ± 6
A-1250	1250 ± 13
A-2500	2500 ± 25

表中 A-1250 是使用最为普遍的一种，重防腐行业的绝大多数检验就是基于该型号采样片进行。

布雷斯勒贴片为从不同外形表面取样提供了简单可靠的方法，样品可以从水平、垂直、反向以及弯曲的表面获得；采样片必须有能力粘附在被测量的表面，能够用于经过磨料喷射处理、超高压水除锈处理和涂层的表面；布雷斯勒贴片对于有凹坑的表面非常有用，只要凹坑的大小和形状是采样片粘附所允许的，并且能从凹坑的底部进行取样，这克服了那些使用湿的过滤纸从试件表面提取盐分而不能渗透到凹坑底部的测量方式所遇到的问题。然而，对于锈蚀严重或呈片状的表面，不适用布雷斯勒贴片。因为盐分已经渗透到铁锈和旧涂层的内部，到达钢板表面，这样表面的盐分就不能彻底地溶解在水里，布雷斯勒贴片粘附在这样的表面是困难的，不能得到真实的样品。

以下是进行测量所必须的仪器和材料：

① 电导率仪：自动附带温度读数，测量范围为 0~200mS/m（2000μS/cm）；

② 布雷斯勒贴片：大小为 A-1250，世界各地有多个不同的供应商；

③ 针筒：最大容量为 5ml，注射针头直径最大为 1mm，可以使用一次性塑

料针筒，这样可以避免重复使用间的清洁工作；为环保起见，也可清洗干净后重复使用；

④ 塑料或玻璃的大口杯：大小取决于使用的电导率仪的型号，但最好不要超过 50ml；

⑤ 一次性的实验室用橡胶手套；

⑥ 符合 ISO 3696：1987 三级标准的蒸馏水或去离子水，在 25℃时，最大电导率为 0.5mS/m（5.0μS/cm）（水的电导率会因为在储存中因吸收空气中的二氧化碳或溶解玻璃容器的碱而发生变化）；

⑦ 带秒针的定时钟表或腕表；

⑧ 一定容量的校正液：1000ml 蒸馏水加 0.5g 分析纯级氯化钠，要求达到 ISO 3696：1987 三级的标准，该溶液的电导率为 101mS/m（1010μS/cm）；

⑨ 精确到 0.5℃的温度计（如果电导率仪附带自动温度测量，则可不需要）。

其中，标准校正液市场上可售，电导率一般为 1413μS/cm，可代替上述校正液。

偏低的错误的测定结果会导致较高盐污染的表面，从而造成早期的涂装失败；相反，偏高的错误的测定结果会导致不必要的昂贵的重复清洗及磨料喷射的重复操作。每次测量之后，必须使用蒸馏水或去离子水对电导率仪和其他仪器进行彻底的清洗。

用 Bresle 贴片取样和计算方法如下：

① 取 10ml、15ml 或 20ml[①] 蒸馏水 / 去离子水放入量筒内，测试导电率，得出 L1（μS/cm）；

② 取出布雷斯勒贴片的胶衬，将本体贴在待测表面，如图 7-15（b）所示，摁压四周，从贴片四周的某一边用针筒抽出其中的空气；

③ 用针筒从 10ml、15ml 或 20ml 蒸馏水 / 去离子水中抽取一定量的水，比如 3ml[②]；

④ 如图 7-15（c）所示，从贴片四周的某一边以 30° 角刺入，将蒸馏水注入待测部位进行湿润；

---

① 也可取其他容量，但计算起来可能更为麻烦。

② A-1250 的贴片可以容纳 3mL 多的水。

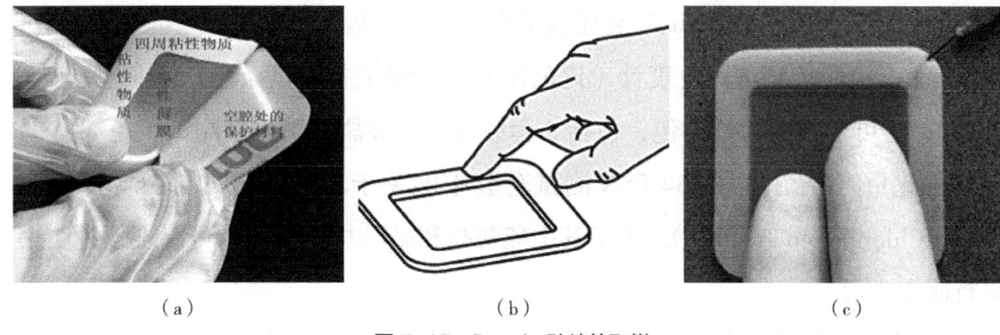

（a）　　　　　　（b）　　　　　　（c）

图 7-15　Bresle 贴片的取样

（a）布雷斯勒贴片的构成；（b）摁压布雷斯勒贴片的四周；（c）以 30° 角注入

⑤ 在商定的时间之后[①]，将蒸馏水反复地抽出注入，至少重复4次[②]，确保盐分得到充分溶解，把所有溶液抽回到针筒内；

⑥ 把溶液注入到之前的量筒内，测试导电率，得出 L2；

⑦ 计算两者的差值，L2 − L1 = 导电率（μS/cm）；

⑧ 导电率 ×6 = 盐分含量 mg/m^2，其中 6 是取 15ml[③] 蒸馏水 / 去离子水时推算出的系数。

在进行涂装之前必须将布雷斯勒贴片撕下，其留下的附着在表面的黏性物质必须除去并用溶剂进行清洗。需要提醒的是，除了将 3mL 的水注回到量筒中的 10mL、15mL 或 20mL 水中测电导率并采用常量进行计算的方式外，还有其他计算方式。比如，直接测量从布雷斯勒贴片中取回的 3mL 水的以 μS/cm 计的导电率，然后乘以系数 1.2，可以得到盐分含量，单位为 mg/m^2。采用布雷斯勒贴片提取并计算表面盐分时，一定要遵循相应标准、测量仪器的产品说明书和使用指南以及涂装技术规格书等文件的要求，当相关文件有矛盾时，各利益相关方应协商解决。

（2）用易高 134 “CSN” 测试套装中的乳胶套筒从钢材表面提取水溶性污染物并进行进一步的量化。

CSN 测试套装设计用于现场快速测量氯盐、硫酸盐和硝酸盐（Chloride、Sulphate 和 Nitrate），各组件都经过事先称量和定量；对于氯盐的测量，结果采用 PPM（Parts Per Million，百万分之一）进行记录，可采用 1 ∶ 1 的比率转换成 $μg/cm^2$。CSN 测试套装包装在一个塑料盒内，便于在现场使用，除了有详细的使

① 在无凹坑的表面约 10min 可溶解 90% 以上的可溶性盐。

② 有的标准要求 4 次，有的要求 10 次。

③ 取 10mL 蒸馏水 / 去离子水时系数是 4，取 20mL 时系数是 8（从 ISO 8502-9 推算出来）。

用说明书外，每个 CSN 测试套装还包括有，5 套氯盐测试装备、5 套硫酸盐测试制备、1 个硫酸盐测试用色度计（比色计）、5 套硝酸盐测试条、5 套注射器（无针头）；还可单独购买替换包，包括 5 套氯盐、硫酸盐和硝酸盐测试装备。

在此重点介绍易高 134 CSN 测试套装中的关于氯盐测试的部分（即易高 134S，Chloride Ion Test Kit），关于其中硫酸盐和硝酸盐的测试，可以搜索说明书自行研究学习。

测氯盐的测试装备盒内共有 5 套独立包装（溶液、套筒和滴定管为一次性使用），除了一份操作指南外还包含如下组件（如图 7–16）：

① 带子一根（Strap，将盒子绑在腰上用）；

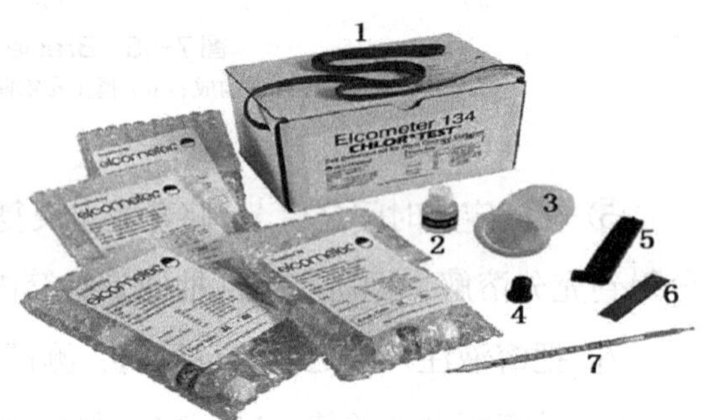

图 7–16　易高 134S 测氯盐的测试装备盒

② 预称量的 Chlor*Rid 提取溶液（Pre–measured bottle of Chlor*Rid extract solution）；

③ 取样套筒（Sleeve）；

④ 橡胶捏手 / 胶头（促进溶液进入滴定管用）；

⑤ 夹子（Clip）；

⑥ 滴定管管端折断器（Titration tube snapper，一端带小孔的小铁片）；

⑦ 滴定管（Titration tube）。

用取样套筒的取样和测量氯盐的程序如下（参阅图 7–17）：

① 撕开乳胶套筒端口表面的保护带；

② 将配套溶液全部倒入乳胶套筒中；

③ 将乳胶套筒紧实粘贴在待测表面；

④ 轻轻按摩溶液至少 2min，充分溶解表面盐分；

⑤ 尽可能收回全部溶液，将套筒放在专用套孔位置；

⑥ 用滴定管管端折断器折断氯盐（Cl^-）滴定管的两端；

⑦ 将滴定管放入套管的溶液中，箭头向上，数字小的在下面；

⑧ 可将橡胶捏手 / 胶头套在管的上端，捏压促进溶液快速上升；

⑨ 约 1.5min 后，溶液到达顶部，顶端棉花由白色变为琥珀色（淡黄色）；

⑩ 立即读取管体粉红色变为白色的交界线，即为测试结果 [PPM（$\mu g/cm^2$）]。

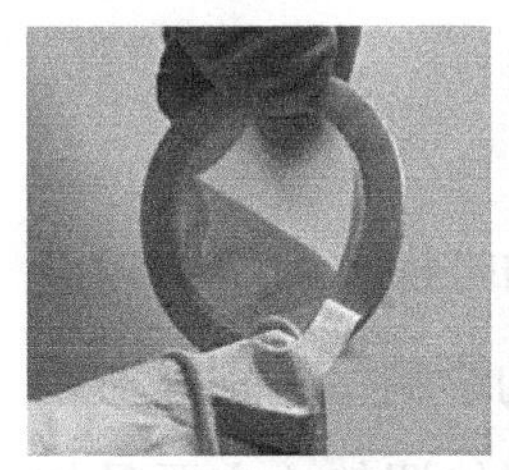
程序 1

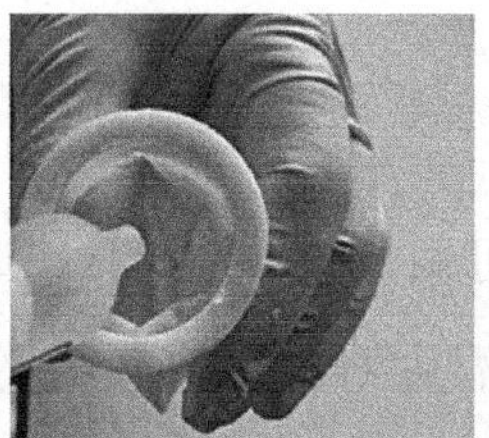
程序 2

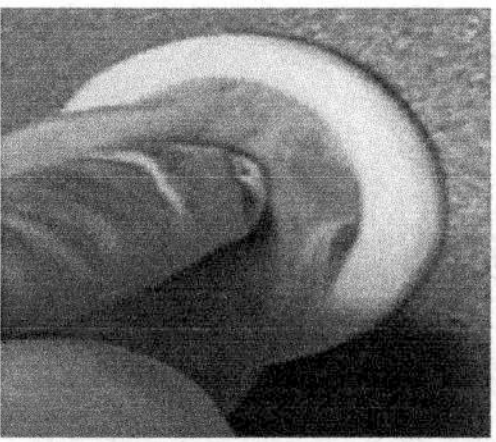
程序 3 和 4

程序 5

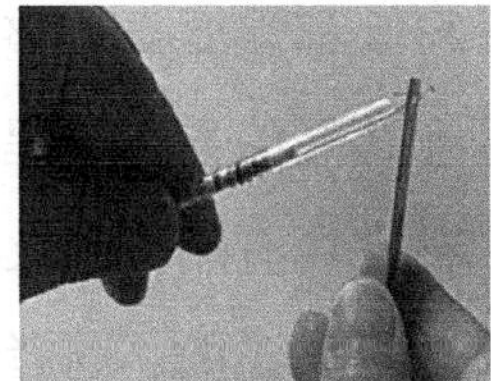
程序 6

程序 7 和 8

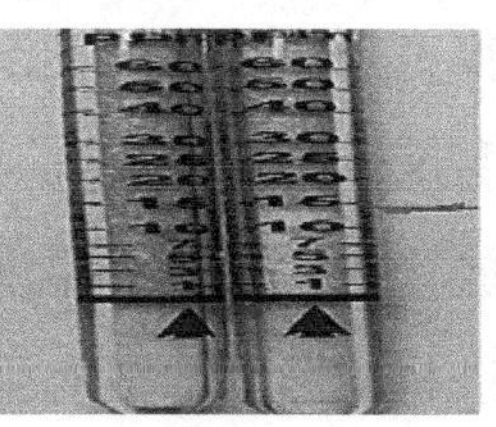
程序 9 和 10

图 7-17　用取样套筒（Sleeve）的取样和测量氯盐的程序

关于测氯盐的测试装备盒的正确使用和保存，补充重要的说明如下：

① 套装应保存于阴凉、无光且小于 25℃的环境；

② 氯盐（Cl^-）滴定管的量程最大为 60PPM（μg/cm^2）；

③ 取样溶液温度为 5~80℃时，不需进行温度校正；

④ 溶液 pH 值在 3.5~11 时不影响读数，低于 3.5 或高于 11 时会导致读数更高；

⑤ 滴定测试管内的化学反应为 $Ag_2CrO_4 + NaCl = AgCl$，即粉红色的铬酸银与 Cl^-（NaCl）反应生成白色的氯化银（AgCl）；

⑥ 新的未使用过的滴定管，管体为粉红色，顶端棉花为白色；使用过的滴定管，管体可能已由粉红色变为白色，如图 7-18 的 60PPM 处，顶端棉花被溶液渗透后由白色变为琥珀色（淡黄色）。

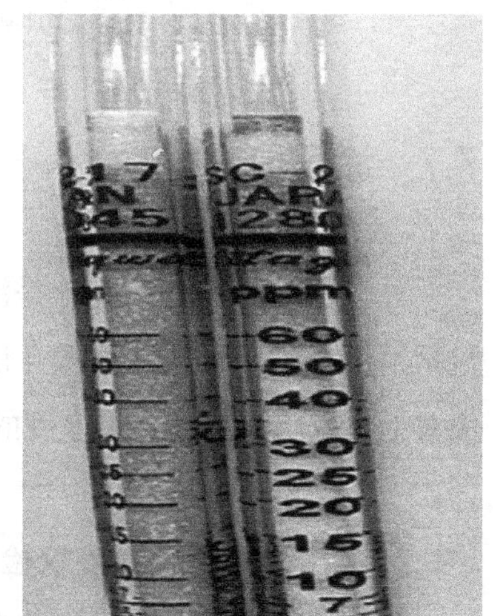
图 7-18　新的未使用过的滴定管（左）与使用过的滴定管（右）

采用取样套筒和滴定管进行取样和测量时，一定要遵循相应标准、测量仪器的产品说明书和使用指南以及涂装技术规格书等文件的要求，当相关文件有矛盾时，各利益相关方应协商解决。测量过程中应始终佩戴橡胶手套，同时要注意自身和他人的安全，并做好被检测表面的残留物质清理及易耗品的处理工作，具体也可参考仪器的安全说明书。

7.6 涂料温度检验

涂料温度是指施工时涂料的温度，可采用玻璃温度计和带探头数字型温度计来进行测量，如图 7-19 所示。涂料的温度对施工有较大的影响，特别是对于一些不能通过调整稀释剂比例来调整黏度的涂料产品，温度的调整（主要是加温）就显得更为重要，如无溶剂环氧涂料、聚脲涂料等都需要靠调整涂料的温度来调整黏度以避免漆病和减少施工难度。调整温度最好的方法是提前将带包装的涂料放置在具有合适温度的房间内一段时间；在现场有用“喷火器”产生的热空气进行加温的，也有采用“热水浴”的方式进行加温的，前者可能导致桶内加热不均匀，而后者可能由于桶盖不密封导致水汽进入涂料而引发问题。

（a）　　　　　　　　（b）

图 7-19　温度计

（a）玻璃温度计；（b）带探头数字型温度计

7.7 涂层厚度检验

对涂层厚度进行检验，是涂装检验人员的最重要的日常工作职责之一。这包括采用湿膜厚度仪对湿膜（刚施工的湿润涂层）厚度的检验和采用干膜厚度仪对干膜（已固化涂层）厚度的检验。

7.7.1 采用湿膜厚度仪检测湿膜厚度

对涂层的湿膜厚度进行检验和控制是为了保证涂层最终的干膜厚度达到要求。从体积固体分、干膜厚度和湿膜厚度三者的关系式（7-2）中可得，如果已知任意两个参量，就可以计算出第 3 个参量。

体积固体分（%）= 干膜厚度（μm）/ 湿膜厚度（μm）　　（7–2）

关于油漆体积固体分以及典型的干膜厚度和湿膜厚度的信息，在“产品说明书”中给出，施工者应了解这些信息。当开始施工时，应由施工者在“试验区域”进行湿膜厚度检测，以确保在主要区域开始施工前得到关于喷枪道数和喷涂速度的准确信息。注意，应在油漆喷涂后并在溶剂挥发影响体积固体分之前立刻进行测量。

关于湿膜厚度检验，常见的标准如下：

①《色漆和清漆 漆膜厚度的测定》ISO 2808：2019（方法 1A/1B）；

②《色漆和清漆 漆膜厚度的测定》GB/T 13452.2—2008（方法 1A/1B）；

③ ASTM D 1212–91（2020）测量有机涂层湿膜厚度的标准测试方法；

④ ASTM D 4414–95（2020）采用湿膜厚度仪测量湿膜厚度的标准做法。

通常采用湿膜厚度仪测量湿膜厚度，包括湿膜卡和湿膜滚轮。通常使用的湿膜卡又称湿膜梳 / 梳齿仪 / 梳规 /Comb Gauge，如图 7–20（a）所示，其得名缘于外形像梳子，通常由不锈钢或铝制成，每个端面或边都有精密牙齿，牙齿的读数有公制和英制；测量时，外脚和牙齿垂直插入油漆漆膜内，其两边的外脚（肩膀）穿透油漆达至底材；外脚之间的牙齿是逐次递增递减的，牙齿上的数字表示牙齿端头到表面（两外脚连线）的垂直距离；当从漆膜处拿开湿膜卡时，最后一个粘上油漆的牙齿（粘上油漆数字最大的那个牙齿），即为湿膜厚度。使用时不要在表面拖动湿膜卡。

在图 7–20（b）中，两外脚之间的 5 个牙齿分别从 25μm 到 125μm（最大量程达 3000μm），牙齿 25 浸入到湿膜内，牙齿 50 接触到湿膜，而牙齿 75 未接触

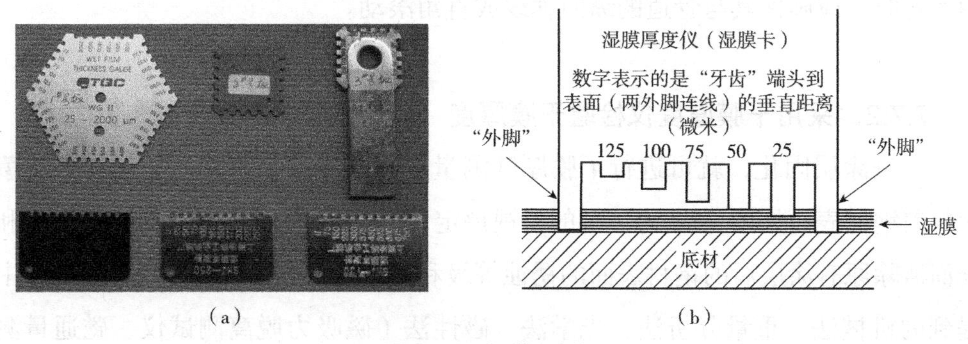

（a）　　　　　　（b）

图 7–20　湿膜厚度仪

（a）各种材质的湿膜厚度仪；（b）外脚与牙齿

到湿膜，测得的厚度为50~75μm之间，一般记录为50。在管道上使用湿膜卡时，应确保其与管道的纵向轴线平行放置，在使用之前，应确保仪器的外脚和牙齿是干净的，因为如有油漆堆积，会给出不正确的读数，在使用之后，应立即用布和溶剂清除外脚和牙齿上粘附的油漆。

除了常见的湿膜卡外，图 7-21 所示的湿膜滚轮（Wheel Gauge），提供了另外一种更精确的测量湿膜厚度的方法，可以使用在弯曲表面，避免了表面弯曲导致的错误。

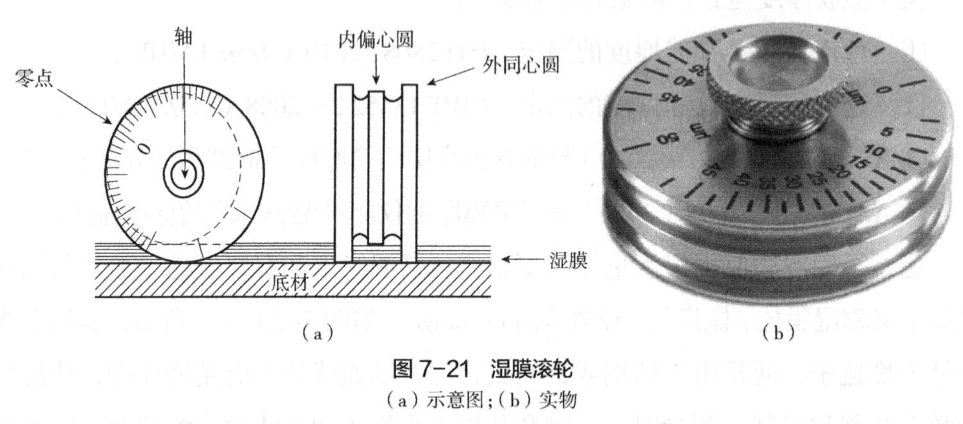

图 7-21　湿膜滚轮

（a）示意图；（b）实物

滚轮由 3 个边缘，即 2 个同心的外边缘和一个偏心的内边缘组成，在滚轮的中间有一个轴以便于自由滚动，并为操作者提供便利的抓手。在零点时 3 个边缘处于同一平面，当滚轮旋转时，内圆相对于外圆是逐渐凹进的，直到旋转一周后又回到零。当滚轮在油漆表面滚动时，内缘上未粘到油漆的那一点即为湿膜厚度，可从仪器的外部刻度盘上读取（最大量程为 1000μm），应在不同的地方重复该测试程序，至少取得两个读数，获得有代表性的结果。在管道上使用滚轮时，应确保其与管道的纵向轴线成直角滚动。

7.7.2　采用干膜厚度仪检验干膜厚度

一旦涂层固化，就可进行干膜厚度测量。测量方法有多种，比如在《涂覆涂料前钢材表面处理 表面清洁度的目视评定 第 1 部分：未涂覆过的钢材表面和全面清除原有涂层后的钢材表面的锈蚀等级和处理等级》GB/T 13452.2—2008 中提到的机械法、重量分析法、光学法、磁性法（磁吸力脱离测试仪、磁通量测试仪、诱导磁性测试仪、涡流测试仪）、辐射法、光热法、声波法等。上述方法中有些是破坏性的，比如光学法中的楔形切割法，就要采用切割工具以与表面成规定的角度切割涂层，再用带灯光的放大镜进行观测计算；而有些是非破坏性的，比如磁性法和声波法等。重点探讨干膜厚度仪，在第Ⅰ级培训课程介绍，仅关注非破坏性检测仪器，破坏性的检测仪器将在第Ⅱ级培训课程介绍。

从测量方法及干膜厚度仪的原理，可以判断出底材对应的测量方法，最简便的判断方法是查阅干膜厚度仪的产品说明书，明确该仪器可测量哪种底材上的涂层厚度。

（1）关于干膜厚度检验，有如下常用的标准：

①《色漆和清漆 漆膜厚度的测定》ISO 2808；

②《色漆和清漆 漆膜厚度的测定》GB/T 13452.2—2008；

③《磁性基体上非磁性覆盖层 - 覆盖层厚度测量 - 磁性法》ISO 2178：2016；

④《磁性基体上非磁性覆盖层 覆盖层厚度测量 磁性法》GB/T 4956—2003；

⑤《色漆和清漆 - 防护涂料体系对钢结构的防腐蚀保护 - 粗糙表面上的干膜厚度测量与验收准则》ISO 19840：2012；

⑥《干膜厚度要求符合性的确定程序》SSPC PA 2-2018；

⑦《黑色金属上的无磁性涂层以及有色金属上的无磁性非导电涂层的干膜厚度的无损伤测量的标准做法》ASTM D 7091-22；

⑧《磁性方法测量涂层膜厚的标准测试方法：磁性底材上的无磁性涂层》ASTM B 499-09（2021）E1；

⑨《用超声波仪器对混凝土上涂层干膜厚度进行非破坏性测量的标准做法》ASTM D 6132-13（2022）。

（2）测量干膜厚度有多种方法，对应这些方法又会有多种基于不同原理的测量仪器，在此我们介绍两类常用的干膜厚度测量仪器，即“磁性拉脱型测量仪”和“电子型测量仪”，具体操作按仪器说明书进行。

（3）为了与规格书膜厚相符合，需要干膜厚度测量的数量，对于不同标准和不同规格书，其要求可能并不相同，在此介绍 SSPC-PA 2 的要求。

由于涂层和基材的微小的表面不规则，即使是在非常接近的点，也经常会导致重复测取的测量仪读数不同，因此，每个点需要最少测取 3 个仪器读数。对于某个点，为了测取新读数，需要在直径 4cm 的圆形范围内将探头移动到新的位置，并要舍弃并非重复出现的过高或过低的读数，然后将可接受的仪器读数的平均值作为点的测量值。

除非在采购合同或项目规格书中另有规定，应在涂装表面每 $10m^2$（基本计量区域）的测量范围内随机测量有代表性的 5 个独立的点，每个点测 3 个仪器读数（图 7–22），超过 $10m^2$ 时测量要求如下：

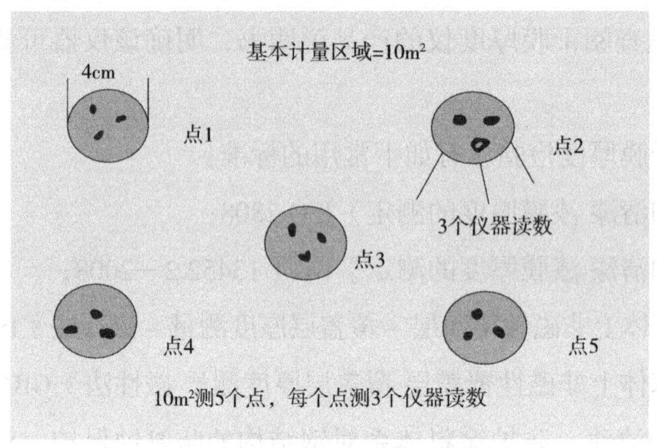

图7–22　测量数量相关示意图

① 对于不超过 $30m^2$ 的面积，每 $10m^2$ 都要测量；

② 对于超过 $30m^2$ 但不超过 $100m^2$ 的面积，随机选择 3 个 $10m^2$ 的范围进行测量；

③ 对于超过 $100m^2$ 的面积，随机选择第一个 $100m^2$ 并按照②进行测量。每增加 $100m^2$，应随机选择 1 个 $10m^2$ 的范围进行测量；

上述的规定来源于 SSPC–PA 2，对于任何超过 $100m^2$ 的面积，应该测量多少个基本计量区域，按以下方法计算：

基本计量区域数量（N）= [总面积（A）/100] + 2，小数点后数字也记为一个基本计量区域，结果取整数。

例如有 $1825m^2$ 的面积的涂层要进行干膜厚度测量，则，

基本计量区域数量（N）=[1825/100]+ 2 = 19+2=21（个）；

则测量点数应为 $21 \times 5 = 105$ 个，测量仪读数应为 $21 \times 5 \times 3 = 315$ 个。

（4）实测膜厚与规定膜厚的符合性

关于实测膜厚与规定厚度的符合性的判定，不同标准可能会有不同的规则，常见的有两类，一类是以百分比来规定的，比如 90/10 规则、85/15 规则和 80/20 规则，又可称为“两个 90% 规则”“两个 85% 规则”和“两个 80% 规则”；比

如 IMO PSPC 就采用“90/10”规则，ISO 19840 和 NB T 20133.2 等就采用“80/20”规则。另一类是以“厚度限制等级”来规定的，比如 SSPC–PA 2 就规定了 5 个“涂层厚度限制等级”。

对于按第一类以百分比来规定的“实测膜厚与规定厚度的符合性”的判定方法，我们拿名义干膜厚为 320μm，按“90/10 规则”执行作为例子进行理解，则实测膜厚必须满足以下两个条件，才能判定为符合规定膜厚，即：90% 的测量值应大于或等于 320μm；10% 的测量值可以小于 320μm，但不得小于 320μm 的 90%，即大于或等于 288μm。

对于第二类以厚度限制等级来规定的关于实测膜厚与规定厚度的符合性，以 SSPC–PA 2（2017 年版本）探讨，其如表 7–3 所示提供 5 个厚度限制等级。其中，等级 1 要求最严，点测量值和区域测量值与规定的最小和最大厚度不允许有任何偏差，等级 5 要求最宽松。

涂层厚度限制等级　　表 7–3

膜厚	仪器读数	点测量值	区域测量值
等级 1			
最小	无限定	按规定	按规定
最大	无限定	按规定	按规定
等级 2			
最小	无限定	按规定	按规定
最大	无限定	最大值的 120%	按规定
等级 3（默认等级）			
最小	无限定	最小值的 80%[①]	按规定
最大	无限定	最大值的 120%[①]	按规定
等级 4			
最小	无限定	最小值的 80%	按规定
最大	无限定	最大值的 150%	按规定
等级 5			
最小	无限定	最小值的 80%	按规定
最大	无限定	无限定	无限定

① 比如配套规定膜厚为 100~150μm，按“等级 3”执行，则“点测量值”最低不低于 100 × 80%=80μm，最高不高于 150 × 120%=180μm；“区域测量值”按规定。

值得注意的是，以上两类方法都只是相应标准的规定，关于最低和最高膜厚，最主要应遵循项目涂装规格书的规定。SSPC–PA 2 规定的涂层厚度限制等级提供了最低和最高膜厚要求，而 90/10、85/15 和 80/20 规则仅提供了最低膜厚要求，而未提及最高膜厚要求。关于最高膜厚的要求，ISO 12944–5 建议最大（单个仪器读数）干膜厚度不应超过名义干膜厚度的 3 倍，在重防腐的现实工作中，实测平均膜厚是名义干膜厚度的 1.5~1.7 倍的情况不在少数，单个点可能会达到名义干膜厚度的 3 倍，甚至 4~5 倍。某种涂料单道和多道涂层究竟能允许多厚，涂料供应商的意见是最为专业的。

（5）膜厚报告

关于膜厚报告，至少应记录如下信息：

① 使用的仪器类型，包括厂商、型号、序列号和校准日期；

② 验证测量仪精确度采用的认证标准类型，包括厂商、型号、序列号和厚度值；

③ 用于调准类型 1 和类型 2 测量仪的校准片（块）厚度；

④ 平均基础金属读数（如适用）；

⑤ 点测量值和区域测量值。

【重要定义、术语和概念】

（1）环境监控检验：包括对照明、通风、温度和相对湿度等的综合管理包，特别需要掌握摇表、表面温度计及相对湿度和露点对照表的使用方法。

（2）表面粗糙度检验：对表面粗糙度（锯齿状表面的波峰顶点和相邻波谷底部之间的距离）的数据测试，需要掌握粗糙度比较样块、触针式粗糙度仪和复制胶带的使用方法。

（3）残留灰尘检验：根据相应标准对已处理过的表面进行灰尘数量和灰尘尺寸（大小）两个维度判断。

（4）盐污染检验：根据相应标准对磨料、冲洗用水和已处理过的表面残留要求及检测。

（5）涂料温度检验：指对施工时涂料的温度采用玻璃温度计和带探头数字型温度计来进行测量。对某些特殊需要较高问题施工的涂料提前将其放入空调房是一个很好的措施。

（6）涂层厚度检验：包含对涂料喷涂后的湿膜厚度和干燥后的干膜厚度的测试。常用的湿膜厚度测试仪器有湿膜卡和湿膜滚轮，常用的干膜厚度测试仪器有磁性拉脱型测量仪和电子型干膜厚度测量仪。

【参考文献】

[1] ISO 8502-6：2006，涂覆涂料前钢材表面处理 表面清洁度的评定试验 可溶性杂质的取样 Bresle 法 [S]. 日内瓦，国际标准化组织，2006.

[2] ISO 8502-9：2020，涂覆涂料前钢材表面处理 表面清洁度的评定试验 水溶性盐的现场电导率测定法 [S]. 日内瓦，国际标准化组织，2020.

[3] 中华人民共和国国家质量监督检查检疫总局 中国国家标准化管理委员会. 色漆和清漆 漆膜厚度的测定：GB/T 13452.2—2008[S]. 北京：中国标准出版社，2008.

[4] SSPC-PA 2，干膜厚度要求符合性的确定程序 [S]. 匹兹堡，美国防护涂料学会，1996.

[5] ISO 8502-3：2017. 涂敷涂料前钢材表面的灰尘评定（压敏粘带法）[S]. 日内瓦，国际标准化组织，2017.

CHAPTER 8

第 8 章

涂装检验师工作流程

第8章

涂装检验师工作流程

【培训目标】

完成本章节的学习后，学员应了解下述内容：

（1）工前会议；

（2）现场质量控制；

（3）检验和测试计划；

（4）报告撰写要求。

涂装检验师除了要有良好的专业素养以外，还要对其工作流程十分熟悉。不同项目、不同的涂装规格书对涂装检验师的工作流程和工作内容的规定也许并不完全相同，但一般都会涉及工前会议、现场质量控制、检验和测试计划和报告撰写等主要内容。

8.1 工前会议

工前会议应在涂装工作开始之前进行，是相关人员提供互相认识和了解的机会，同时有助于明确在整个涂装工作中各自的权限和职责。

工前会议通常由业主方来召集，有些项目涂装规格书中也会详细说明工前会议的具体要求，包括参加人员及其定义，比如项目工程师、业主方代表、现场涂装承包商负责人、施工队领班、涂装检验师、油漆公司技术服务代表等；还包括召开的具体时间，如果没有确定具体日期和时间，则一般可以说明通知的要求时间段，比如由项目工程师或业主方代表提前两周或更长时间书面通知相关人员该会议的举行。

在工前会议上，确保项目工作人员，包括业主代表、承包商的现场负责人、涂料供应商的技术代表和涂装检验师均到场，并对以下工作进行确认：

① 理解项目规格书的要求，以及在实际施工中可能涉及的限制；

② 讨论和分析将要执行的涂装工艺和程序；

③ 建立沟通渠道，以使各方了解该项目的报告流程和信息流转；

④ 确定解决冲突和矛盾的流程；

⑤ 现场安全、健康和环保的相关规定。

工前会议上所讨论的项目问题，特别是那些容易引起争议的问题，应以会议备忘录的形式进行记录，并在会后且在工作开始前及时分发给相关人员。

涂装检验师应在会议开始之前阅读和研究项目规格书的详细情况，确保想讨论的所有议题被列入，然后，按序讨论会议议程上列举的所有项目。通常主要关注以下问题：

① 项目时间表：包括何时开始工作、工作的持续时间和可能的完工时间。

② 现场的便利设施：包括办公室、食堂、盥洗室、检测设备和工具、材料贮存场地。

③ 进入现场：包括个人防护用品要求、现场可运行时间、现场有关脚手架/高空作业及密闭空间的规定、紧急集合点和其他要求。涂装检验师在任何时候都有拒绝出席任何危险工作现场的权利。

④ 沟通问题：包括现场联系人电话、急救、报告的提交和分发。

⑤ 安全要求：包括任何特殊情况的说明，比如现场射线探伤或现场具体的预防措施。

如果涂装工前会议得不到良好的组织，大多数参与者也并不完全了解涂装规格书的具体要求，这就要求涂装检验师在会前必须仔细阅读规格书，并对具体详细情况在工前会议上进行讨论，明确工作过程中可能面临的突出问题和障碍等。作为涂装检验师，应事先确定那些可能有不同解释的困难部分和规格书条款；另一个需要提出的问题是现场检查和测试方法，并确定各方可接受的验收标准。

综上，涂装检验师的任务包括：

① 准备工前会议，阅读和理解规格书要求；

② 收集相关适用标准和产品技术数据，比如产品技术说明书、产品安全数据表；

③ 讨论现场的检查和测试标准和方法，包括测试频率和发现不符合区域的纠正方法，提出所有潜在的问题；

④ 如果没有工前会议的要求，可先与业主讨论，要求其召集；

⑤ 与业主讨论并确定涂装检验师的权限，并确保所有项目人员了解涂装检验师的职责所在；

⑥ 确定其他特殊要求，如所用油漆产品的VOCs含量、重金属含量（如无铅底漆、不含铬酸铅面漆等）、非涂漆表面要遮挡等预保护措施。

涂装检验师应收到一份会议备忘录的复印件，并保留该文件以备将来参考，如果得到召开工前会议消息，但并未得到邀请，那么应立即联系主管或业主代表，要求参加该会议。

总而言之，作为一名涂装检验师，有责任在职责和权限范围内，确保规定的涂层系统按照项目规格书进行施工，保护业主、客户和所属公司的利益；另外，涂装检验师的工作还对涂装承包商提供帮助，主要体现在以下两个方面：

① 及时发现早期出现的劣质施工工艺和工序，避免巨额的返工费用；

② 确保项目涂装规格书得到公正合理的解释。涂装检验师在履行指定的检查任务过程中，可帮助承包商理解和执行规格书上的要求，使涂装工作得以顺利进行。

8.2 现场质量控制

涂装检验师必须对现场各道检验工序中的相关涂装质量控制问题保持足够的警惕，并书面记录其所应履行的所有检查活动，这些工序至少包括：表面处理、涂料施工和涂层检查。

8.2.1 表面处理

关于表面处理，涂装检验师应遵循如下工作流程。

① 识别出由于工件的特殊设计或制作 / 修改而引起的问题区域，特别是影响涂装过程的一些常见设计缺陷，比如难以达到或无法接近的区域、跳焊或搭接表面、背对背角、锐边、建造辅助物、异金属、复杂结构的角落等。

② 在表面处理开始前，确定钢材表面的焊缝、边缘和其他区域的表面缺陷

达到所规定的表面处理等级，表面油脂等外来污染物得到清除。

③ 在表面处理结束后，检查表面上的油、脂、手指印、可溶性盐、灰尘残留、表面粗糙度。

④ 观察整个过程，记录结果并撰写报告。

8.2.2　涂料施工

关于涂料施工，涂装检验师应遵循如下工作流程。

① 混合和稀释：混合前，涂装检验师应检查漆罐是否破损，核对产品标签信息和保质期；在混合和稀释过程中，检验员应确保涂料按照制造商规定的比例彻底混合，使用配套的稀释剂，稀释剂的添加量符合制造商的推荐。

② 涂料取样：如需要涂料样品进行第三方检测，取样前应对涂料各组分充分搅拌，然后提取所需数量的样品封装在清洁容器内，并清楚地标注相关信息，包括涂料名称、制造商名称、产品批号、取样日期、检验员姓名等。

③ 涂料施工：检查预涂；在施工过程中监控湿膜厚度；确保遵守涂料制造商推荐的复涂间隔时间；确保遵守规定的最低和最高表面温度；确保遵守规定的环境条件；确保混合好的涂料在规定的混合后寿命期限内使用完毕。

8.2.3　涂层检查

关于涂层检查，涂装检验师应遵循如下工作流程。

① 检查漆膜外观是否存在可见缺陷，比如流挂、针孔、起泡、橘皮、开裂等。

② 预先核准干膜厚度仪，并测量干膜厚度。

③ 执行项目规格书中指定的其他检查，比如固化程度、附着力、漏涂点等。

④ 记录结果并撰写报告。

8.3　检验和测试计划

检验和测试计划（ITP - Inspection and Test Plan）的目的是将与涂装过程相关的所有检查和测试要求集中在一个文件里，以确定材料和相关过程检查和测试工作由谁在哪个阶段进行检查，以及检查频率，如停止点和见证点、相关参照标准、可接受标准和保持的相关记录。检验和测试计划的正确执行，可确保和证实现场工作是否按照规定的要求和标准实施，并保持记录。

检验和测试计划相关术语：

① 停止点（Hold point）：未得到客户代表或其授权人员的同意，不得继续进行其余工作的工序；

② 见证点（Witness point）：向客户代表或其授权人员提供见证检查和测试的机会，由其自行决定是否参与的工序；

③ 监检（Surveillance）：客户代表或其授权人员对过程进行中的任何阶段的间歇性监督检查；

④ 自检（Self -inspection）：由实施工作的一方执行的检查。

通常来说，涂装检验和测试计划主要包括五个方面的检查内容：

① 材料接收检验：涂料和磨料的批次产品合格证、储存条件、磨料清洁度；

② 表面处理检验：钢材表面缺陷、压缩空气、表面清洁度、粗糙度、盐分和灰尘残留等；

③ 涂料施工：相对湿度、环境温度、露点温度、底材温度、产品批号、混合和稀释、湿膜测量和预涂等；

④ 涂层检查：干膜测量、目测缺陷、固化测试、附着力测试和完工检查等；

⑤ 交工报告：表面处理报告、涂料施工检查报告、涂层完工检查报告，其他特定测试报告，比如附着力、漏涂点等。

8.4 报告撰写要求

报告和存档是涂装检验过程中非常必要的部分，作为涂装检验师，需要完成三项重要任务：

① 及时编写并提交报告，比如每日检查报告、周报、月报、完工报告、附着力 / 漏涂等测试报告；

② 对允许拍照的地方拍下相应的照片，准备照片报告（如有必要）；

③ 保留最新且精确的工作日志，可作为发生法庭仲裁时的证据。

只有观测到的第一手资料才能记录在报告中；二手资料可在存档的个人日志中记录，个人日志和个人的笔记本都会被法院依法索取，所以对于任何不想被别人看到的信息永远不要记录。当不在场的时候，不要为了写报告捏造或向他方索取信息。在报告中要写明为什么没有得到相关的信息。

涂装检验师应对其工作日志存档，将与工作相关所有的观察结果或听到的情况都记录在册，可将相关的事实情况从日志中转记在相关的报告中；每天都应写工作日志，因为细节很容易被遗忘或曲解；可以在现场用个人便签本或笔记本作记录，结束后把相关内容转入工作日志中，这些笔记记录可作为法庭依法传唤时提交的证据，就如同技术报告一样，是保护自己所必需。

【重要定义、术语和概念】

（1）工前会议：应在涂装工作开始之前进行，它为相关人员提供了互相认识和了解的机会，同时有助于明确在整个涂装工作中每个人的权限和职责。工前会议通常由业主方来召集。工前会议的具体要求，包括参加人员的范围（如项目工程师、业主方代表、现场涂装承包商负责人、施工队领班、涂装检验师、油漆公司技术服务代表等）和召开的具体时间。工前会议上所讨论的项目问题，特别是那些容易引起争议的问题，必须得到准确的记录。会议应以会议备忘录的格式进行记录，并在会后且在工作开始前及时分发给相关人员。

（2）检验和测试计划（ITP）的目的：将与涂装过程相关的所有检查和测试要求集中在一个文件里，以确定材料和相关过程检查和测试工作由谁在哪个阶段进行检查，以及检查频率，如停止点和见证点、相关参照标准、可接受标准和保持的相关记录。

（3）停止点（Hold point）：未得到客户代表或其授权人员的同意，不得继续进行其余工作的工序。

（4）见证点（Witness point）：向客户代表或其授权人员提供见证检查和测试的机会，由其自行决定是否参与的工序。

CHAPTER 9

第 9 章

涂装相关计算及涂料损耗

第9章 涂装相关计算及涂料损耗

【培训目标】

完成本章节的学习后，学员应了解以下内容：

（1）面积计算基本公式；

（2）体积固体分；

（3）湿膜与干膜厚度；

（4）理论涂布率；

（5）实际涂布率；

（6）消耗系数；

（7）损耗系数；

（8）影响涂料损耗的主要因素。

9.1 概述

根据涂装检验师的职能需要掌握的内容也会有所不同。与技术问题有关的计算包括面积、湿膜与干膜厚度、涂布率、涂料用量、涂料损耗等，其中涂料损耗会做重点介绍。

9.2 涂装相关计算

对于有些计算，必须了解一些基本公式，对于一些常用计算需能够记住基本公式。

9.2.1　面积的计算

在涂装检验师的日常工作中会接触到各种各样的结构，如船舶、风电塔筒等。涂装检验师经常需要计算各种形状的面积，最基本的形状包括长方形、正方形和圆形等，这些形状的面积计算相对简单，一些更复杂形状的面积计算方法详见表 9–1，在进行双面计算时乘以 2。

缩写说明：面积（Area）=A；长度（Length）=L；宽度（Width）=W；高度（Height）=H；直径（Diameter）=D；半径（Radius）=R。

部分形状的面积计算公式　　表 9–1

H 型钢 HE（IP） $A=2\times(2W+H-C)\times L$	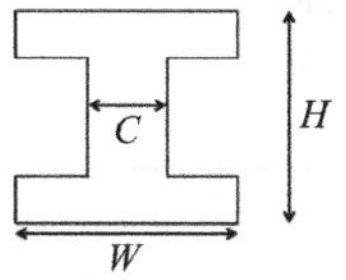 C、H、W
钢管外表面 Pipe exterior $A=\pi\times D\times L$	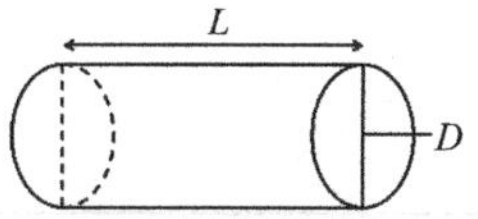 L、D
圆环 Ring $A=\pi R^2-\pi r^2$	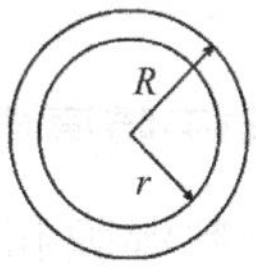 R、r
球体表面 Sphere $A=4\pi R^2$	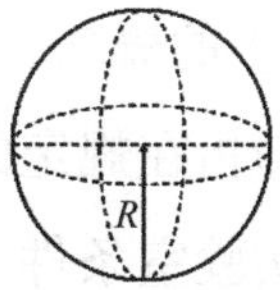 R
梯形 Trapezium 平行上下边的长度为（$C+B$） $A=\frac{(C+B)\times H}{2}$	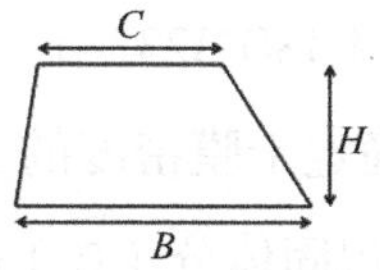 C、H、B
三角形 Triangle $A=\frac{B\times H}{2}$ B：底边长	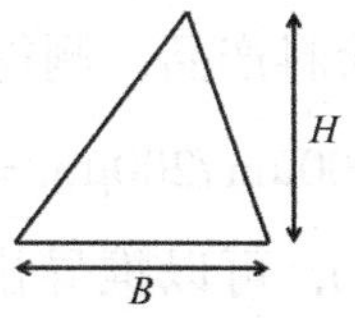 H、B
圆锥体外表面 Cone $A=\frac{\pi\times D\times S}{2}$ S：斜边长 D：底面直径	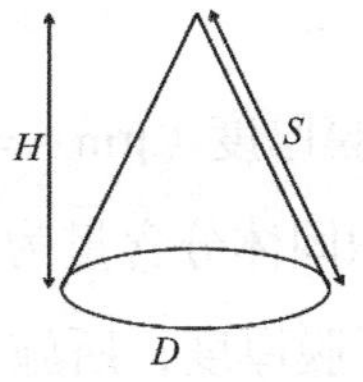 H、S、D

续表

正方体 Cube $A=6L^2$	L L L
圆柱形储罐 Cylindrical tank $A=2\pi RH+2\pi R^2$	H R
储罐穹顶 Domed end tank $A=2\pi RH$	H R
椭圆形 Ellipse $A=\frac{\pi\times D\times d}{4}$	d D

9.2.2 湿膜和干膜厚度的计算

要想弄清楚涂料湿膜和干膜的关系和相互换算，先得了解涂料的体积固体分（Volume solids）的概念。体积固体分是指涂料中非挥发性成分与涂料所有成分的体积比，也即指在规定的涂装工艺和环境条件下，干膜厚度与湿膜厚度之比。该数据可在实验室条件下，通过《色漆和清漆 – 非挥发性物质体积百分比的判定 –1 部分》ISO 3233–1：2019 中，采用涂层试板测定非挥发性物质和通过阿基米德原理确定干膜密度的方法中规定的测试方法来获取：

$$体积固体分（\%）= 干膜厚度（\mu m）/ 湿膜厚度（\mu m） \quad （9–1）$$

例如：某涂料产品，测得其湿膜厚度为 200μm，干膜厚度为 100μm，则其体积固体分是 100μm /200μm =50%。

从式（9–1），可以推导出要达到要求或指定的干膜厚度时所需要的湿膜厚度：

$$湿膜厚度（\mu m）= 干膜厚度（\mu m）/ 体积固体分（\%） \quad （9–2）$$

例如：体积固体分含量为 50% 的涂料要施工厚度为 100μm 的干膜，为确保达到所指定的干膜厚度，所施工的湿膜厚度应为 100μm / 50% = 200μm。

从式（9–1）可以推导出，当施工至一定的湿膜厚度，待其固化后能形成的干膜厚度：

$$干膜厚度（\mu m）= 湿膜厚度（\mu m）\times 体积固体分（\%） \tag{9–3}$$

例如：体积固体分含量为 80% 的涂料按 200um 的湿膜厚度进行施工，那么固化后干膜厚度将是 200um × 80%=160μm。

值得注意的是，以上的公式和范例都是针对原装涂料，没有考虑稀释，涂料经过稀释后，其固体分会变低，要达到要求或指定的干膜厚度，则所需要的湿膜厚度也应相应增加。

稀释后湿膜厚的计算如式（9–4）所示：

$$湿膜厚 = \frac{干膜厚 \times（1+稀释剂\%）}{体积固体分\%} \tag{9–4}$$

例如：固体含量为 50% 的油漆，稀释 20% 后，要施工厚度为 100μm 的干膜，为确保达到所指定的干膜厚度，油漆所施工的湿膜厚度应为：

$$湿膜厚 = \frac{100 \times（1+20\%）}{50\%} = 240\mu m$$

按 20L 包装来计算，稀释 20% 是指在 20L 涂料中添加了 4L（20 × 20%）稀释剂；如果添加了 1L 稀释剂，则是稀释 5%（1/20），以此类推。

根据以上计算，可以添加了稀释剂后湿膜厚换算成干膜厚的 APP 应用小程序作为参考工具。

9.2.3　涂料用量的计算

涂布率通常是指每单位体积（或质量）的涂料在指定膜厚下所覆盖的面积，计算如下：

1L 体积固体分为 100% 的液体涂料施工干膜厚度为 1μm，能覆盖 1000m^2。

涂布率与体积固体分成正比，即体积固体分越高，涂布率越大；涂布率与所要求干膜厚成反比，即所要求干膜厚度越高，涂布率越小；以 m^2/L 为单位的涂布率可以表示为：

$$涂布率（m^2/L）= \frac{体积固体分（\%）\times 1000（m^2）}{干膜厚度（\mu m）} \tag{9–5}$$

式（9–5）可简化为（单位 m^2/L）：

$$涂布率（m^2/L）=\frac{体积固体分（\%）分子 \times 10}{干膜厚度（\mu m）} \quad (9\text{-}6)$$

式（9–5）还可简化为（单位 m²/kg）：

$$涂布率（m^2/kg）=\frac{体积固体分（\%）\times 1000（m^2）}{干膜厚度（\mu m）\times 比重} \quad (9\text{-}7)$$

例如：体积固体分为 80% 的涂料按 160μm 的干膜厚度进行施工，给定干膜厚度，涂料的（理论）涂布率应为，涂布率（m²/L）=80×10/160=5m²/L。

需要指出的是，上述涂布率是理论计算值，即理论涂布率，它是通过对配方的固体分含量和所要求的干膜厚度按式（9–5）~式（9–7）计算，并经过试验验证获得的理论数值。即 1L 涂料以一定干膜厚度涂覆在平整的表面上所能覆盖的表面面积，这个数值是涂料产品本身固定的特征数据，与其他任何因素无关；而实际涂布率是指在施工过程中将涂料按规定要求涂覆于指定表面，每升涂料实际所能覆盖的面积，它比理论涂布率小。实际涂布率会受到各种条件和因素的影响，在计算实际涂布率和实际用量时应将各种条件和因素造成的损耗考虑进去。关于损耗将在 9.3 节详细介绍，在此介绍常见的表述损耗的方式，一种是“消耗系数（Consumption factor）”，另一种是“损耗系数（Loss factor）”。

（1）消耗系数

一般为 1.4~2.5，甚至达到 3.0，通常在新建项目时用于统计计算涂料实际总需求量（需备漆总量）或实际总用量。即采用理论涂布率计算出理论总用量后，再乘以根据实际情况所选用的一个消耗系数，就可以得知涂料实际总需求量（需备漆总量）或实际总用量。概而言之，消耗系数就是涂料实际总需求量（需备漆总量）或实际总用量与理论总用量之间的一个比值。

例如：某货舱共 3000m²，采用体积固体分为 60% 的涂料 Gold Shield 123 喷涂 125μm 干膜厚，考虑消耗系数为 1.6，则该货舱喷涂一道漆需要准备：

$$总用量=\frac{总面积}{理论涂布率}\times 消耗系数=\frac{3000}{（60\times 10）/125}\times 1.6=625\times 1.6=1000L$$

（2）损耗系数

一般用百分数（%）表示，通常在维修或保养时用于计算实际涂布率。即从理论涂布率中扣除损耗部分，得出实际涂布率。根据实际涂布率可以计算出实际总需求量（需备漆总量）或实际总用量。概而言之，损耗系数就是在确定涂料的实际涂布率时，应从理论涂布率中扣除的各种损耗的百分比比率。

$$\text{实际涂布率} = \text{理论涂布率} \times (1-\text{损耗系数}) \qquad (9\text{–}8)$$

例如：体积固体分为 60% 的涂料 Gold Shield 123 喷涂 125μm 干膜厚，损耗系数为 30%，则该涂料的实际涂布率是：

实际涂布率 = 理论涂布率 ×（1– 损耗系数）= [（60 × 10）/125] ×（1–30%）= 4.8 × 70% = 3.36m²/L

消耗系数与损耗系数的相互换算关系如下：

$$\text{消耗系数} - \frac{1}{(1-\text{损耗系数})} \qquad (9\text{–}9)$$

例如：如果给定损耗系数为 40%，则换算成消耗系数应是 1/（1–40%）=1.67。

$$\text{损耗系数} = \frac{(\text{消耗系数}-1)}{\text{消耗系数}} \qquad (9\text{–}10)$$

例如：如果给定消耗系数为 2，则换算损耗系数应是（2–1）/ 2= 50%。

9.3　涂料损耗

影响涂料损耗的因素有很多，主要包括：对膜厚控制的要求；表面粗糙度；施工方法和施工设备状况；施工者的操作水平；构件的结构形式，即形状及大小；施工通道的优劣程度；施工环境；施工工艺及质量管理。

9.3.1　对膜厚控制的要求

通常涂装工人在施工中不可能恰好达到所要求的标准膜厚（名义膜厚），总是或多或少地低于或高于标准膜厚，而为了保证涂层质量和寿命，一般会规定干膜厚度的最低值或范围，要实现这一目标，就不可避免地会产生损耗，这也被称为膜厚分布不均损耗。图 9–1 就显示了名义干膜厚为 350μm 涂层的实际膜厚分布情况。

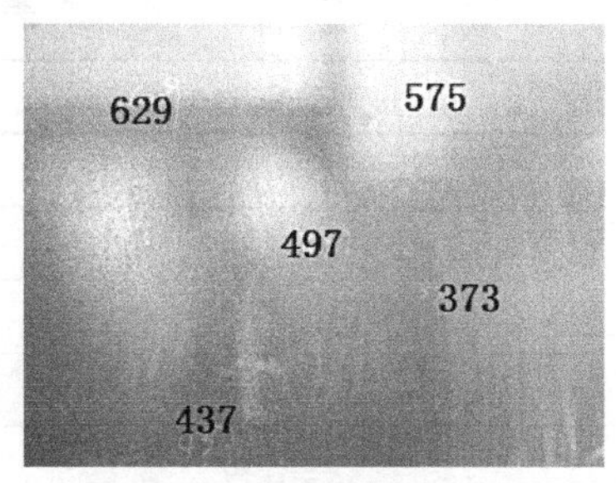

图 9–1　名义干膜厚为 350μm 涂层的实际干膜厚

对于给定名义干膜厚度，常见的执行规则有 90/10、85/15 或 80/20，IMO PSPC 采用 90/10；ISO 19840 和 NB/T 20133.2 采用 80/20；对于名义

干膜厚度为 320μm 的涂层，按 90/10 规则来执行，其实就是两个 90%，即：90% 的测量点应大于等于 320μm；剩余 10% 的测量点可以小于 320μm，但不得小于 320μm 的 90% 即 288μm。

这些干膜厚度的执行规则只规定了干膜厚度的最小值，对于干膜厚度的最大值，可以参考相应标准，如 ISO 12944-5 建议，最大干膜厚度不应超过名义干膜厚度的 3 倍。当然在实际工作中，涂装检验师应遵循项目规格书、涂料供应商的产品说明书和产品施工工艺中对最大值的规定。

9.3.2 表面粗糙度

通常对于重防腐来说要实现涂层的良好附着力，均要求对被涂表面进行磨料喷射处理，被涂表面粗糙越大，涂料的损耗越大。因为有相当一部分涂料会用来填充喷射处理产生的凹陷处（波谷）。英文中有一个专业术语把用来填充的这一部分涂料称为“Dead volume”，直译是“死体积”，实际上是指由于粗糙度产生的损耗，这是因为《粗糙表面上干膜厚度的测量和验收准则》ISO 19840 中明确，任何规定的（或设计的）的厚度是 ISO 12944-5 中定义的名义干膜厚度，指的是粗糙表面峰顶以上有代表性的涂层厚度。真正起防腐作用的是峰顶以上有代表性的涂层厚度，而波谷的涂料主要帮助涂层体系固定在底材表面，起增强结合力的作用。

近年来，对中国主要船厂和钢结构厂的调查显示，60% 以上的单位表面粗糙度（以复制胶带测量）接近或超过 100μm。被涂表面粗糙越大，涂料的损耗越大，国际上有关专家总结过表面粗糙度对涂料用量的影响，可以对粗糙度产生的损耗（用 L/m^2 表示）进行粗略估算，如表 9-2 所示。

表面粗糙度对涂料损耗的影响　　表 9-2

粗糙度 R_{y5}（μm）	粗糙度产生的损耗（L/m^2）
30	0.02
45	0.03
60	0.04
75	0.05
90	0.06
105	0.07

例如：表面粗糙度为 75μm，对于 $10000m^2$ 的面积，粗糙度产生的涂料损耗约为 $0.05 \times 10000 = 500L$。

9.3.3　施工方法和施工设备状况

涂料的涂装方法通常有刷涂、辊涂（滚涂）、传统空气喷涂（有气喷涂）和高压无气喷涂等。而工业涂料中对于大面积的涂料施工，一般要求采用高压无气喷涂，这种涂覆方法速度快，能形成较高质量的涂膜，但由于较大的压力，其施工损耗虽低于传统的空气喷涂，却远远高于刷涂和辊涂（滚涂）。

应根据构件外形和尺寸选择合理的施工方法，对于外形尺寸较小的构件应尽量使用刷涂和辊涂（滚涂）以减少涂料的损耗；对于边、角和难以喷涂的部位，应采用刷涂或辊涂（滚涂）进行预涂，避免喷涂造成油漆的过度损耗及形成劣质的涂层；应根据构件外形和尺寸选择刷子和滚筒的尺寸和类型，废旧的刷子和滚筒应及时更换，避免因工具的不合适造成涂层厚度不均匀导致的涂料损耗。

喷涂施工设备应保持良好的工作状况，避免喷涂过程中反复修理设备造成涂料超过混合后的使用寿命而引起浪费；应根据涂料的品种、构件的大小和表面状况选择喷嘴的尺寸，避免所有涂料和所有规格的构件使用相同尺寸的喷嘴而造成油漆过多的损耗；另外，喷嘴使用到一定时间后应及时更换。

9.3.4　施工者的操作水平

在大面积的施工中，不同操作水平的施工者可能会产生完全不同的施工损耗。常用的刷涂、辊涂（滚涂）、传统空气喷涂（有气喷涂）和高压无气喷涂等四种施工方法中，最难掌握的是高压无气喷涂，其次是传统空气喷涂（有气喷涂）。高压无气喷涂压力高，需要经过专门培训，对施工者的喷涂技巧要求高；而传统空气喷涂（有气喷涂）压力较低，施工者稍加培训就会比较容易掌握。

9.3.5　构件的形状及大小

待涂表面的不同的构件形状及大小（结构形式）将直接影响施工过程中涂料的损耗。一般情况下，复杂结构（图 9–2）的涂装施工比简单结构（图 9–3）的涂料损耗大，较小尺寸结构上的涂装施工比大型结构的涂料损耗大。

图 9-2　复杂的结构

图 9-3　简单（平面）的结构

9.3.6　施工通道的优劣程度

拥有良好的脚手架和高空作业车对于涂装工作来说至关重要，这不仅关系到施工安全，对保证涂层质量包括厚度的均匀性与外观的完整性都至关重要，而且还可以减少不必要的损耗。

早些年的脚手架基本都用木材和竹材搭建而成，其优点是质量轻、相对便宜并容易获得。但也有缺点，主要是牢固程度稍差、易燃烧、竹材跳板易夹杂砂粒难以清理。现代建造业包括涂装作业基本都采用轻型合金作为搭设脚手架的主要材料，这对于安全和涂装质量来说都更有保证。但脚手架的搭设和拆除都要耗费大量时间，有时候会用可移动的高空作业车来代替固定的脚手架。

9.3.7　施工环境

施工场所周围环境也会不同程度地影响涂料损耗，而风是环境中最重要的影响因素，直接决定了涂料的损耗。在有风的户外场所相对于较封闭的车间，涂料损耗显然更高，如果风速较高，那么除了一部分涂料被风吹走造成浪费外，同时也会影响涂层的外观和质量。

美国防护涂料协会标准《金属表面的车间、现场和维修涂装》SSPC-PA 1—2016 中，从施工质量角度规定，风速超过 25 英里 / 小时（即 40km/h，1m/s，相当于“5”级风）应停止喷漆。

《涂装作业安全规程涂漆工艺安全及其通风净化》GB 6514—2008 从一般要求、局部排风、设备通风、全面通风、送风系统、通风管道、废气净化 7 个方面对通风净化系统的设计、安装及使用进行了规定。《涂装作业安全规程喷漆室安全技术规定》GB 14444—2006 从安全通风和控制风速两方面对喷漆室的“风”进行了规定。

除了风会影响涂料的损耗之外，一些其他环境因素如照明、温度、湿度、露点和构件表面灰尘残留等都可能会直接或间接影响涂料损耗，这些条件都应符合规范要求，避免因劣质涂层的返工和修补而造成不必要的涂料浪费。

9.3.8　施工工艺及质量管理

理论上，涂装施工应为防腐工程的最后一道工序，应在所有的安装、火工作业都完工以后再进行涂装作业。但现代制造业对工期要求紧，各工种不可避免会有交叉作业，良莠不齐的施工工艺和质量管理水平就会导致涂料损耗的显著不同。这就是为什么同样体量的工程在同样时间内完工，有的施工方的消耗系数要达到 2.5，而有的施工方仅需要 1.7~1.8。

一套完整的涂装质量管理体系包括涂装设计、涂装施工和涂装检验，这三者应相互独立，但又应相互关联，成为一个有机整体。

最后需要强调的是，涂装效率管理是一个综合管理，涂料损耗的大小受很多因素的影响，有些甚至是不可避免的，比如桶壁和桶底的涂料残留，这就需要各相关方的全面配合，以便将涂料损耗控制在最小的范围内，取得经济和环保的双重效益。

【重要定义、术语和概念】

（1）体积固体分；

（2）湿膜与干膜厚度的相互换算；

（3）理论涂布率与实际涂布率及相互换算；

（4）消耗系数与损耗系数及其互算；

（5）影响涂料损耗的主要因素。

【参考文献】

[1]　中华人民共和国国家质量监督检验检疫总局，中国国家标准化管理委员会 . 涂

装作业安全规程、涂漆工艺安全及其通风净化：GB 6514—2008[S]. 北京：中国标准出版社，2009.

[2] 中华人民共和国国家质量监督检验检疫总局，中国国家标准化管理委员会 . 涂装作业安全规程喷漆室安全技术规定：GB 14444—2006[S]. 北京：中国标准出版社，2006.

CHAPTER 10

第10章

健康安全与环境

【培训目标】

完成本章节的学习后，学员应了解以下内容：

（1）相关健康、安全与环保法规；

（2）涂装材料的健康、安全与环境影响；

（3）材料安全数据手册（SDS）；

（4）涂装作业的健康、安全与环境影响；

（5）高空作业的健康与安全；

（6）密闭空间作业的健康与安全；

（7）个人防护设备（PPE）。

10.1 概述

钢结构防护涂料作为精细化工产品，其化学原材料成分对人们的健康与安全、对环境的影响都不容忽视，如果防护不当，工人极易吸入油漆中挥发出的有机溶剂，皮肤接触胺类固化剂易引起过敏，过量添加稀释剂会增加挥发性有机化合物排放而污染环境，水性涂料直接排放将严重污染土壤与水体等。

在此，本章旨在帮助学员加强健康、安全与环保意识，了解个人防护设备（PPE）的使用，能够阅读材料安全数据手册（SDS），掌握健康、安全与环境保护的要点，并能够应用到日常涂装作业工作中。

10.2　健康、安全与环保法规

国家与地方政府、行业协会制订了一系列和健康、安全与环境保护相关的法规，涂装工程的参与者均应严格遵守，部分重要的法规与标准如下，其中《涂装作业安全规程》对涂装作业的几个重要工种与场所制订了详细的规定。

①《中华人民共和国环境保护法》；

②《中华人民共和国大气污染防治法》；

③《中华人民共和国水污染防治法》；

④《中华人民共和国安全生产法》；

⑤《中华人民共和国消防法》；

⑥《中华人民共和国职业病防治法》；

⑦《危险化学品安全管理条例》；

⑧《涂装作业安全规程 涂漆工艺安全及其通风净化》GB 6514—2018；

⑨《涂装作业安全规程 安全管理通则》GB 7691—2003；

⑩《涂装作业安全规程 涂漆前处理工艺安全及其通风净化》GB 7692—2012；

⑪《涂装作业安全规程 静电喷漆工艺安全》GB 12367—2006；

⑫《涂装作业安全规程 术语》GB/T 14441—2008；

⑬《涂装作业安全规程 涂层烘干室安全技术规定》GB 14443—2007；

⑭《涂装作业安全规程 喷漆室安全技术规定》GB 14444—2006；

⑮《高处作业分级》GB/T 3608—2008；

⑯《坠落防护安全带》GB 6095—2021；

⑰《防止静电事故通用导则》GB 12158—2006；

⑱《呼吸防护用品的选择、使用与维护》GB/T 18664—2002。

10.3　涂装材料的健康、安全与环境影响

涂装材料包括油漆、稀释剂、清洁剂、除油剂、脱漆剂和表面处理磨料等产品。每一种材料所含有的化学物质的健康、安全与环境危害，都可以在其材料安全数据手册（SDS）上查询。接触或暴露于其中的部分物质可能会导致短期

或长期的健康影响，这些影响的简要概述参见表 10-1。

暴露于部分涂装材料可能会导致的短期或长期的健康影响　　表 10-1

短期	长期
(1) 刺激性皮炎 (2) 皮肤和眼睛烧灼感 (3) 呼吸道刺激鼻子、喉咙及肺部 (4) 呕吐 (5) 头痛、头昏、眼花、疲劳	(1) 过敏性皮炎 (2) 职业哮喘、矽肺 (3) 免疫系统损害 (4) 肾和肝损害 (5) 中枢神经系统损害 (6) 癌症、白血病

10.3.1　溶剂

溶剂存在于大多数油漆、稀释剂、清洁剂中，其在施工后会逐渐释放出来；溶剂通常有毒，暴露于火源会引起燃烧或爆炸；溶剂进入大气，还会消耗臭氧层，破坏大气保护层；即便是那些配方中不加溶剂的涂料，例如 100% 固体分产品或粉末涂料，比常规溶剂型涂料对大气环境污染少，但工人还是必须穿戴合适的个人防护设备。水性涂料虽然以水作为分散介质，但是某些水性涂料中也含有大量水溶性溶剂，如醇类、醚类等有机物，也不能忽视挥发性有机溶剂的危害。

10.3.2　磨料

磨料在高速喷射清理钢结构表面进行除锈处理的过程中，会产生大量粉尘，吸入细粉尘会刺激鼻腔、喉咙和肺部，极其严重的情况下会出现不能治愈的疾病，导致长期影响。

某些磨料，特别是细沙，在喷砂过程中破碎而产生有毒物质结晶硅，人体吸入结晶硅，会引起肺部组织结疤，继而发展成矽肺，因此要严禁使用沙子作为喷射清理的磨料。

10.3.3　重金属

大量研究已经证明，大多数重金属（例如铬、铅和镉）对健康有潜在危险，应限制其使用。在油漆工业中，某些常用配料，特别是颜料，可能含有大量重金属成分。

（1）锑：氧化锑用于阻燃涂料。吸入氧化锑粉尘，会致癌，但在油漆中使用，危险性相对较低，吸入的风险小。

（2）石棉：石棉过去一直广泛用于油漆中以提供额外的物理强度，当以干纤维材料吸入时，会引起肺部疾病。

（3）镉：在黄色色系的颜料中常见，在耐热高温涂料中也常见，镉的粉尘主要会影响肾脏和肺部，一些卫生组织已经完全禁止在塑料和油漆中使用镉颜料。

（4）铬：在红色、橙色、黄色色系的颜料中常见，通常与铅化合在一起，例如铬酸铅，铬黄等，一般已不再使用。

（5）铅：是最佳防锈颜料之一，但多年来一直广泛被认为对健康有害，会影响儿童智力发展、中枢神经系统、消化道、肾脏和生殖器官，由于法规要求和油漆制造商的自发行动，油漆中的可溶性铅已在稳步减少，一些权威机构也十分关注锌颜料中的微量铅元素，在某些情况下，低纯度锌的铅含量可高达2%。美国标准 ASTM D 520–00（2019）对锌粉中的铅含量进行了规定。

以上含有重金属的多数原材料已经禁止使用或限制使用，但在去除钢结构表面旧油漆涂层的维修工程上，可能还会遇到，应加强防护。必须穿戴合适的个人防护设备。

10.3.4　异氰酸酯

聚氨酯涂料、氟碳涂料含有异氰酸酯，一种能与氢氧根离子发生剧烈反应的高活性化学物质。异氰酸酯具有刺激性和激敏性，许多工人都对其存在反应，特别是当喷涂聚氨酯涂料时。典型症状为皮肤过敏、流泪、呼吸困难，以及可能有癌变风险。

皮肤应避免与异氰酸酯接触，吸收有机蒸汽的过滤芯型防毒面具通常对其无效。涂装聚氨酯涂料、氟碳涂料时，应配套专门的头罩式防护装备。

10.3.5　过敏源

环氧涂料的胺类固化剂、某些溶剂、喷射处理产生的粉尘，都可能引起过敏反应。始终佩戴手套及合适的个人防护设备对预防过敏危害非常重要。

不同人体对吸入或接触气体、液体、粉尘、烟雾等物质引起过敏反应的激烈程度不相同，有些人以前对某物质不过敏，也可能在某个场合对此发生过敏，并在以后持续过敏，因此，每个人都应重视过敏反应，涂装场所应提前准备好应对人员过敏反应的预案，备有抗过敏药物，并熟悉送医线路。

10.4 材料安全数据手册

材料安全数据手册（Safety Data Sheet）涵盖了16部分，具体要求见《化学品安全技术说明书 内容和项目顺序》GB/T 16483—2008、《化学品安全技术说明书编写指南》GB/T 17519—2013，在材料安全数据手册中，提供了该材料所有健康、安全与环境保护相关的各项信息，以及生产企业的紧急联系电话。

用户在使用材料之前，务必向供应商索取材料安全数据手册，并仔细阅读。

10.5 涂装作业的健康、安全与环境影响

钢结构防护涂料的涂装过程涉及多项危险工种，这些操作的危害风险更应加强管理、重视防护。

10.5.1 吸入与直接接触

油漆、稀释剂、清洁剂及其挥发的有机溶剂、磨料喷射产生的粉尘、涂料喷涂产生的漆雾、涂层打磨产生的粉尘都是潜在的吸入风险危害物，暴露于有害物质可能会导致急性的或长期的慢性健康影响。短期影响包括呼吸道感染、呼吸短缺、头昏眼花、胸部紧蹙、恶心头痛；长期影响包括肺部功能减退、呼吸系统疾病、哮喘、肺气肿症状、中枢神经系统损害，以及可能导致癌症。

涂装作业的全程，都应佩戴合适的呼吸系统保护设备，各种吸入物适用的口罩或头罩并不完全相同，应查询材料安全数据手册获得推荐的设备或措施。

油漆喷涂作业时，可能会造成皮肤和眼睛直接接触有害化学物质，对眼睛的影响可表现为剧烈的烧灼感，皮肤接触油漆和溶剂可能导致剧烈的刺激性皮炎、慢性的过敏性皮炎或皮肤脱脂等症状，务必重视并佩戴合适的手套与护目镜。

10.5.2　噪声

喷射处理、打磨、电焊、切割、油漆喷涂都会产生很大的噪声，有可能导致耳聋，噪声也会影响注意力的集中和交流，导致工人降低安全防范的能力。

压缩机等设备设施的选用应遵循当地法规，无气喷涂泵须装配消声器，工人应佩戴耳塞或耳罩。

10.5.3　火灾与爆炸

有机溶剂与粉尘是火灾与爆炸的危险源，遇上火源，如火星、静电、火焰、热金属，就会导致火灾或爆炸，在喷涂区域应特别留意并消除以下隐患。

① 有机溶剂浓度、粉尘的浓度超过爆炸极限；

② 接地不好的设备释放静电，产生电火花和电弧；

③ 电线短路，电路的其他故障；

④ 明火，如火炉、电焊、气割、火柴、加热器；

⑤ 抽烟、雪茄和烟斗等；

⑥ 非防爆式电子电器设备，如相机、手电或手机等；

⑦ 高温的表面、高温的电线、炽热的金属、运作的机械；

⑧ 能产生火花的设备，如砂轮打磨机；

⑨ 放热的化学反应，如在罐内混合的双组分油漆。

10.5.4　喷涂穿透伤害

油漆穿透伤害来源于无气喷涂过程中的巨大压力，油漆穿透进入身体是非常危险的，油漆中的溶剂会溶解脂肪组织和肌肉表皮神经，不适当的处理会导致坏疽和截肢，所有穿透伤害必须立即医治并提醒医生重视，以免漏诊。

为避免伤害，当使用无气喷涂设备喷涂油漆时，应严格遵循以下指导方针：

① 当设备处于充压状态时，不要直对喷嘴查看，也不要让枪嘴靠近身体的任何部位；

② 不要让喷枪直对着任何人；

③ 特别不要让手指置于枪嘴前方；

④ 未经专门安全培训，任何人不得进行无气喷涂；

⑤ 喷涂操作开始前，检查空气软管的安全可靠性；

⑥ 当把喷枪传递给他人时，必须锁上枪栓；

⑦ 当设备不用时，须释放压力。

10.5.5 用电安全

油漆喷涂会涉及电气设备（如照明、静电喷涂设备），接地不好或保养不当会导致电击。任何喷涂操作都可能产生静电，包括稀释和清洁，静电电荷有点燃易燃物质的可能，任何电气设备在油漆喷涂区、油漆搅拌区和储藏区都是危险的，在这些区域使用的电气设备应是特别设计的，具有防爆功能，并遵循当地法规要求。

10.5.6 搅拌和倾倒及贮存

油漆的搅拌、倾倒和稀释须在通风良好的环境下进行，且必须穿戴合适的防护设备，并立即清洁所有的溢流和飞溅。如果正在处理的任何原料（油漆、稀释剂、清洁剂、除油剂等）飞溅到身体的任何部位，须立即用肥皂和水清洗皮肤，被污染的衣物须尽早更换；未使用的油漆须装回原容器，不要搅拌，空桶内残留有油漆和溶剂蒸汽，也是危险的。

涂料、稀释剂、清洁剂的贮存须遵循当地相关法规，作为惯例，须遵循以下原则：

① 易燃材料须贮存于密封紧固、标签清晰的容器中；

② 如材料使用后仍放回原处贮存，须正确封盖；

③ 大型溶剂（稀释剂）容器在液体运输过程中须接地；

④ 油漆不应贮存于喷涂区域，喷涂区域只能存放涂装作业所需的数量；

⑤ 始终按危险化学品管理方式对油漆贮存进行管理。

10.5.7 应急程序及个人卫生

任何车间或工地都应制订完整的应急程序预案，对可能发生的危险与伤害事故制订针对性的预防措施、补救措施与应对程序，并制订成册；所有人员都应接受应急程序的适当培训。应急程序还应包含泄漏、流溢、危险物质释泄的处理方案。也应包含最近的医疗设施与医院的地址、医院与应急管理局的联系方式、送医路线与急救线路、撤离路径、交通方式等。

涂装车间与现场应提供洗手设施和其他个人卫生便利设施，涂装设备与材料不能带入休息与饮食场所，保持生活区的安全卫生，食物和饮料不得带入喷砂区、喷涂区、贮存区、搅拌区等工作区域。

10.5.8　高空作业及密闭空间作业

（1）高空作业

油漆涂装作业中，高达 70% 的人身伤害事故是由于坠落引起的。从距离地面 3m 以上的高空坠落就极易受重伤，而这样的高度却没能引起工人们的足够重视。

涂装作业中，只要涉及离开地面的作业，都应始终使用安全束缚装置，例如穿戴双挂钩全身式（五点式）安全带，安全带挂钩的最佳连接方式是将其连接在牢固的支撑系统上，而不是连接在接近措施或设备上，合理配置与搭设生命线也有助于提高安全系数。安全带应符合现行国家标准的规定，并应定期进行检查，以保证未擦破、没有切口、没有磨损。远离油漆、稀释剂、酸碱等腐蚀性化学品，避免安全带织物或金属受损。

根据作业高度的不同，选用合适的接近措施，如固定式脚手架、移动式脚手架、剪式登高车、直臂式登高车、曲臂式登高车、机械吊篮等，所有接近措施的操作工，都应具备相应的操作资格证书，熟悉设备的操作规程，并配备安全观察员。油漆工若没有设备操作资格证书，严禁开动或操作接近措施或设备，严禁擅自搭设脚手架，持证操作员有责任检查接近措施或设备的可靠性，并进行日常维保。油漆工或涂装检查人员在使用接近措施或设备时，如对其安全可靠性有任何怀疑，有权拒绝使用该设备，直至问题得到解决。

上岗前，通过必要的培训，获得登高证。进入高空作业前，应对自己当时的健康状况做出评估，如有身体不适，切忌进行高空作业。某些药物与酒精类似，会影响人体神经系统，降低平衡能力与反应速度，服用或饮用之后，严禁进行高空作业。

（2）密闭空间作业

密闭空间是涂装作业中危险性最高的场合之一，容易发生严重的群体性安全事故，应特别引起重视，密闭空间内涂装作业前，必须确保已经制订详细可靠的安全程序。

应经常评估氧气含量，保证在整个施工过程中有足够的氧气，以便维持工人的正常呼吸功能。密闭舱室内的空气随着油漆漆膜中有机溶剂的蒸发而被排挤出密闭舱室，其中的氧气含量可能已降至危险的程度，可能会导致工人窒息。

有机溶剂的蒸汽含量应始终被控制在最低爆炸极限以下，避免爆炸。可采用强制通风或抽风的方法加以控制，此举也有助于维持舱室内氧气含量。

喷砂处理产生的粉尘，当其浓度超过最低爆炸极限时，也会引起爆炸。也可采用强制抽风的方法将粉尘排出。

当舱室内含有有机溶剂气体或粉尘时，严禁穿着化纤织物的服饰，严禁穿着带钉的鞋子，避免金属与金属碰撞产生电火花，舱室内严禁使用冲击钻、砂磨机等会产生电火花的设备，严禁带入手机等非防爆式电子设备。所有产生电火花风险的因素都应避免。

建议在棉质连体服外再套穿一件带头罩的一次性连体服；建议佩戴带视窗的全遮面面罩，持续供应洁净空气的送风头罩能提供油漆喷涂工最好的呼吸保护。涂装含有异氰酸酯的聚氨酯油漆、氟碳油漆的时候，更应重视并贯彻执行这些安全要求。

密闭舱室外应张贴标示以表明正在施工，未经授权，其他人员不得入内。室外应有人看守。关于密闭舱室内施工的其他安全程序和建议也应严格遵循。

上岗前，通过必要的培训，获得密闭空间工作许可证，每天工作前应对自己当时的健康状况做出评估，如有身体不适，切忌进入密闭空间作业。

10.5.9 有害废弃物及安全培训

涂装剩余的油漆、油漆桶、表面处理产物与耗材等废弃物都可能是有害的，对于既有建筑物的涂层翻新工程，旧涂层处理下来的产物危害性可能更大，许多旧涂料含有今日被认为是有害的化合物，如铅、石棉、铬酸盐和含镉化合物等。

涂装管理人员、检验人员、工人除了应注意自身健康与安全保护之外，还应熟悉工作现场管理有害废弃物的规定，并保证废弃产品的标签、搬运和临时储存符合国家与地方法规。

所有工人都有知情权，以了解他们在日常工作中可能面临的危险，这也是国家安全法规的重要内容，不仅必须告知工人所面临的具体危险，还必须培训工人如何应对这些危险。这类培训可聘请专业公司提供，也可由雇主自行组织培训；必须有培训记录，以便记录哪些工人在何时参加了哪些安全培训。

10.6 个人防护设备

在表面处理与油漆喷涂等涂装作业的任何时刻及任何人员，都应始终穿戴适当的个人防护设备作为附加的危险控制方法。

10.6.1 基本着装

牢固的长袖棉质连体服适合大多数工种，尼龙和聚丙烯等连体服因其高度易燃并可能产生静电导致火星，所以并不推荐使用；污染严重的连体服必须立即更换。参与在短期内可能遭受严重污染的项目时，可考虑穿戴带头罩的一次性连体服。

（1）手套

合适的手套能防止皮肤暴露于溶剂等有害物质中，也能帮助减少割伤和擦伤等外伤，不同工种需要佩戴不同类型的手套，可咨询手套制造商获得更多信息。

（2）工作鞋

所有的鞋子和靴子须配有钢头，以保护脚部免受重压的伤害，任何情况下不允许穿着露出脚趾的便鞋，在涂料施工时，推荐使用能防静电、带有防滑鞋底的皮质鞋面的安全鞋。访客参观安全系数较高的涂料实验室的时候，应在普通鞋子外佩戴防静电系带，以免产生静电，防静电系带须与人体脚部皮肤直接接触，通常的做法是塞入袜子里面。

10.6.2 安全帽与安全带

安全帽是最基本的个人防护设备，应始终佩戴。安全帽应定期检查其完整性、强度以及使用期限；安全帽内部的吸汗衬里宜每日清洗；安全帽外部须采用柔和的清洁剂和水清洗，以去除脏物和漆雾污染，不建议采用溶剂清洗。

高空作业应始终佩戴可靠的安全带，推荐使用双挂钩全身式（五点式）安全带。安全带挂钩的最佳连接方式是将其连接在牢固的支撑系统上，而不是连接在接近措施或设备上，合理配置与搭设生命线也有助于提高安全系数。

安全带应符合国家标准的规定，并应定期进行检查，以保证未擦破、没有切口、没有磨损。远离油漆、稀释剂、酸碱等腐蚀性化学品，避免安全带织物或金属受损。

10.6.3 呼吸保护、眼睛保护及听力保护

（1）呼吸保护

任何可能接触喷雾、有机溶剂蒸汽、粉尘的人都必须佩戴呼吸保护设备。

接触喷雾、有机溶剂蒸汽的时候，呼吸器应装有滤芯，滤芯内填入吸附物质，如活性炭，这会帮助防止呼吸道暴露于挥发性的、有刺激气味的、有毒有害的蒸汽中，应确保呼吸设备状态良好并定期更换滤芯，滤芯应根据制造商的推荐和当地法规相关要求进行更换。需要注意的是，当空气中的氧气含量低于20%时，空气中缺乏足够的氧气，滤芯式呼吸器不能使用，须使用供气式头罩；持续供应洁净空气的供气式头罩能提供油漆喷涂工最好的呼吸保护，当喷涂聚氨酯油漆、氟碳油漆时，应予以使用，尤其是在密闭空间工作的时候。

如果危险来自于粉尘等细小颗粒物，则应根据尘埃颗粒的大小佩戴合适的防尘面具，如N95口罩。

（2）眼睛保护

在所有表面处理与喷漆等涂装操作中，都必须保护眼睛，应佩戴护目镜或面罩以防油漆飞溅、磨料飞溅、火星飞溅等伤害眼睛，护目镜或面罩的材质须能抵抗可能接触到的溶剂，并有足够的强度。

（3）听力保护

当声音超过80dB时，推荐使用听力保护，当超过85dB则必须给予保护；所使用的护耳器须适合周边声音的频率，弹性耳塞是常用的听力保护用具。

【参考文献】

[1] 中华人民共和国国家质量监督检验检疫总局，中国国家标准化管理委员会．涂装作业安全规程 涂漆工艺安全及其通风净化：GB 6514—2008[S]. 北京：中国标准出版社，2009.

[2] 中华人民共和国国家质量监督检验检疫总局，中国国家标准化管理委员会 . 涂装作业安全规程 安全管理通则：GB 7691—2003[S]. 北京：中国标准出版社，2003.

[3] 中华人民共和国国家质量监督检验检疫总局，中国国家标准化管理委员会 . 涂装作业安全规程 涂漆前处理工艺安全及其通风净化：GB 7692—2012[S]. 北京：中国标准出版社，2013.

[4] 中华人民共和国国家质量监督检验检疫总局，中国国家标准化管理委员会 . 涂装作业安全规程 静电喷漆工艺安全：GB 12367—2006[S]. 北京：中国标准出版社，2006.

[5] 中华人民共和国国家质量监督检验检疫总局，中国国家标准化管理委员会 . 涂装作业安全规程 术语：GB/T 14441—2008[S]. 北京：中国标准出版社，2009.

[6] 中华人民共和国国家质量监督检验检疫总局，中国国家标准化管理委员会 . 涂装作业安全规程 涂层烘干室安全技术规定：GB 14443—2007[S]. 北京：中国标准出版社，2008.

[7] 中华人民共和国国家质量监督检验检疫总局，中国国家标准化管理委员会 . 涂装作业安全规程 喷漆室安全技术规定：GB 14444—2006[S]. 北京：中国标准出版社，2006.

[8] 中华人民共和国国家质量监督检验检疫总局，中国国家标准化管理委员会 . 高处作业分级：GB/T 3608—2008[S]. 北京：中国标准出版社，2009.

[9] 国家市场监督管理总局，国家标准化管理委员会 . 坠落防护安全带：GB 6095—2021[S]. 北京：中国质检出版社 .

[10] 中华人民共和国国家质量监督检验检疫总局，中国国家标准化管理委员会 . 防止静电事故通用导则：GB 12158—2006[S]. 北京：中国标准出版社，2006.

[11] 中华人民共和国国家质量监督检验检疫总局 . 呼吸防护用品的选择、使用与维护：GB/T 18664—2002[S]. 北京：中国标准出版社，2004.

[12] 中华人民共和国国家质量监督检验检疫总局，中国国家标准化管理委员会 . 化学品安全技术说明书 内容和项目顺序：GB/T 16483—2008[S]. 北京：中国标准出版社，2009.

[13] 中华人民共和国国家质量监督检验检疫总局，中国国家标准化管理委员会 . 化学品安全技术说明书编写指南：GB/T 17519—2013[S]. 北京：中国标准出版社，2014.

CHAPTER 11

第 11 章

涂装规格书与施工程序

【培训目标】

完成本章节的学习后，学员应了解以下内容：

（1）涂装规格书的主要内容及其重要性；

（2）涂装检验师执行规格书的职责；

（3）涂装规格书和施工程序（工艺）的相关性。

11.1 涂装规格书

11.1.1 涂装规格书的作用

任何一个业主或其工程师在准备涂装规格书时，应该从基材保护、表面处理、涂层配套、涂层施工条件和环境、涂覆时间限制、现场涂层修补、安全与健康等方面开始着手。“规格书”的目的是将这些知识转换成可以被理解的、明确的、可以帮助承包商和涂装检验师按照设计要求来施工和执行的指示。

涂装规格书是一份告诉承包商及施工人员在何时何地该做什么的正式技术文件，属于项目合同的一部分，通常它并不告诉承包商及施工人员应该怎么做。

11.1.2 涂装规格书的内容

涂装规格书的主要内容至少包括：工程范围；术语和定义；参考标准和法规；工前会议；表面处理；涂装材料；涂装施工；涂层修补；涂装检查；安全与健康；文件记录。

下面简单介绍涂装规格书的各要素。

（1）工程范围

本部分主要描述要进行的工作以及何时何地进行工作，也包括所进行涂装工程的目的，以及承包商可能碰到的任何不寻常的或具体的限制。

（2）术语和定义

涂装规格书应对特定文件中的特殊词语和术语的含义进行定义。

（3）参考标准和法规

规格书通常会包括一个标准目录，表明文件中的特定章节或部分引用了这些已颁布的标准；除非另有说明，参考标准的任何部分都可当作整个标准要求，对所有各方都有约束力。

（4）工前会议

良好的涂装规格书一般都会要求在涂装工作开始前召开一次工前会议，以便于各方，包括业主、承包商、涂料供应商和检验员能被召集在一起，讨论规格书的所有内容，并探讨检查和验收标准以及现场工作程序。

（5）表面处理

大多数早期涂层缺陷都是由于不恰当的表面处理造成，因此，这部分就成为涂装规格书中至关重要的部分；表面处理章节应涉及清理过程的所有部分，一般应包括：

① 预检查：检查、标识和纠正所有表面制作缺陷的程序；

② 预清理：通过溶剂或其他清理方法对表面油污进行去除，达到已知工业标准或项目要求。这一步必须在进行任何其他表面处理工序之前完成；

③ 表面处理应达到的参考标准：如磨料喷射清理后，基材表面清洁度应达到 ISO 8501-1（《涂覆涂料前钢材表面处理 表面清洁度的目视评定 第 1 部分：未涂覆过的钢材表面和全面清除原有涂层后的钢材表面的锈蚀等级和处理等级》GB/T 8923.1—2011）Sa $2^1/_2$ 级，或 SSPC-SP 10 级，或 NACE No.2 级；表面粗糙度；

④ 其他关于磨料、设备、技术的要求：如磨料应干燥、清洁、无污染，磨料导电率不超过 25mS/m。当相对湿度超过 85%，钢板温度不高于露点温度 3℃时，不得进行喷砂清理。

（6）涂装材料

规格书制定者应根据设备或设施的暴露环境、使用条件和预期寿命，选择使用何种涂装材料，规定不同部位和使用环境相匹配的涂层配套，通常会在规格书中使用涂层配套表来规定各种不同环境和区域对应的油漆体系和相关要求，比如：部位 / 区域、操作温度、油漆名称和型号、每层干膜厚度、总干膜厚度等。

（7）涂装施工

本部分详细说明涂料施工认可的方法，包括：

① 混合和稀释；

② 刷涂 / 辊涂（滚涂）；

③ 预涂装；

④ 喷涂（有气、无气）；

⑤ 膜厚（湿膜、干膜）；

⑥ 涂覆间隔（遵循油漆厂商的推荐时间，提供超期后的处理方法）。

（8）涂层修补

规格书应确定现场可使用的修补程序，用于对涂层的表面损伤和漆膜缺陷的补救工作，比如：对确定的涂层破损区或缺陷区域进行砂磨，打磨范围为延伸至周围完好涂层至少 50mm，打磨出斜坡过度区域，并按照规定的涂层体系在此范围内进行修补。

（9）涂装检查

规格书制定者应对涂装检查的具体要素予以说明和规定，例如：

① 在喷砂、喷漆、修补等涂装过程中，在工作现场测量周围的环境条件（环境温度、相对湿度、露点、钢板温度）；

② 预检查（结构制作缺陷、底材状况、表面污染物）；

③ 预清洗（去除油脂、污垢）；

④ 表面处理（磨料、设备、表面清洁度、粗糙度）；

⑤ 涂装材料（储存、标识、油漆配套）；

⑥ 涂装施工（混合和稀释、湿膜和干膜、复涂间隔期）；

⑦ 检查和测试（外观目测、漆膜缺陷、干膜厚度、附着力、漏涂点等）；

⑧ 文件（记录保存、报告）。

（10）安全与健康

本部分说明与表面处理和涂装工作相关的安全要求。

11.2 涂装规格书与涂装检验师

涂装检验师应向各方明确自己的义务和职责，即，主要负责按照项目规格书的要求对涂装项目的技术状况进行检测和报告，而现场监督并不是涂装检验师的职责。涂装检验师的工作任务，见 8.2 节。

11.3 涂装规格书和施工程序

当承包商被授予某项工作，该工作基于包含规格书的合同文件，承包商应该按照项目合同要求编制施工程序（工艺）并提交项目或客户批准，最好是和涂料制造厂商密切合作以制定该程序，涂料制造厂商最了解所供产品及其适用性和局限性。承包商应基于项目涂装规格书，在表面处理、涂装施工和检查等方面，准备和遵循详细的工作程序以提高他们的生产效率和产品质量，最终使客户满意。

韦伯斯特新二十一世纪词典将“程序”定义为“在某操作过程中的行为、方法和进行方式，是一个特殊的行为过程或做事情的方式”。为了程序的有效性，文件中必须清楚地描述工作将如何完成并且如何满足项目规格书的要求。

项目规格书和合同对于任何工程都是纲领性文件，承包商的涂装施工程序（工艺）或施工方案都必须很好地传达对这些文件，以及对涂装材料、表面处理和涂装施工等相关技术要求的理解和执行。

涂装施工程序（工艺）应该阐述以下这些要素：

① 范围；

② 安全、环境和健康；

③ 材料；

④ 设备；

⑤ 人员训练和资格；

⑥ 环境要求和控制；

⑦ 表面处理；

⑧ 稀释 / 混合 / 涂装材料；

⑨ 干燥 / 固化 / 复涂；

⑩ 修补；

⑪ 检查和测试；

⑫ 文件管理。

在施工程序（工艺）中所列出要素的数量将根据具体工作而有所变化。某些情况下，对项目规格书、合同、法规要求、参考标准（ISO、GB、GB/T、行业标准、SSPC、NACE 和 ASTM 等）或公司标准政策遵循参考即可。

涂装施工程序（工艺）必须包含标题、原始颁布日期、修订版本号 / 日期、编制 / 审核 / 批准人员姓名和签字，均应准确、清楚、可用，并且要列出要求的所有要素，覆盖需要执行的所有工作范围。

总之，具体的涂装施工程序（工艺）将规定以一种安全彻底的方法有效地完成涂装工作，并提供与项目规格书要求相一致的高质量的涂装工作。

【重要定义、术语和概念】

（1）涂装规格书：是项目合同的一部分，是一份告诉承包商该做什么、在何时何地做的正式技术文件，但并不告诉其应该怎么做。涂装规格书通常专门设计用来满足特定的工作要求。典型的涂装规格书的主要内容，通常至少包括工程范围、术语和定义、参考标准和法规、工前会议、表面处理、涂装材料、涂装施工、涂层修补、涂装检查、安全与健康和文件记录等内容。

（2）施工程序（工艺）：有时也被称为施工方案，是概述承包商将如何进行表面处理和涂装以达到指定结果的文件，文件必须清楚地描述工作将如何完成并且如何满足项目规格书的要求，并需在涂装开始前提交客户审核和批准。合格的涂装施工程序（工艺）至少包括范围、安全环境和健康、材料、设备、人员训练和资格、环境要求和控制、表面处理、稀释 / 混合 / 涂装材料、干燥 / 固化 / 复涂、修补、检查和测试和文件管理等要素。

CHAPTER 12

第 12 章

钢材表面预处理及车间底漆

【培训目标】

完成本章节的学习后，学员应了解以下内容：

（1）钢材表面预处理及车间底材的作用；

（2）抛丸处理流水线组成、工序；

（3）车间底漆发展历史和最新技术；

（4）如何控制及防范质量风险。

12.1 钢材表面预处理及车间底漆的作用

用于钢结构制造的热轧钢板出厂后，表面覆盖着一层坚硬的氧化皮，表观虽然致密，实际上存在很多缝隙，氧气和水分能够自由进出，因此在户外环境堆放一段时间后，缝隙处开始腐蚀生锈并向四周蔓延，部分氧化皮脱落；同时由于氧化皮和铁比较，其电负性更正，因此裸露出来的铁和氧化皮组成一个小阳极大阴极的腐蚀体系，促进钢板的锈蚀，最终发展到全面锈蚀。

国家标准《涂覆涂料前钢材表面处理 表面清洁度的目视评定 第 1 部分：未涂覆过的钢材表面和全面清除原有涂层后的钢材表面的锈蚀等级和处理等级》GB/T 8923.1—2011 对钢材处理前的状态进行图片和文字描述并分为 A、B、C、D 四个等级：

（1）A 级：完全被氧化皮所覆盖，几乎没有锈蚀的钢材表面；

（2）B 级：已经开始生锈，并且氧化皮已经剥落的钢材表面；

（3）C 级：氧化皮因为生锈而脱落，或者可以刮除，但几乎无肉眼可见孔蚀的钢材表面；

（4）D 级：氧化皮已经因为生锈而脱落，并且有相当多的肉眼可见孔蚀的钢材表面。

《船用车间底漆》GB/T 6747—2008 对用于船舶行业的车间底漆进行了规范，大部分内容也适合于其他钢铁加工行业，可以在该标准的基础上针对行业特点进行补充或删除。

12.2　钢材表面预处理流水线

在钢材加工成型之前，对钢材表面采用机械或化学的方法，清除其表面的氧化皮、锈蚀及其他污物的工艺工程，称为钢材表面预处理；处理方法有抛射磨料处理、喷射磨料处理和化学酸处理；根据材质和效率的不同选择不同的方式。目前，大型钢铁加工企业多采用抛射磨料处理自动化流水线方式，优点在于高效、用人工少、废弃物处理便捷。

抛射磨料处理，也称为抛丸处理，是利用抛丸机叶轮在高速旋转时产生离心力将钢丸、钢砂、钢丝段等磨料以很高的线速度抛出，抛射到待处理的钢材表面，产生冲击和切削的作用，将表面的氧化皮、锈蚀等清理干净，达到规定的清洁度和粗糙度。

钢板抛丸预处理流水线工艺流程如图 12-1 所示。

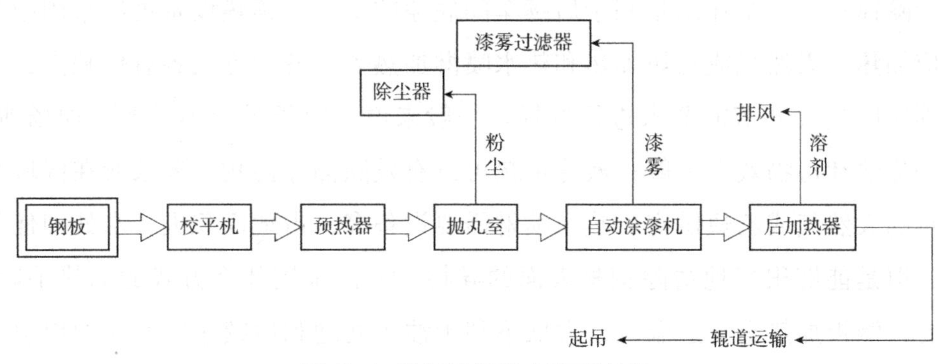

图 12-1　抛丸预处理流水线工艺流程

整体流水线分为不同的工位装备，一般包括以下内容。

12.2.1　开板和钢板校平

对于卷起状态的钢板，如果在运输过程中有变形，首先需要对钢板进行打开和校平处理。开卷有专门的开卷机，钢板校平有七星和九星辊校机，一般是将辊校机放置在抛丸之前的工序，但也有厂家考虑到氧化皮的硬度大而将其安排在抛丸之后。通常根据处理钢板的厚度选择不同型号的设备，一般情况下校平机能处理厚度在 4~30mm 的钢板。

12.2.2 钢板运输

钢板上料后，钢板运输由辊道完成，在抛丸阶段和涂车间底漆阶段，辊道的设计不同，这是为了避免涂漆后，与辊道接触部位的底漆受到损坏，一般采取两种设计方式；一是对喷漆后的辊道中特别设计一块多个凸起点的钢板，来托住经过喷涂车间底漆的钢板，这种结构形式只有凸起点与钢板接触部位的车间底漆有影响，不会产生大面积的车间底漆损坏；另一种方法是采用“八”字形辊道，只有钢板的两边和辊道接触，这样就完全没有车间底漆在干燥前被损坏的情况出现。为了保证钢板在抛丸除锈过程中不变形，抛丸机内的辊道距离应该小于其他工段，一般不大于 0.5m，钢板传送速度在 3~4m/min，与抛丸处理速度、喷漆速度、烘干速度相匹配。

12.2.3 钢板预热

对钢板进行预热有两个作用，一是可以通过预热将钢板上部分油污和水分清除掉；另一个作用是利于后续车间底漆的干燥。预热设备可以采用中频感应加热、天然气或乙炔加热和热水喷淋加热等，各种方式各有优缺点，应根据实际情况和节能要求进行选择。一般来说，中频感应不需要增加场地，但是除油和污物效果一般；液化加热可以有效除油除污物，要求所在区域有充足的天然气或乙炔供应；热水喷淋需要设备多，占地面积大，水处理任务重，但是能够很好地清除钢材表面的异物。无论采用什么方式的加热手段，需要将钢板加热至合适温度，太低不利于油污处理和后续车间底漆的快速干燥，太高则消耗能源，同时可能导致后续漆膜起泡；钢板的预热和干燥时间应相匹配，可根据不同的气温和湿度调整，在干燥的空气中钢板的预热温度可以在 25~35℃，如果空气的湿度较大，钢板的预热温度则要上升到 35~40℃或 40℃以上。

12.2.4　抛丸

抛丸应有专门的相对密封的抛丸室，其中含有抛丸器（抛头）、磨料循环装置、磨料清扫装置、通风除尘系统等。磨料的种类很多，但是对于抛丸设备来说，利于回收、多次使用是选用的原则，可以选用的有铁丸、钢丸、钢丝段和带棱角的钢砂；从粗糙度、成本、清洁效率等角度考虑，经验数据是“钢丸加钢砂”或“钢丸加钢丝段”，配比（1~2）：1 较好。为了保证表面粗糙度在中级（40~70μm），磨料直径为 0.8~1.2mm 较为合适。

12.2.5　喷涂车间底漆

抛丸后的钢板，应立即进行车间底漆的涂装。喷涂系统以自动控制方式，包括高压无气喷涂机、自动喷枪（现在有感应喷枪）、通风除雾装置等组成，喷枪与钢板的距离一般为 0.3m 左右，下喷枪的距离一般应略小于上喷枪的距离；喷漆室的喷枪有上下均为双喷枪、上下均为单喷枪之分；上下双喷枪如 38Z40 喷头，喷涂压枪更为均匀，但漆膜容易做厚；上下单喷枪如 19Z40 喷头，压枪距离较窄，压枪痕迹较明显，漆膜容易做薄；可自动控制、自动调节喷枪往返频次，喷枪流量由泵控制，一般选用 9C 泵稳定输出。

为了防止环境污染，喷漆室应安排相应的环境保护装置，根据所用车间底漆的种类不同，含有的溶剂量不同，装置的参数匹配应可做调整，为了减少环保压力，已经有厂家开始尝试使用水性车间底漆。

12.2.6　烘干

喷漆后的钢板进入通风装置，强制通风，加快溶剂挥发速度，通风装置尾端设置烘干装置，促进其快速干燥以利于搬运。烘干炉一般采取远红外装置，节能，占用场地少。通风烘干装备长度一般 15~20m，设置走板速度 3~4m/min，钢板在通风烘干段 5min 内走完，与《船用车间底漆》GB/T 6747—2008 要求干燥时间相符，钢板从烘干段走出时就已经完成干燥，烘干的温度设定也可和气温及湿度相关，湿度大时或雨天钢板温度可设置到 40℃以上，湿度较小时钢板温度 35~40℃就好。

喷涂溶剂型车间底漆，需要及时将挥发性气体排出，防止炉内溶剂气体集聚而爆炸，并需要对排出气体进行处理，不能直接排放至大气而污染环境。喷涂溶剂型车间底漆对设备的防爆要求更高，车间气味很重，对工人身体伤害极大。

喷涂水性车间底漆，一定需要烘干和排气装置，加快水分挥发，但是由于挥发气体中 98% 成分为水汽，安全并且无环保压力，可以直接排放至大气中。

12.3 车间底漆

在钢铁被下料切割焊接之前，涂装车间底漆是一个重要的环节。车间底漆，也称为钢材预处理底漆，是防止钢材（板材和型材）在工厂储存堆积、加工和组装过程中发生锈蚀而对钢材进行表面处理后，在车间流水线上涂装的一种快干、薄涂、临时性防护的防锈底漆。ISO 12944 中对车间底漆和钢材预处理底漆之间稍微进行了区分；认为后续喷砂过程需要全部清理的底漆称为预处理底漆；而不需要全部清除，只需扫砂处理即可涂装后续涂层的底漆称为车间底漆。大多数情况下，两者是一个含义，是否需要彻底清理需要根据加工及组装后的工件情况判断。

12.3.1 车间底漆的特点

和通常的涂料相比较，车间底漆有以下几个特点。

（1）车间底漆是一种临时保护性的底漆。一般认为，在正式涂装前可以去除或保留，车间底漆厚度不计在设计厚度之内。《船用车间底漆》GB/T 6747—2008 对车间底漆的性质进行了约定，从约定和实践中，市场有一个观点，车间底漆的性能比重防腐底漆的防锈性能差；对于含锌车间底漆，其干膜中金属锌低于重防腐涂料的锌含量；对不含锌的车间底漆来说，其防腐性能更是劣于后续防腐底漆；如果为了降低成本，减少后喷砂劳动强度，一定要对车间底漆进行保留，则要在初始阶段对车间底漆的某些质量参数进行特殊约定，满足重防腐的要求。

（2）钢材涂有车间底漆以后，在焊接、切割时，该底漆不去除，对焊接焊缝质量和切割速度的影响在可接受的范围之内，也就是焊缝的表面和内在质量应不受影响，焊缝的机械强度不受影响；带漆切割时，切割速度不明显减慢，切割边缘像无漆钢板似的平滑光洁；在切割焊接过程中，不因有车间底漆而带来多余的有毒物质。

（3）车间底漆的喷涂是在自动化流水线上进行的，需要在常温下（23℃）5min 内干燥，也就是需要有快干特性。涂装后的钢板大都贮存在户外环境，保证在环境条件下有 3~12 个月的防锈性能（干膜厚 15~25μm）。

（4）因为有不彻底清理车间底漆的可能，所以需要对车间底漆和其他防腐底漆之间的配套性进行测试，涂层相容，保证层间不会脱落，因此漆膜应具有较强的耐溶剂性能，能适应涂覆各种类型的防锈漆。

（5）有良好的耐冲击性和韧性，适应带漆状态下钢材的机械加工。

（6）具有良好的耐热性，在焊接、切割、火工校正时，漆膜受热破坏面积即热影响区较小。

（7）具有低毒性，尤其是漆膜受热分解时不应产生过多的有毒气体，即使产生部分有毒有害气体，其在工人操作时的呼吸带的浓度应低于国家卫生标准规定的范围。

（8）漆膜能适应船舶的阴极保护系统。

12.3.2　通用车间底漆及其性能说明

车间底漆诞生于 1945 年前后。常用的车间底漆有：聚乙烯醇缩丁醛（PVB）车间底漆、环氧铁红车间底漆、环氧富锌车间底漆和无机锌车间底漆（分为醇溶性和水性）。

（1）PVB 车间底漆

以聚乙烯醇缩丁醛和酚醛树脂为基料，氧化铁红做颜料，又称磷化底漆。对于钢材的焊接、切割无任何不良影响，干性快，其表面能涂覆各种有机型涂料，价格便宜，但该漆在室外保护期较短（一般为 3 个月）、热加工时损伤面积较大，不适合装有阴极保护系统的船体水下部位，故其应用受到一定的限制，但仍有少量使用。

（2）环氧富锌车间底漆

环氧富锌车间底漆以环氧树脂为基料，聚酰胺树脂为固化剂，金属锌粉为主要防锈颜料，干漆膜中锌粉含量高。由于锌粉颗粒相互接触，能起到类似镀锌层的电化学保护作用，因此环氧富锌车间底漆具有很好的防锈性能，其室外保护期有 6~9 个月。

（3）环氧铁红车间底漆

为克服环氧富锌的弊端而开发了环氧无锌底漆，即环氧铁红车间底漆。环氧铁红车间底漆以环氧树脂为基料，聚酰胺树脂为固化剂，氧化铁红为主要防锈颜料，不含锌，因此加工时无氧化锌烟尘产生。

其防锈性能低于环氧富锌底漆而略高于磷化底漆，室外保护期约 4 个月左右，另一个缺点是干性稍差，抛丸预处理流水线必须安装烘干设备。

（4）无机锌车间底漆

无机锌车间底漆也被称为硅酸锌车间底漆或无机硅酸锌车间底漆。硅酸乙酯在酸或碱催化下，在醇溶剂中部分水解，以水解液作为基料，锌粉为主要防锈料，涂装后依靠吸收空气中的水分继续水解缩聚，并与锌、铁反应形成硅酸锌、铁复合盐类而紧密附着于钢铁表面，如果锌含量过高，焊接时夹渣易在焊缝内产生气孔，因此，无机硅酸锌车间底漆中的金属锌从最初的 60%~70% 缩减到现在的 20%~30%。

这种醇溶性无机锌底漆作为车间底漆有许多突出的优点，不仅有优良的防锈性，室外保护期可达 6~9 个月，而且干性快、机械性能好、耐热性能优异、热加工损伤面积小、耐溶剂性能强，是目前应用最广的一种车间底漆。

表 12–1 为几种车间底漆的性能比较。

常用车间底漆的性能比较　　表 12–1

车间底漆	PVB 车间底漆	环氧铁红车间底漆	环氧富锌车间底漆	醇溶性无机锌底漆		
				高锌	中锌	低锌
主要成分	PVB、酚醛树脂氧化铁红	环氧树脂氧化铁红	环氧树脂锌粉	硅酸乙酯锌粉	硅酸乙酯锌粉	硅酸乙酯锌粉
典型干膜厚度（μm）	20~30	20~30	20~25	15~20	15~20	15~20
干燥时间	需要烘烤	需要烘烤	需要烘烤	5 分钟	5 分钟	5 分钟
防锈蚀期（月）	3~5	3~5	6~12	9~12	6~9	3~6
耐化学品	差	很好	好	优异	很好	很好
耐热破坏	差	一般	一般	好	很好	优异
焊接性能	一般	一般	一般	一般	很好	优异
切割性能	很好	好	一般	好	很好	很好
安全与健康	一般	一般	很差	一般	一般	一般
环保特性	溶剂排放	溶剂排放	溶剂排放	大量溶剂排放	大量溶剂排放	大量溶剂排放

12.3.3　特种车间底漆

（1）耐高温车间底漆

在船舶行业，缘于对造船效率的追求和减轻工人劳动强度的需求，一种新型的耐高温车间底漆问世，其本质上也是醇溶性无机锌车间底漆，只是在原有车间底漆的基础上对成膜物和颜料进行了改性。

常用醇溶性无机富锌的成膜物为聚乙烯醇缩丁醛（PVB）和正硅酸乙酯（TEOS）水解液的醇溶液，对成膜物的改造是减少成膜物中 PVB 的含量，增加醇溶性高温树脂的含量；对颜料的改造，是调整金属锌（熔点是 419℃，沸点是 907℃）的含量，在涂料中增加耐高温陶瓷质防锈颜料。

和传统型无机锌车间底漆相比，耐高温车间底漆的耐热度从 400 ℃升到 800℃，减少了焊接和火工校正时的涂层损伤，同时减少了锌蒸汽的挥发，对工人健康有利并降低了室外暴露后车间底漆表面白色锌盐的产生量，烧损面的减小和白锈的减少大大降低了二次除锈的工作量。

（2）水性车间底漆

水性无机锌车间底漆的兴起缘于醇溶性车间底漆的环保问题。涂料厂家的醇溶无机锌车间底漆 VOCs 含量通常在 650g/L 左右（《低挥发性有机化合物含量涂料产品技术要求》GB/T 38597—2020 规定船用车间底漆不超过 580g/L），这个排放量是巨大的。水性车间底漆 VOCs 排放少，一直是追求的理想，但是由于成本和现有流水线的限制，目前水性车间底漆并没有得到广泛的实际应用。

上海振华重工（集团）股份有限公司在水性车间底漆的使用上走在前列，其通过实践发现，水性车间底漆最大的问题是成膜后耐水性的问题。因为实际生产过程中，涂有干燥后车间底漆的钢板都是贮存在室外环境中，下雨是正常现象，不具有耐水性的水性车间底漆碰到雨水后，涂层被冲走，防腐特性随之消失。因此，水性车间底漆除了应该满足《船用车间底漆》GB/T 6747—2008 的要求外，和原有的溶剂型车间底漆比较，应该增加涂层干燥后的耐水性试验，即用泡水的白色湿布来回擦拭干燥后的水性车间底漆涂层各 50 次，观察白布是否变灰，涂层是否保留，以此来鉴定涂层耐水性。已有厂家产品通过该测试，并且喷涂过程流畅不堵枪。

对照《船用车间底漆》GB/T 6747—2008 和上海振华港机公司生产车间的要求，目前水性车间底漆应满足表 12-2 的要求。

水性车间底漆的要求　　表 12-2

项目	指标
干燥时间（25℃，表干）	5min
附着力（划格）	≤ 2 级
漆膜厚度	15~20μm
耐候性（在海洋性气候中 6 个月生锈）	3 级
焊接和切割	1
成型和弯曲	2
耐水性（湿棉布擦拭法）	无脱落
VOCs 含量	≤ 20g/L

已有满足上述要求的水性车间底漆问世，通过《船用车间底漆》GB/T 6747—2008 标准的测试，和醇溶性无机锌底漆相比，其 VOCs 含量低于 10g/L；如图 12–2 所示，从烘烤装置出来后，涂层完全固化，附着力达到 1 级；如图 12–3 所示，通过耐水性测试从流水线干燥后进入下雨状态的户外环境，或采用人工浇水的方式后，涂层仍完好。

图 12–2　水性车间底漆外观和附着力测试

图 12–3　水性车间底漆耐水性测试

12.4　车间底漆的应用管理

除少量薄板（厚度＜ 4mm）和小型型材以外，在落料加工以前均应对钢材进行抛丸预处理流水线除锈并涂上车间底漆。

为了保险起见，在选用车间底漆之前，建议针对常用厂家的防锈底漆和车间底漆之间进行配套相容性实验。

【重要定义、术语和概念】

（1）车间底漆，也称为钢材预处理底漆，是防止钢材（板材和型材）在工厂储存堆积、加工和组装过程中发生锈蚀，而对钢材进行表面处理（抛丸）后，在车间流水线上涂装的一种快干、薄涂、临时性防护的防锈底漆。

（2）车间底漆的特点：

① 车间底漆是一种临时保护性的底漆；

② 车间底漆在焊接、切割时，不应影响焊缝的表面和内在质量、焊缝的机械强度、切割速度，也不应带来多余的有毒物质；

③ 车间底漆需要有快干特性，涂装后的钢板贮存在户外环境时，有 3~12 个月的防锈性能（干膜厚 15~25μm）；

④ 车间底漆和其他防腐底漆之间的配套性要好。漆膜应具有较强的耐溶剂性能，能适应涂覆各种类型的防锈漆；

⑤ 有良好的耐冲击性和韧性，适应带漆状态下钢材的机械加工；

⑥ 具有良好的耐热性，在焊接、切割、火工校正时漆膜受热破坏的面积即热影响区较小；

⑦ 具有低毒性；

⑧ 对于船舶行业来说，漆膜能适应船舶的阴极保护系统。

【参考文献】

[1] 中华人民共和国国家质量监督检验检疫总局，中国国家标准化管理委员会 . 船用车间底漆：GB/T 6747—2008[S]. 北京：中国标准出版社，2008.

[2] 汪国平 . 船舶涂料与涂装技术 [M]. 2 版 . 北京：化学工业出版社，2006.

CHAPTER 13

第 13 章

防火基础知识

【培训目标】

完成本章节的学习后，学员应了解以下内容：

（1）关于防火的重要概念；

（2）纤维类火及烃类火的行为；

（3）结构行为；

（4）被动防火材料；

（5）消防法规与消防标准；

（6）防火涂料涂装的检查项目。

13.1 概论

在各类灾难中，火灾是最频繁地威胁公众安全和造成社会经济损失的灾害之一，一旦可燃物的燃烧在时间或空间上失去控制，就可定义为火灾。为了预防建筑火灾，减少火灾危害，科学地进行防火保护，不仅可以降低火灾发生的可能性及潜在的危害，而且可以延缓结构坍塌时间和火势蔓延，为逃生和消防人员进入火灾现场争取时间，并为受困人员提供临时避难所保护生命安全等。

为了让防火设计具有科学性和高效性，必须了解建筑本身及可能发生的火灾场景，结构工程师和建筑师针对建筑及其火灾特点，基于设计的火灾场景及防火保护性能参数计算进行防火设计，对于涂装检验师而言，则需要了解防火设计目标、防火涂料选择、施工及验收相关的知识。

以下为相关名词解释：

① 耐火极限（Duration）：结构构件按时间 – 温度标准曲线进行耐火试验，

从受到火的作用起，到失去支持能力或完整性被破坏或失去隔火作用时为止的时间段，用小时（h）表示；

② T–t 曲线（Temperature - time curve）：火灾或标准耐火试验中，空气平均温度随时间变化的曲线；

③ 荷载比（Load ratio）：结构或结构件在火灾工况下的荷载效应设计值与其承载力的比值；

④ 截面系数（Section factor）：无保护钢构件每单位长度构件外表面面积与其体积的比值；

⑤ 临界温度（Critical temperature）：钢构件受火灾作用下，达到其耐火承载极限状态时的温度。

13.2　火的行为

谈到火灾，需要了解导致火灾发生的可燃物的特点。在我们的日常生活、工作中，会遇到很不同的材料或者物质，这些物质有些属于不燃材料，有些属于可燃材料，而有些则属于易燃材料。当可燃或易燃材料被点燃时，一旦失去控制就会发生火灾。因此，我们需要了解导致火灾发生的火的行为，才能制订合适的防火设计。狭义地来说，火的行为可以用着火、蔓延速度、能量释放速度三个要素来表示，常见的火焰类型有两大类：纤维类火、烃类火。

13.2.1　纤维类火

纤维类火主要指燃烧物质为木材、纸张和纺织品等类型的火，在住宅、办公室或商业环境中的火灾，通常属于纤维类火，在早期的火焰定量分析中，采用木材等高纤维类物质作为燃烧物对建筑物火灾进行评估，故称之为纤维类火，适用于住宅或公共建筑，例如机场、火车站、商业中心和体育场馆等。纤维类可燃物的着火、火焰蔓延速度及升温速度相对较为缓慢，但由于发生火灾的建筑中往往人员众多而导致严重的公共安全和损失。

一般用温度 - 时间曲线定量表述标准化纤维类火的升温。在《建筑构件耐火试验方法 第 1 部分：通用要求》GB/T 9978.1—2008 中，对该类火的 T–t 曲线数学表达式如式（13–1）表述：

$$T = 345\log(8t+1)+20 \tag{13-1}$$

式中：T 为温度（℃）；t 为时间（min）。

常见纤维类火的 T–t 曲线如图 13–1 所示。

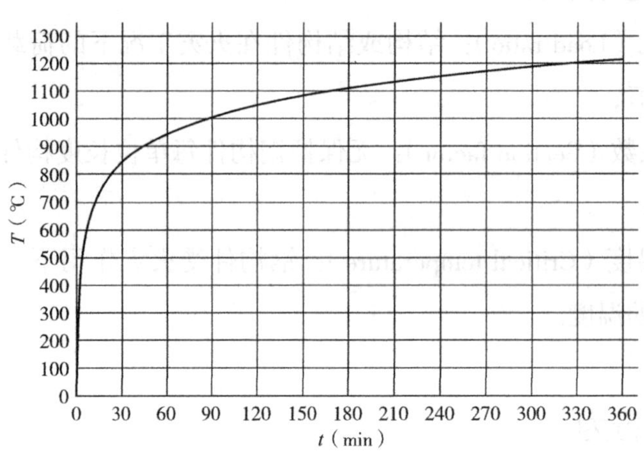

图 13–1 纤维类火的 T–t 曲线

13.2.2 烃类火

随着石油化工行业的发展，20 世纪 80 年代逐步发展出对石化行业发生火灾时的火焰（烃类火）的定性描述。烃类火的燃烧物质为石油、石油精制的烃类化工产品，相对于纤维类火不论着火速度、蔓延速度还是升温速度都更快。考虑到石化行业的特点，烃类火又分为池火（Pool fire）和喷射火（Jet fire）。API 2218 中对池火的定义为“水平放置的燃料产生的通过浮力扩散的火焰”；喷射火是一种由燃料持续燃烧而产生的在特定方向上具有显著冲力的湍流扩散火焰，喷射火多发生于有压力的情况下，例如压力管道发生泄漏，在压力的作用下燃料和空气进行了充分的混合并起火，这种火焰的升温速度最快，并伴随很高的压力，对被火焰喷射的表面会造成更大的破坏。

由于烃类火具有更快的升温速度且在火灾早期有可能带有压力，具有更强的破坏力，在防火设计中要充分考虑火灾类型及发展，比如，在石化建筑所处火灾场景中存在早期为喷射火，随着碳烃泄压蔓延而转入池火的情况。在《构件用防火保护材料 快速升温耐火试验方法》GA/T 714—2007 中，对石油化工耐火试验升温曲线做了定义，该 T–t 曲线与我们熟知的其他标准定义的烃类火焰升温一致，如 UL 1709、ISO 834 等。该类火焰 T–t 曲线主要适用于石油化学基地、海上建构筑物、近海平台、储油罐区或油气田等，这些场所通常具有高风速、炎热、强制通风、石油及各种燃气在空气中挥发等特点，会导致轰燃并使环境温度很快上升，火灾持续时间较长。

常见烃类火的 T–t 曲线如图 13–2 所示。

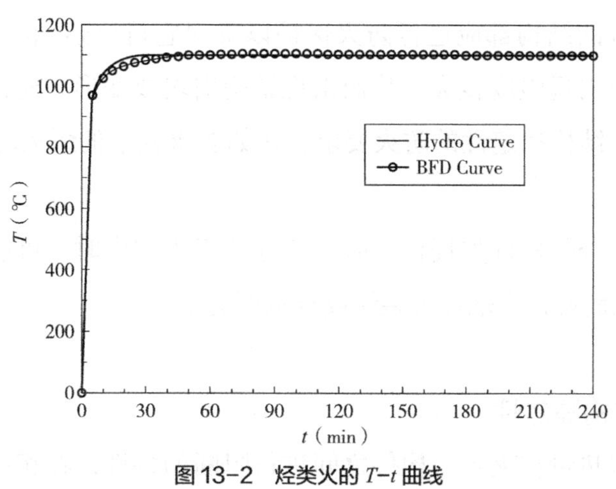

图 13–2　烃类火的 T–t 曲线

此外，在一些特种领域或特殊场所，基于其发生火灾时火灾场景的特点，有不同的时间 – 温度曲线，比如，电力耐火试验升温曲线、隧道耐火试验 HC 升温曲线、隧道耐火试验 RABT 升温曲线等。

13.3　结构行为

我们知道，在火灾中有些物质会燃烧，有些则不会。但即便是不燃烧的物质，在火灾中由于火焰的作用也会出现不同程度的失效。比如混凝土会开裂剥落、钢材会出现强度丧失等。了解火灾下建筑中结构的行为，对于我们认知防火非常重要。

以钢结构为例，钢材在火灾中并不会燃烧。但是，随着钢材温度的升高，与之对应强度会开始下降。通常情况下，钢材温度超过 300℃其强度就开始变化，当强度不足以支持承载时，则会出现坍塌现象。由于钢材的导热性能良好，火灾会导致钢材温度急剧上升或熔穿结构，从而使得处于背面的人员暴露于高温环境而伤亡等。防火涂料作为被动防火措施的重要组成部分，它可以起到延缓钢结构升温、隔热等效果，从而大大延长钢结构在火灾中的“寿命”。通常情况下，我们可以利用被动防火措施从以下几个方面对处于火灾环境的结构进行防护。

13.3.1 结构的稳定性及完整性

任何有承载的结构都应进行防火保护以确保它可以达到相应的耐火时限，否则在火灾中会出现强度丧失，从而出现结构坍塌或变形。通常在项目中遇见的较多的是关于结构稳定性的防火要求，比如要求柱子的耐火时限为3h，梁的耐火时限为2.5h。

构件尤其是分隔构件如楼板、防火墙等处于火灾中时，可能出现完整性被破坏的情况，从而使得火焰穿透裂纹或空隙而蔓延。

13.3.2 结构隔热性

隔热性是将热量在火灾与构件之间进行阻断的特性，在相应的耐火时限内如果出现下面任意一种情况，则认为结构失去隔热性：一是构件背火面平均温度升高超过140℃，二是任意一点的最高温度超过180℃（不同标准对温升的要求稍不同）。基于不同的火焰类型，按照不同的测试标准对应不同的等级要求，如表13–1所示。

防火分级 表13–1

等级	隔热时间
H120	120min（烃类火）
H60	60min（烃类火）
H0	0min（烃类火）
A60	60min（纤维类火）
A0	0min（纤维类火）

13.4 防火材料及措施

随着我国经济的快速发展，消防安全重要性日益显著，防火材料领域的各种新产品层出不穷，防火保护措施分为主动防火保护和被动防火保护。

主动防火保护主要指在火灾发生前及发生过程中的监控系统、警报系统、喷淋等其他主动灭火系统，另外相关的消防设备包括灭火器等的使用也属于主动防火保护措施。

被动防火保护则为当火灾发生时，以被动防火保护材料隔热抵御火灾的危害。常见的被动防火保护材料有混凝土、轻质水泥、蛭石水泥、矿物纤维板、防火岩棉、防火涂料等。在此，对被动防火措施中的钢结构防火涂料的分类进行探讨。

13.4.1 钢结构防火涂料分类

钢结构防火涂料按表 13–2 进行分类。

钢结构防火涂料分类表　　表 13–2

分类标准				
火灾防护对象	施工范围	分散介质	成膜物质	防火机理
普通钢结构	室内	溶剂型	有机	膨胀型
特种钢结构	室外	水性	无机	非膨胀型
—		—	有机 – 无机复合	—

其中，按防火机理分类在国际上较为通用，分为非膨胀型防火涂料和膨胀型防火涂料，其外观对比详见图 13–3。

（a）

（b）

图 13–3 钢结构防火涂料外观对比

（a）非膨胀型；（b）膨胀型

13.4.2 非膨胀型防火涂料

非膨胀型防火涂料以膨胀蛭石、膨胀珍珠岩、矿物纤维等无机绝热材料为主体，配以无机黏结剂制成，隔热性能良好，通过材料的低热导特性达到延缓热量传递到钢材表面的时间，从而满足相应的耐火极限。非膨胀型防火涂料的防火性能与厚度正相关，该类产品具有物理化学性能稳定、理论使用寿命长等特点，考虑到这类材料的内聚力及黏结强度较低，表面外观较差，更适合隐蔽性构件。作为外露构件，比如机场大空间建筑的立柱，会在非膨胀型防火层上批刮腻子层以满足外观需求，尽管批腻子有利于外观需求，但是腻子类型的选择，尤其是腻子层上还需要施工面漆时，需要考虑腻子本身的燃烧性能以及涂装体系的长效性。

此外，部分情况下还需要对通过挂网的方式确保非膨胀型防火涂层的附着力，避免出现早期开裂和剥落现象。不同的供应商对其产品的附着力及技术措施均有不同的要求，在使用时应具体咨询供应商并严格执行测试报告和认证的要求。

13.4.3 膨胀型防火涂料

膨胀型防火涂料以有机高分子材料为主，加以发泡剂、成碳剂等特殊填料和添加剂制备而成，当其受热达到一定温度时，涂层开始发泡膨胀（表层碳化）并在短时间内完成整个过程，从而形成“发泡碳化层”，阻挡热量的传递，达到防火的效果，发泡倍数与防火涂料本身的性能相关，对于薄涂型，其膨胀倍数在 40~60 倍，而厚涂型则常在 8~15 倍。通常情况下，膨胀型防火涂料的防火性能与厚度在一定范围内正相关（非线性），膨胀型防火涂料应给出最大使用厚度、最小使用厚度的等效热阻以及防火涂料使用厚度按最大使用厚度与最小使用厚度之差的 1/4 递增的等效热阻，其他厚度下的等效热阻可采用线性插值方法确定，膨胀型防火涂料的理化性能与使用寿命会依赖于防火涂料产品本身性能、涂层配套体系和服务环境等。

膨胀型防火涂料按树脂类型可分为丙烯酸类膨胀型防火涂料（薄膜类，常见于纤维类火，如图 13–4）和环氧类膨胀型防火涂料（厚膜类，常见于烃类火，部分也适用于纤维类火）。两种膨胀型防火涂层的外观对比详见图 13–5。部分环氧类产品在不同的火灾场景和耐火时限下，可能也需要进行额外的锚定（加网）

图 13-4　膨胀型防火涂层膨胀后的状态（丙烯酸类）

（a）

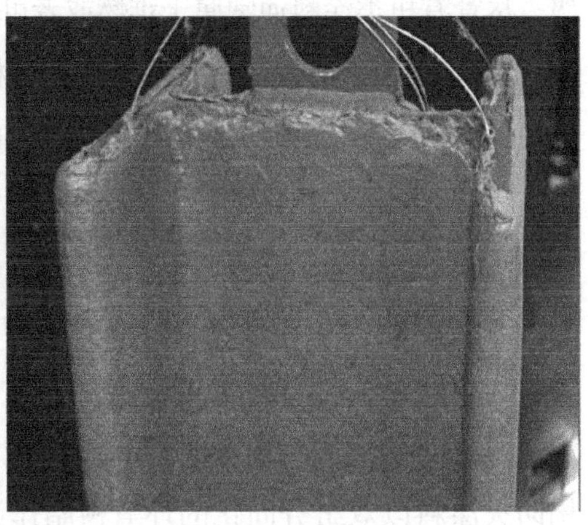

（b）

图 13-5　膨胀型防火涂层的外观对比

（a）环氧类；（b）丙烯酸类

以增加涂层的长效性能，具体应咨询供应商并严格执行测试报告和认证的要求。

有机类防火涂料产品有以下几个特征：

（1）材料的老化

膨胀型防火涂料直接暴露于腐蚀环境中时，随着时间的流逝，防火性能会受到影响。不同产品间可能存在差异，但老化情况的确存在，因此，需要基于服务环境的腐蚀情况选择合适的膨胀型防火涂料及涂层体系。通常建议腐蚀环境等级超过 C1 时，对于丙烯酸类膨胀型防火涂层体系应敷设兼容的面漆。对环氧类膨胀型防火涂料而言，通常其涂层干膜较厚，当服务环境较为恶劣时，建议在 C4 及以上等级应敷设兼容的面漆以确保长效的防火性能及外观需求。

（2）受热膨胀释放气体的毒性

膨胀型防火涂层在被动防火过程中会发生复杂的化学反应，经历“涂层变软”“发泡”“膨胀碳化”的过程，过程中发泡剂会释放出气体起到降温和发泡的作用，通常情况下释放的气体为一氧化碳（CO）、二氧化碳（CO_2）和氮氧化合物（NO_x），与火灾过程中其他可燃物质燃烧释放气体的毒性或释放量相比都要低很多。有相应的标准针对释放气体的毒性作评估，比如 EN ISO 5659-2：2017 烟箱法气体分析。因此，膨胀型防火涂料是否能在封闭空间使用，有待客观地分析与判断。

（3）材料的燃烧性

作为有机类防火涂料产品，应按照材料分类规定的测试方法确定燃烧性能等级，尽管有机类涂料通常属于难燃或者可燃类材料，但一般情况下均作为复合材料“一部分”使用，因此应科学地对“复合材料”的燃烧性能等级进行整体检测。一般情况下，由于涂料的涂覆比小，涂料中的颜料、填料较多，火灾危险性不大。

近年来，特种钢结构防火涂料在《钢结构防火涂料》GB 14907—2018 中有相关规定，以满足特殊建（构）筑物（如石油化工设施、变配电站等）钢结构对火灾防护的要求。这类建（构）筑物所处的火灾通常为烃类火灾，烃类物质燃烧时往往带有爆炸冲击波，因此，对于钢结构防火涂料而言，需要确保防火涂层体系具有优异的附着力以抵抗火灾早期的爆炸冲击波。双组分环氧类钢结构防火涂料以双组分固化的环氧树脂作为主体，适用于烃类火灾下的结构防火。因此，膨胀型防火涂料可分为单组分与双组分。

涂装检验师应着重关注防火涂料的特点及设计，不同的防火涂料优劣各异，在产品选型、施工及验收过程中应予以区别，比如涂层的强度、耐磨性、耐久性、对结构载荷的影响（轻量化）、体系的兼容性和完整性、耐腐蚀性能、材料的安全性、施工难易程度等。

13.4.4 钢结构防火涂料施工

钢结构防火涂料的施工按照施工场地可以分为车间施工和现场施工，两者有各自的特点。

（1）车间施工

① 更快的建造速度，加入建造流程避免其他工种影响，对天气依赖性小；

② 节约成本，工期更快，无需高空作业，减少材料浪费，优化用量；

③ 更好的质量控制，车间质控更为高效，检测更为方便，负责人明确；

④ 减少现场施工中断，无需封闭用于防火施工的区域，减少现场所需要工人，需要更少的设备和更短的使用时间，减少材料和设备在现场所需的储存量，减轻主要承包商为消防施工者提供通道和设施的压力；

⑤ 更环保，消除或减少喷涂漆雾问题，减少现场 VOCs 排放，喷涂导致的空气中的粉尘和纤维可能需要其他防火需求；

⑥ 充分干燥和较硬的膨胀型防火涂层有利于后续工作的开展；

⑦ 有利于 HSE 管理，避免交叉作业，更少的设备，避免危险区域施工。

对特殊项目而言，车间施工是最好的方式，如果当时间和费用受到严格限制时，车间施工可避免产生承包商在现场的间接费用，包括现场管理和现场设施相关的费用，例如住宿、工作人员日常物资供应、安保、现场简易工厂等。

（2）现场施工

① 有效避免现场的破损和减少修补量（避免运输、吊装、拼装导致的破损）；

② 减少和避免已涂装构件在现场的存放和保护；

③ 对施工场地要求较高，包括有效的避雨措施、HSE 措施等。

13.5　消防法规与消防标准

消防法规是调整消防行政关系的法律规范以及用以调整在消防技术领域中人与自然、科学、技术关系的准则或标准的总和，我国现有的消防法规体系由消防法律、消防法规、消防规章和消防标准几部分构成。

13.5.1　消防法律

《中华人民共和国消防法》是我国为了预防火灾和减少火灾危害，加强应急救援工作，保护人身、财产安全，维护公共安全而制定的国家法律文件，也是我国目前唯一一部正在实施的具有国家法律效力的专门消防法律，该法规在 1998 年发布生效，现行消防法为 2021 年修正版。

该文件包含 7 个章节，共 74 条。涂装检验师需要知悉其中的第九条 ~ 第十四条、第十九条、第二十条、第二十四条，以及第六章中法律责任中相关的违法处罚条款。

以下对部分重要的条款进行简要说明：

（1）第九条：建设工程的消防设计、施工必须符合国家工程建设消防技术标准。建设、设计、施工、工程监理等单位依法对建设工程的消防设计、施工质量负责。

说明：不同类型的建设工程基于建筑功能与火灾场景等，各对应有消防设计、施工的标准及要求。如《建筑设计防火规范（2018版）》GB 50016—2014、《石油化工企业设计防火标准（2018年版）》GB 50160—2008、《火力发电厂与变电站设计防火标准》GB 50229—2019、《石油天然气工程设计防火规范》GB 50183—2015、《建筑钢结构防火技术规范》GB 51249—2017等。对于涂装检验师，应按照相应的标准要求，对防火涂料予以验收，验收既包括使用前产品的验收，也涵盖使用过程中及施工后涂层的检测与验收。

（2）第十三条：按照国家工程建设消防技术标准需要进行消防设计的建设工程竣工，依照下列规定进行消防验收、备案：①本法第十一条规定的建设工程，建设单位应当向公安机关消防机构申请消防验收；②其他建设工程，建设单位在验收后应当报公安机关消防机构备案，公安机关消防机构应当进行抽查。依法应当进行消防验收的建设工程，未经消防验收或者消防验收不合格的，禁止投入使用；其他建设工程经依法抽查不合格的，应当停止使用。

说明：目前涂装检验师并不对最终的消防验收负责。

（3）第二十四条：消防产品必须符合国家标准；没有国家标准的，必须符合行业标准，禁止生产、销售或者使用不合格的消防产品以及国家明令淘汰的消防产品，依法实行强制性产品认证的消防产品，由具有法定资质的认证机构按照国家标准、行业标准的强制性要求认证合格后，方可生产、销售、使用。实行强制性产品认证的消防产品目录，由国务院产品质量监督部门会同国务院公安部门制定并公布。新研制的尚未制定国家标准、行业标准的消防产品，应当按照国务院产品质量监督部门会同国务院公安部门规定的办法，经技术鉴定符合消防安全要求的方可生产、销售、使用，依照本条规定经强制性产品认证合格或者技术鉴定合格的消防产品，国务院公安部门消防机构应当予以公布。

说明：钢结构防火涂料已经取消强制性产品认证（3C认证）要求，但委托单位可以就钢结构防火涂料产品申请“自愿性认证”证书，涂装检验师应基于相应的测试报告及消防主管单位的审批意见对钢结构防火涂料进行验收。

13.5.2　消防法规

消防法规或行政法规，是国务院或省、自治区、直辖市的人大及其常委会，在不与宪法、法律相抵触的前提下，制订的行政法规。比如《森林防火条例》《草原防火条例》和省市消防条例等。

13.5.3　消防规章

国务院各部委根据法律或国务院行政法规，在本部门的权限内，发布命令、指示和规章。地方省级人民政府、省级政府所在地的市政府以及经国务院批准的较大的市的人民政府，根据法律、行政法规、地方性法规，并且为了其实施而在相应的权限范围内依法制定的规范性文件。

13.5.4　消防技术标准

消防技术标准是由国务院有关主管部门单独或联合发布的，用以规范消防技术领域中人与自然、科学、技术关系的准则和标准，地方标准由地方制订并报国务院标准化行政主管部门备案，根据消防法第十条、第十一条、第十九条、第二十条，消防技术标准均具有法律效力，必须遵照执行。

防火设计规范及防火涂料测试标准都属于消防技术标准的范畴，防火设计规范标准众多，其中以《建筑设计防火规范（2018 年版）》GB 50016—2014 为主要消防设计标准，对于其他行业如果有与之对应的防火设计标准，则宜遵从其规定，比如《石油化工企业设计防火标准（2018 年版）》GB 50160—2008、《火力发电厂与变电站设计防火标准》GB 50229—2019 等。

（1）《建筑设计防火规范（2018 年版）》GB 50016—2014

《建筑设计防火规范（2018 年版）》GB 50016—2014 作为综合性的防火技术标准，涉及面非常广，适用于新建、扩建及改建的建筑，包括厂房、仓库、民用建筑、甲、乙、丙类液体储罐（区）、可燃、助燃气体储罐（区）、可燃材料堆场、城市交通隧道。作为涂装检验师，需要对耐火等级及对应的耐火极限有一定的了解，钢结构主要用于柱、梁、楼板、屋顶承重构件、疏散楼梯，其不同耐火等级下的耐火极限如表 13–3 所示。

结构构件耐火等级 表 13–3

构件名称	耐火等级			
	一级	二级	三级	四级
柱	3 小时	2.5 小时	2 小时	0.5 小时
梁	2 小时	1.5 小时	1 小时	0.5 小时
楼板	1.5 小时	1 小时	0.75 小时	0.5 小时
屋顶承重构件	1.5 小时	1 小时	1.5 小时	无要求
疏散楼梯	1.5 小时	1 小时	0.75 小时	无要求

防火等级的设定基于建筑物或构造物的用途，可查阅《建筑设计防火规范（2018 年版）》GB 50016—2014 的相关条款理解。

为了确保构件在实际火灾中满足相应的耐火时限要求，同时可以长效服务于构件所暴露的环境，钢结构用防火涂料应通过相应的性能检测评估。不同的国家或地区，都有针对本区域的性能评估测试标准与流程，比如 BS 476、UL 263 和 EN 13381 等。

我国针对不同构件或基材用防火涂料有相应的标准要求，比如用于混凝土构件防火涂料的测试标准《混凝土结构防火涂料》GB 28375—2012，用于钢结构防火涂料的测试标准《钢结构防火涂料》GB 14907—2018 等。

（2）《钢结构防火涂料》GB 14907—2018

《钢结构防火涂料》GB 14907—2018 标准相对于 2002 版本，在内容及要求上有了大幅度的改动。新标准的发布与实施更加贴合本国国情，同时也在向欧美发达国家的防火涂料认证理念靠拢，标准的主体内容及重要变化如下。

① 增加了术语——截面系数

截面系数指无保护钢构件每单位长度外表面面积 F 与单位长度对应体积 V 的比值。以图 13–6 所示型钢为例，其截面系数：$F/V = (2h+b+2b-2t_w)/[2*(b*t_f)+(h-2*t_f)*t_w]$

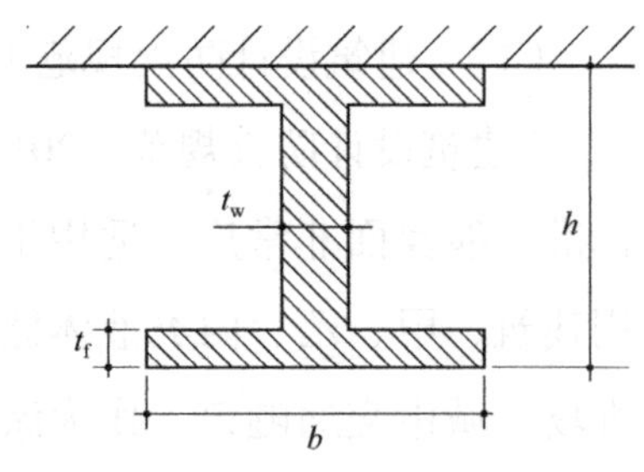

图 13–6 型钢截面几何尺寸

截面系数反映出不同尺寸的型钢及在不同的暴露面下的吸热速度，也就进一步说明不同的型钢构件在同样的耐火时限以及载荷比的要求下，其需要的防火涂料的厚度不同。这与 BS 476、UL 263、AS 1530 和 EN 13381 等标准对于型钢的防火保护理念一致。

② 标准对产品分类、型号命名进行了更新

产品分类在前文中已经阐述，此处不再赘述。

产品型号命名在《钢结构防火涂料》GB 14907—2018 标准中有新的要求，型号将依照耐火性能分级。钢结构防火涂料的耐火极限分为：0.50h、1.00h、1.50h、2.00h、2.50h 和 3.00 h。钢结构防火涂料的耐火性能分级代号如表 13-4 所示。

钢结构防火涂料耐火性能分级代号　　表 13-4

耐火极限（F_r）h	耐火性能分级代号	
	普通钢结构防火涂料	特种钢结构防火涂料
$0.50 \leqslant F_r<1.00$	$F_p0.50$	$F_t0.50$
$1.00 \leqslant F_r<1.50$	$F_p1.00$	$F_t1.00$
$1.50 \leqslant F_r<2.00$	$F_p1.50$	$F_t1.50$
$2.00 \leqslant F_r<2.50$	$F_p2.00$	$F_t2.00$
$2.50 \leqslant F_r<3.00$	$F_p2.50$	$F_t2.50$
$F_r \geqslant 3.00$	$F_p3.00$	$F_t3.00$

注：F_p 采用建筑纤维类火灾升温试验条件；F_t 采用烃类（HC）火灾升温试验条件。

③ 防火涂料性能要求做了更新

为了进一步确保防火涂料的性能，在产品测试要求章节中，对防火涂料的理化性能（耐候性能）及耐火性能测试进行了更新和调整。

钢结构防火涂料除进行耐火性能测试，还应依据其具体的使用环境进行理化性能检测。理化性能的要求基于室内、室外及膨胀型或非膨胀型防火涂料做出相应的要求。

在进行耐火性能形式检测时，膨胀型钢结构防火涂料的涂层厚度不应小于 1.5mm，非膨胀型钢结构防火涂料的涂层厚度不应小于 15mm。

此外，针对应用于不同火灾场景的钢结构防火涂料，《钢结构防火涂料》GB 14907—2018 规定了两种测试用火焰曲线，普通钢结构防火涂料采用建筑纤维类火灾升温曲线，特种钢结构防火涂料采用烃类（HC）火灾升温曲线。在进行相应的性能评估时，涂料生产厂家应按照其产品的使用范围选择合适的火焰曲线，涂装检验师在进行检验时，应根据项目需求核实其产品的适用范围。

耐火性能试验方法，采用 HN 400 × 200 热轧 H 型钢（截面系数为 161m^{-1}）和 36b 热轧工字钢（截面系数为 126m^{-1}），并在测试型钢上按照《建筑构件耐火试验方法 第 6 部分：梁的特殊要求》GB/T 9978.6—2008 设置测温热电偶（图 13–7），用以监测型钢的升温。

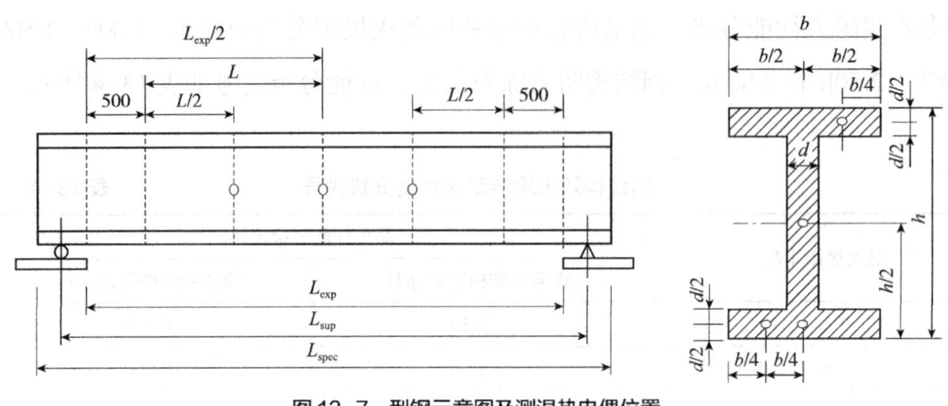

图 13–7 型钢示意图及测温热电偶位置

待涂层养护完成之后，将待测试型钢置于测试炉之上，在约定的火焰曲线下进行耐火性能测试，对应钢结构防火涂层的耐火极限以构件失去承载能力（最大弯曲变形量超过 $L_0^2/400h$）或测温热电偶测得的平均温度达到规定值 538℃的时间来确定（任一失效判定条件先达到即停止试验），获得的耐火性能按照表 13–5 进行分类。

钢结构防火涂料的耐火性能　　表 13–5

产品分类	耐火性能										缺陷类别
	膨胀型				非膨胀型						
普通钢结构防火涂料	F_p0.50	F_p1.00	F_p1.50	F_p2.00	F_p0.50	F_p1.00	F_p1.50	F_p2.00	F_p2.50	F_p3.00	A
特种钢结构防火涂料	F_t0.50	F_t1.00	F_t1.50	F_t2.00	F_t0.50	F_t1.00	F_t1.50	F_t2.00	F_t2.50	F_t3.00	

注：耐火性能试验结果适用于同种类型且截面系数更小的基材。

（3）《建筑钢结构防火技术规范》GB 51249—2017

《建筑钢结构防火技术规范》GB 51249—2017，适用于工业与民用建筑中的钢结构以及钢管混凝土柱、压型钢板 – 混凝土组合楼板、钢与混凝土组合梁等组合结构的防火设计及其防火保护的施工与验收。

防火设计章节的核心内容在于设计人员需要基于计算确定结构耐火承载极限状态，从而进行耐火验算与防火设计，而不再是简单的“一刀切”的形式。同时，该标准对《建筑设计防火规范（2018 年版）》GB 50016—2014 中部分构件的耐火极限进行了补充说明，柱间支撑的耐火极限应与柱相同，楼盖支撑的耐火极限应与梁相同，屋盖支撑和系杆的设计耐火极限应与屋顶承重构件相同。值得注意的是，该标准对防火涂料的隔热性能提出了“等效热阻”和“等效热传导系数”这两个指标，并规定了计算方法。

《建筑钢结构防火技术规范》GB 51249—2017 对钢结构防火涂料的施工与验收给出了指导性的意见，主要包括：

① 文件资料检查。包括主要材料、成品和构配件的产品合格证（中文产品质量合格证明文件、规格、型号及性能检测报告等）、施工工艺文件及进场复验报告、施工过程中重要工序的自检和交接检记录、抽样检验报告、见证检测报告、隐蔽工程验收记录等。

② 材料入场检查。包括必要的文件、材料复检。

③ 底漆或中间漆防腐涂装检验。

④ 防火涂料涂装时的环境温度和相对湿度应符合涂料产品的相关要求，同时对涂装时的温度提出了较高要求，过高的气温或者底材温度可能会导致溶剂型产品出现局部“起泡”现象，从而出现附着力下降或防火失效的情况。

⑤ 防火涂料涂装时的施工应符合产品说明书或专项施工工艺的要求。

⑥ 防火涂层的厚度不得小于设计厚度。非膨胀型防火涂料涂层最薄处的厚度不得小于设计厚度的 85%。平均厚度的允许偏差应为设计厚度的 ±10%，且不应大于 ±2mm。膨胀型防火涂料涂层最薄处厚度的允许偏差应为设计厚度的 ±5%，且不应大于 ±0.2mm。

⑦ 膨胀型防火涂料涂层的裂纹宽度不应大于 0.5mm，且 1m 长度内均不得多于 1 条；当涂层厚度小于或等于 3mm 时，不应大于 0.1mm。非膨胀型防火涂料涂层表面的裂纹宽度不应大于 1mm，且 1m 长度内不得多于 3 条。

而《钢结构防火涂料》GB 14907—2018 对防火涂料涂层的裂纹要求有了新的变化，膨胀型防火涂料涂层不应出现裂纹，而非膨胀型防火涂料涂层的裂纹宽度不应大于 0.5mm。

（4）《钢结构防火涂料应用技术规程》T/CECS 24—2020

该标准相对而言较早，部分技术要求可能与最新的标准有所出入。但仍有项目在引用该标准用于施工及验收，其中部分条款和要求值得参考。

① 钢结构与相应的附属构件应安装完毕并验收合格后，方可进行防火涂料施工。

② 施工防火涂料应在室内装修之前且不被后续工程所损坏的条件下进行。施工时，对不需要作防火保护的部位和其他物件应进行遮盖保护，刚施工的涂层，应防止污染和机械损伤。

③ 防火涂层体系应相互配套并兼容。

④ 防火涂层厚度符合设计要求，最低点不低于设计要求的 85%，且连续部位长度不超过 1m。

其他相应的国标或行业标准对于钢结构防火涂料的设计、施工及验收也有相关的描述，比如《工业建筑涂装设计规范》GB/T 51082—2015 规定防火涂料与防腐蚀涂层具有相容性，防火涂料应与环境相适应；当钢结构采用膨胀型防火涂层的配套体系时，应包含防腐蚀底漆、中间漆、防火涂层和防腐蚀面漆；在弱、微腐蚀环境下，如果防火涂层能够满足耐久性要求，可不设防腐蚀面漆；当腐蚀环境恶劣且有外观需求时，应施工面漆，但面漆不应对防火涂料膨胀性有不良影响，同时面漆不能过厚，建议不超过 100μm，否则会抑制防火涂料在火灾下的膨胀性能。

非膨胀型防火涂料通常用于隐蔽工程防火需求。外露钢结构由于外观或其他防腐蚀需求，可能会施工面漆或包裹装饰材料，如果施工面漆则会遇到用腻子找平的情况，由于腻子层对防火涂层体系有一定影响，其使用需要获得防火涂料供应商的确认。对膨胀型防护涂料而言，通常情况下不建议施工腻子层，因其在一定程度上会限制膨胀型防火涂层的膨胀。

底漆系统对于防火涂料尤为重要，不兼容的底漆系统既不能保证防火涂层的有效附着，尤其是在火灾情形下的有效附着，也不能保障体系的长效防腐蚀性能。因此，在对底漆系统进行选型和厚度设计时，应在参考 ISO 12944 的同时评估其与防火涂料的兼容性，过厚或者不兼容的底漆系统均不合适。

因此，在对防火涂层体系进行检验之前，应咨询并关注防火涂料厂家对涂料施工的具体要求，至少要参考或评估以下内容：

① 产品技术说明书、安全数据手册；

② 详细的施工方案，包括各道涂层接受的最低、最高干膜厚度、涂层间的覆涂间隔要求（比如面漆施工前防火涂层的干燥、养护时间和养护条件）、涂装构件的存放、包装、运输要求等；

③ 施工人员资质要求；

④ 健康安全环境要求。

13.5.5　产品认证

钢结构防火涂料投入市场前，应有相应的测试和认证。不同的国家和地区对于防火涂料的测试和认证不同，但流程上基本上一致，包括工厂审查、产品测试、获证监督等。不同之处主要在于认证机构，认证细则包括测试标准的差异。

在实际项目中如何选择合适的产品认证取决于项目在防火设计中所参考的标准和规范。比如，防火设计遵循《建筑设计防火规范（2018 年版）》GB 50016—2014 时，相应的防火涂料则应符合《钢结构防火涂料》GB 14907—2018 和《建筑钢结构防火技术规范》GB 51249—2017 的要求；当防火设计遵循英国 2010 年建筑法规时，那么相应的防火涂料则应依照 BS 476 进行测试评估，部分测试标准及其被认可的区域如表 13-6 所示。

主流测试标准及其被认可的区域　　表 13-6

标准编号	执行区域（部分）
UL 263/ASTM E119-22	美国、加拿大、中东
BS 476 第 20 和 21 节	英国、中东、印度、东南亚、新西兰、中国香港、中国澳门
GOST	俄罗斯
AS 1530	澳大利亚
EN 13381-8	欧盟成员国
《钢结构防火涂料》GB 14907—2018 和《建筑钢结构防火技术规范》GB 51249—2017	中国内地、中国澳门

此外，还有 UL 1709、ISO 22899 等其他测试标准用于不同的火灾情形。

我国对钢结构防火涂料的认证有过强制性认证要求，钢结构防火涂料在投入市场前取得 3C 证书（中国强制性产品认证），但随着国家市场监督管理总局、应急管理部关于取消部分消防产品强制性认证的公告的落实，包括防火涂料在内的 13 类消防产品不再有强制性认证要求，原则上只需要取得相关性能测试报告之后就可以在市场流通使用。

自愿性认证的流程与 3C 认证流程基本一致，包括型式试验、初始工厂检查、获证后监督。

型式试验可以由认证机构指定实验室完成，也可合理利用工厂检测资源开展。其试验检测项目依据认证标准的规定，体现防火材料产品安全性能与使用性能的适用项目。

初始工厂检查也可以理解为工厂质量保证能力与产品一致性检查。型式试验合格后，方可进行工厂质量保证能力和产品一致性检查。

获证后的监督是指认证机构对获证产品、生产者 / 生产企业实施的监督，获证后监督的方式为，获证后生产现场抽取样品检查（或检测）、获证后使用领域抽取样品检查（或检测）、消防产品获证跟踪管理云平台检查、获证后的跟踪检查等任一种方式或多种方式结合。

13.6 检查清单（Check list）

防火涂装检验师在对防火涂层进行检测时，应对产品的施工质量进行监督。检验师还应对相关的防火设计有所了解，主要考虑到某些特定的项目在进行防火设计时对于防火涂料的选项与施工有相应的要求，有的甚至需要开展涂装试验并培训施工人员和检测人员。因此，防火涂装检验师应熟悉项目防火设计及防火产品的相关信息。以下检查清单供参考，如表 13–7 所示。

防火涂料涂装的检查清单　　表 13–7

编号	项目	程序	合格要求
1	设计要求①	文件检查	设计合理有效
2	产品认证要求②	文件检查	独立测试报告或第三方认证证书
3	证书情况	文件检查	合格有效

① 设计要求包括火灾场景、使用环境及耐火时限和项目引用标准体系等。

② 产品认证要求包括具体的认证标准和认证机构信息等。

续表

编号	项目	程序	合格要求
	产品文件		
4	产品说明书、安全说明书	文件检查	有效并合规
	施工工艺	文件检查	
	设计涂装	文件检查	
	其他技术文件①	文件检查	
	表面处理		
5	表面清理，除油脂及其他污染物	视觉	无残留
	表面除锈清洁度	ISO 8501-1	Sa $2^1/_2$ 或其他设计要求
	表面粗糙度	ISO 8503-2：2012	符合设计要求
	表面灰尘清洁度	ISO 8502-3：2012	符合设计要求
	底漆施工		
6	底漆牌号、颜色、批次检查	文件	符合设计要求
	底漆预涂（如果适用）	视觉	
	底漆湿膜、干膜厚度检测	ISO 2808	符合设计要求
	底漆干燥 / 固化检测	视觉	符合产品说明书
	防火涂料施工		
7	防火涂料牌号、颜色、批次检查	文件	符合设计要求
	气候环境条件检查，大气温度、钢板温度、相对湿度、露点	ISO 8502-4	符合施工工艺要求
	防火涂料预涂（如果适用）	视觉	
	防火涂料湿膜、干膜厚度检测	ISO 2808	符合耐火时限要求
	防火涂料干燥 / 固化检测	视觉	符合产品说明书
	面漆施工（如果适用）		
8	气候环境条件检查，大气温度、钢板温度、相对湿度、露点	ISO 8502-4	符合施工工艺要求
	面漆牌号、颜色、批次检查	文件	符合设计要求
	面漆预涂（如果适用）	视觉	
	面漆湿膜、干膜厚度检测	ISO 2808	符合设计要求
	面漆干燥 / 固化检测	视觉	符合产品说明书
	完工检查		
9	干膜厚度	ISO 2808	符合设计要求
	外观检测	视觉	—
	报告	文件检测	—

① 其他技术文件包括详细的防火区域（图纸或细节）与对应的耐火时限及防火涂层厚度、现场涂装试验、质控手册或检验测试计划、涂装施工培训或技术交底（工前会议）的相关记录材料等。

此外，防火涂装检验师应对涉及防火涂料施工及防火涂层检测的工具予以了解，目的在于更好地判断涂层施工质量是否符合相关要求。钢结构防火涂料的类型不同，其施工与检测设备有所不同，分别以非膨胀型和膨胀型防火涂料为例，列举一些重要的施工与检测设备。

（1）非膨胀型防火涂料的施工与检测设备（图 13–8、图 13–9）；

（2）膨胀型防火涂料的施工与检测设备（图 13–10~ 图 13–13）。

通常情况下，膨胀厚涂型防火涂料的厚度较厚，由于厚涂型产品的固体分基本为 100%，所以传统干膜测厚仪难以准确测量，可以通过湿膜检测判断最终的干膜厚度。

图 13–8　喷涂机（挤压式）

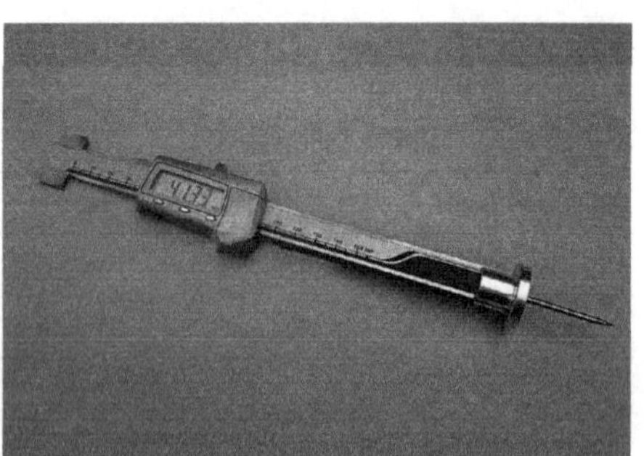

图 13–9　厚度检测仪

图 13–10　高压无气喷涂机（单柱）

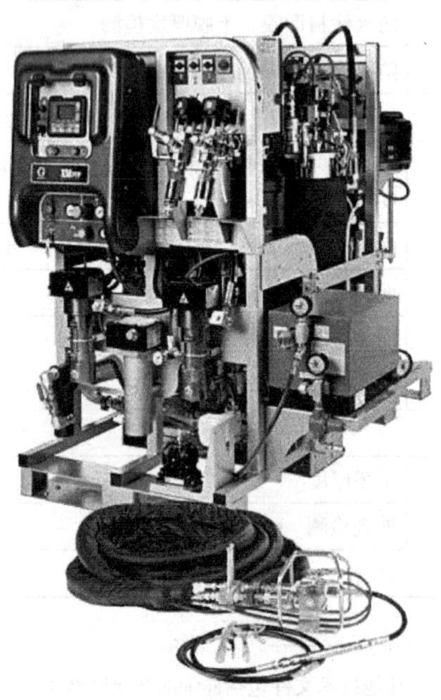

图 13–11　高压无气喷涂机（双组分）

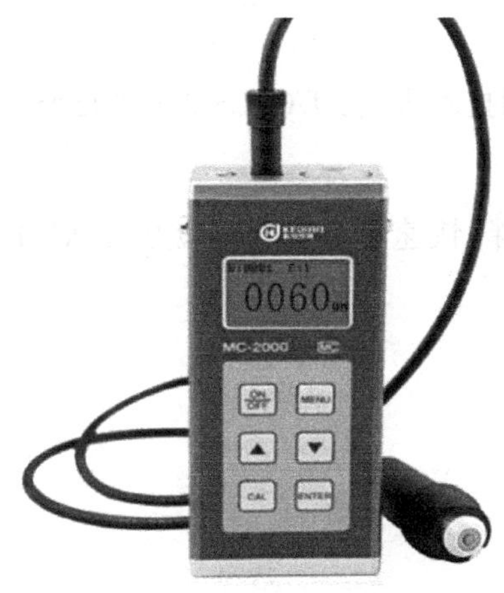

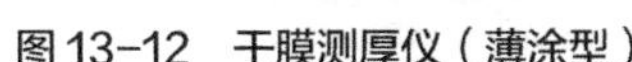
图 13-12　干膜测厚仪（薄涂型）

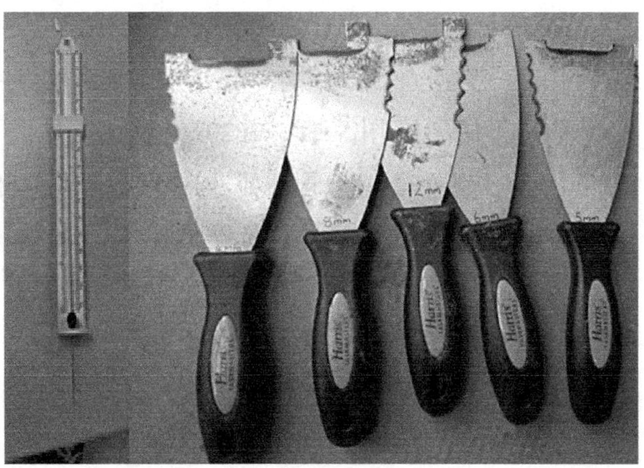

图 13-13　两类湿膜检测仪（厚涂型）

【重要定义、术语和概念】

（1）纤维类火：主要指燃烧物质为木材、纸张和纺织品等的火。在住宅、办公室或商业环境中材料作为燃烧物的火灾，通常属于纤维类火。

（2）烃类火：燃烧物质为石油、石油精制的烃类化工产品，不论从着火速度、蔓延速度还是升温速度，相对于纤维类火都更快。烃类火又细分为两类：池火和喷射火，在 API 2218 中对池火的定义为“水平放置的燃料产生的通过浮力扩散的火焰”。喷射火是一种由燃料持续燃烧而产生的在特定方向上具有显著冲力的湍流扩散火焰。

（3）被动防火保护：当火灾发生时，启动“被动隔热”防火措施来抵御火灾的危害。常见的被动防火措施有混凝土、轻质水泥、蛭石水泥、矿物纤维板、防火岩棉、膨胀型防火涂料等。

【参考文献】

[1] 中华人民共和国住房和城乡建设部 . 建筑设计防火规范：GB 50016—2014[S]. 北京：中国计划出版社，2014.

[2] 国家市场监督管理总局，国家标准化管理委员会 . 钢结构防火涂料：GB 14907—2018[S]. 北京：中国标准出版社，2018.

[3] 中华人民共和国住房和城乡建设部 . 建筑钢结构防火技术规范：GB 51249—

2017[S]. 北京：中国计划出版社，2017.
[4] 中国工程建设标准化协会 . 钢结构防火涂料应用技术规范：T/CECS 24—2020[S]. 北京：中国计划出版社，2020.
[5] 中华人民共和国应急管理部 . 构件用防火保护材料 快速升温耐火试验方法：XF/T 714—2007[S]. 北京：中国标准出版社，2008.

CHAPTER 14

第 14 章

涂装检验员应知的标准知识

【培训目标】

完成本章节的学习后，学员应了解以下内容：

（1）标准的定义、类别

（2）标准的制定组织

（3）使用标准的必要性

（4）钢结构涂装标准（ISO 12944）简介

14.1 概述

行业内存在多种对标准的定义，国际标准化组织（ISO）以“指南”的形式对标准作出统一规定：标准是由一个公认的机构制定和批准的文件，对活动或活动的结果规定了规则、导则或特殊值，供共同反复使用，以实现在预定领域内最佳秩序的效果。

国家标准《标准化工作指南 第 1 部分：标准化和相关活动的通用术语》GB/T 20000.1—2014 中对标准的定义是：通过标准化活动，按照规定的程序协商一致制定，为各种活动或其结果提供规则、指南或特性，供共同使用和重复使用的文件。

经第七届全国人民代表大会常务委员会第五次会议（1988 年 12 月 29 日）通过，2017 年 11 月 4 日第十二届全国人民代表大会常务委员会第三十次会议修订的《中华人民共和国标准化法》的第一章总则的第二条规定：本法所称标准（含标准样品），是指农业、工业、服务业以及社会事业等领域需要统一的技术要求。

14.2 标准常识

如果按类别分，国内标准可以分为国家标准、行业标准、地方标准、团体标准和企业标准。国家标准分为强制性标准、推荐性标准，行业标准、地方标准是推荐性标准。强制性标准是必须严格执行的，强制性标准文本应当免费向社会公开。而推荐性标准可自愿采用，国家鼓励采用推荐性标准，正推动免费向社会公开推荐性标准文本。

对保障人身健康和生命财产安全、国家安全、生态环境安全以及满足经济社会管理基本需要的技术要求，应当制定强制性国家标准（GB），国务院有关行政主管部门依据职责负责强制性国家标准的项目提出、组织起草、征求意见和技术审查。省、自治区、直辖市人民政府标准化行政主管部门以及社会团体、企业事业组织和公民也可以向国务院标准化行政主管部门提出强制性国家标准的立项建议，由国务院标准化行政主管部门会同国务院有关行政主管部门决定。

14.2.1 标准编号

强制性国家标准由国务院批准发布或者授权批准发布。对满足基础通用、与强制性国家标准配套、对各有关行业起引领作用等需要的技术要求，可以制定推荐性国家标准（GB/T），推荐性国家标准由国务院标准化行政主管部门制定，强制性国家标准和推荐性国家标准的编号举例如图 14–1 和图 14–2 所示。

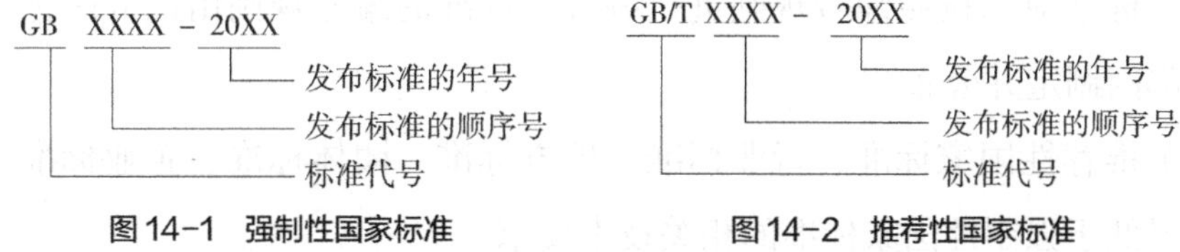

图 14–1 强制性国家标准　　图 14–2 推荐性国家标准

对没有推荐性国家标准，但需要在全国某个行业范围内统一的技术要求，可以制定行业标准。行业标准由国务院有关行政主管部门制定，报国务院标准化行政主管部门备案。推荐性行业标准编号举例如图 14–3 所示。

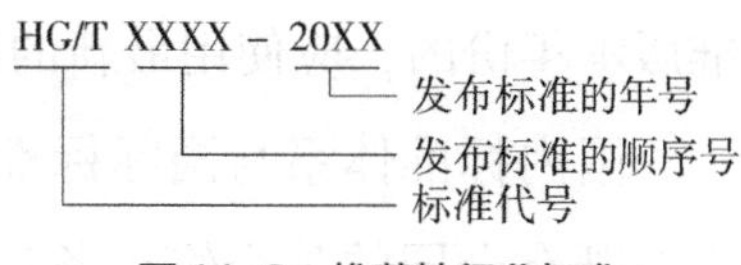

图 14–3 推荐性行业标准

为满足地方自然条件、风俗习惯等特殊技

术要求，可以制定地方标准（DB）。地方标准由省、自治区、直辖市人民政府标准化行政主管部门制定；设区的市级人民政府标准化行政主管部门根据本行政区域的特殊需要，经所在地省、自治区、直辖市人民政府标准化行政主管部门批准，可以制定本行政区域的地方标准。其编号由四部分组成："DB（地方标准代号）" + "省、自治区、直辖市行政区代码前两位" + "/" + "顺序号" + "年号"，例如：《挥发性有机物排放标准 第 6 部分：有机化工业》DB 37/2801.6—2018 是山东省在 2018 年发布的地方标准。

国家鼓励学会、协会、商会、联合会、产业技术联盟等社会团体协调相关市场主体共同制定满足市场和创新需要的团体标准（T），由团体成员约定采用或者按照团体的规定供社会自愿采用。国务院标准化行政主管部门会同国务院有关行政主管部门对团体标准的制定进行规范、引导和监督。团体标准的编号由四部分组成："T（团体标准代号）" + "/" + "团体标准名称" + "顺序号" + "年号"，例如：《低 VOCs 含量高固体分、超高固体分和无溶剂环氧涂料定义》T/CNCIA 01005—2022，是中国涂料工业协会在 2022 年发布的团体标准。

企业可以根据需要自行制定企业标准（Q），或者与其他企业联合制定企业标准。国家支持在重要行业、战略性新兴产业、关键共性技术等领域利用自主创新技术制定团体标准和企业标准。

14.2.2 标准制定原则

对于标准的理解，以下几点相当重要。

（1）标准应当按照编号规则进行编号，标准的编号规则由国务院标准化行政主管部门制定并公布。

（2）推荐性国家标准、行业标准、地方标准、团体标准、企业标准的技术要求不得低于强制性国家标准的相关技术要求。

（3）国家鼓励社会团体、企业制定高于推荐性标准相关技术要求的团体标准、企业标准。

（4）采用标准时指定了标准版本年份的，应使用对应的版本，如未指定标准版本年份的，应使用最新的版本。

国内标准体系与国际标准体系不完全相同，对于国际项目，除非在合同文件或既有合同的某个修正条款中引用一项标准，否则该标准对项目不具有约束力。也有例外的情况，比如《所有类型船舶专用海水压载舱和散货船双舷侧处所保护涂层性能标准》IMO PSPC 和《原油油船货油舱保护涂层性能标准》IMO PSPC COT，无论是否在合同中引用，均对项目有约束力，这两个关于船舶的标准在全球均为“强制”执行。

14.2.3　国际标准体系

涂装检验师既应了解国内的标准体系，还应尽可能了解国际标准体系，国际上普遍认同的标准组织是“国际标准化组织”，即 ISO，其制定了 ISO 标准体系；还有一些标准虽然不是“国际”ISO 标准化体系，但其在国际也有相当影响力，一并列出如下：

① ISO，即：International Organization for Standardization（或 International Standard Organization）国际标准化组织；

② SSPC，即：The Society for Protective Coatings 美国防护涂料协会（原名称为 Steel Structure Painting Council 钢结构涂装理事会）；

③ NACE International，即：National Association of Corrosion Engineers International 美国国际腐蚀工程师协会；

④ ASTM，即：The American Society for Testing and Materials 美国试验与材料协会。

上述后三个标准组织属于美国，完整地涵盖了关于涂料涂装的标准。

除了“国际标准”，还有几个国家间相互认可的标准，可称之为“区域标准”。比如：澳大利亚 / 新西兰联合标准（AS/NZS），其中就包括《使用保护涂层防止钢结构大气中腐蚀指南》AS/NZS 2312：2002（2004 年 1 月修订）；欧盟标准（EU 标准）也是典型的区域标准。

标准就是话语权，涂料涂装标准对市场行为有巨大影响，希望有越来越多的涂料涂装企业能支持国内标准制定。

使用标准可以统一认识；使程序和设备规范化；使生产合理化并避免纠纷。

涂料涂装从业人员并不需要了解现行所有标准，但要理解并执行工程合同和规格书中要求的标准，并且只需按工程合同和规格书达到标准要求即可，可以高于但不应强求高于标准要求。培训教材重点介绍过的一些标准需要熟悉并掌握，在此重点介绍 ISO 12944 标准。

14.3 钢结构防腐蚀标准 ISO 12944 和 GB/T 30790

14.3.1 ISO 12944 和 GB/T 30790 简介

ISO 12944 的全称是《色漆和清漆——防护涂料体系对钢结构的防腐蚀保护》，最初颁布于 1998 年，是关于防护涂料体系对钢结构防腐蚀保护的最主要的国际标准之一。该标准共有 8 个部分，各部分规定了如何获得适当的钢结构防腐蚀保护效果，经过 20 多年的发展，业主、规格书制定者、设计院所、涂料公司、制造厂商、涂装公司都把其作为重要的技术依据。中国也于 2014 年参考了 ISO 12944，制定了国家标准《色漆和清漆 – 防护涂料体系对钢结构的防腐蚀保护》GB/T 30790。

ISO 12944 分别在 2017 年和 2018 年进行了全面修订，于 2018 年，将《色漆和清漆 海上平台及相关结构的保护性涂料系统的性能要求》ISO 20340 纳入成为第 9 部分，因此，现行的 ISO 12944 共 9 个部分，各部分的标题如下：

第 1 部分：总则；

第 2 部分：腐蚀环境分类；

第 3 部分：设计考虑；

第 4 部分：表面类别和表面处理；

第 5 部分：防护涂料体系；

第 6 部分：实验室性能测试方法；

第 7 部分：涂装工作的执行和监督；

第 8 部分：新建和维修规格书制订；

第 9 部分：海上平台和相关结构的保护涂料体系和实验室性能测试方法。

14.3.2 ISO 12944 要点

上述 9 个部分可见 ISO 12944 的内容非常丰富，涉及涂料涂装各方面，很难将其要点全部进行阐述，在此摘取普遍认为关键的要点简述如下。

（1）ISO 12944 所涵盖的防护功能

所有部分仅涵盖了涂料体系的防腐蚀保护功能，针对其他情况的防护功能，如：微生物（海洋污损生物、细菌、真菌等）、化学品（酸、碱、有机溶剂、气体等）、机械功能（磨损等）和防火，未包含在 ISO 12944 的所有部分中。

（2）ISO 12944 应用领域之结构类型

所有部分适用于厚度不低于 3mm 的碳钢或低合金钢（例如符合 EN 10025-1 和 EN 10025-2）制成的结构，并且这些结构设计要经过认可的强度计算，钢混凝土组合结构没有包含在 ISO 12944 中。

（3）ISO 12944 应用领域之表面类型和表面处理

所有部分适用于以下由碳钢或低合金钢构成的表面类型和表面处理：

① 无涂层表面；

② 热喷涂锌、铝或其合金的表面；

③ 热浸锌表面；

④ 电镀锌表面；

⑤ 粉末镀锌表面；

⑥ 涂覆预涂底漆表面；

⑦ 其他已涂漆表面。

（4）ISO 12944 应用领域之环境类型

所有部分涉及的环境类型包括大气环境。分为 6 种大气腐蚀性等级（见 2.3.1 节）。

结构浸没在水中或埋在土壤中分为 4 种等级：

① Im1 淡水；

② Im2 海水或微咸水，没有阴极保护；

③ Im3 土壤；

④ Im4 海水或微咸水，带有阴极保护。

（5）ISO 12944 应用领域的防护涂料体系类型

所有部分涵盖在环境条件下干燥和固化的一系列涂料产品，但不包括：

① 粉末涂料；

② 烤漆；

③ 热固化涂料；

④ 储罐内表面的防护涂层（衬里）。

（6）ISO 12944 应用领域之工作类型

所有部分适用于新建涂装和维修涂装。

（7）ISO 12944 应用领域之防护涂料的耐久性

所有部分规定了 4 种不同的耐久性范围（见 4.5.2 节）。

防护涂料的耐久性不是“担保期限”，只是能够帮助业主制定维修计划的技术考量参数，担保期限是在合同管理部分中具有法律效力的条款，担保期限通常比耐久性短，且没有规则来阐述这两个时间的关联性。

在以上诸多要点中，环境（条件）类型和涂料体系的耐久性是选择涂料体系的主要参数，除了以上要点之外，以下知识点也很重要：

① 原则上，腐蚀性等级 C1 下不需要腐蚀防护，但若由于美观原因要涂装的话，可以选择一个用于腐蚀性等级 C2 下的体系（低耐久性）；

② 涂料在“正常储存条件”，通常认为储存温度在 5~30℃范围内，各组分在其原装容器内能保持较好性能；

③ 不连续的焊接和点焊只能用在腐蚀风险非常小的部位；

④ 对于防护涂料体系来说，达到 ISO 8503-1 中的“中等（G）”或“中等（S）”表面粗糙度等级是特别合适的；

⑤ 建议最大干膜厚度不超过名义干膜厚度的 3 倍。

14.3.3 ISO 12944 和 GB/T 30790 一般事项和要求及总结

一般情况下涂料体系提供的有效保护期比结构的预期使用期要短，因此，在规划和设计阶段就应考虑涂料体系维修和更新的可能性。对于暴露于腐蚀应力下和装配后不可能再采取防腐蚀保护措施的结构部件，应采取有效的防腐蚀保护措施，以确保结构的稳定性和结构在使用期限内的耐久性。如果采用防护涂层体系不能达到有效的防腐蚀目的，就应该采取其他措施。

某一特定的防腐蚀保护体系的成本效益通常与其能够维持的有效保护的时间长度成正比，这是因为防腐蚀保护体系如果能提供有效的保护作用，就能将钢结构在使用期限内所需进行的维护或更换次数降至最低。在首次主要维护涂装之前，除非另有约定，各相关方应按照 ISO 4628-1：2016、ISO 4628-2、ISO 4628-3、ISO 4628-4 和 ISO 4628-5 标准对涂层失效程度进行评估。例如：当有约 10% 表面达到了 ISO 4628-3 中定义的 Ri3 级时，通常需要进行首次主要维护，该要求可适用于整个结构，也可适用于各相关方商定的有代表性的部分结构，可分别进行分类。

【重要定义、术语和概念】

（1）标准的定义

国家标准《标准化工作指南 第 1 部分：标准化和相关活动的通用术语》中 GB/T 20000.1—2014 对标准的定义是：通过标准化活动，按照规定的程序协商一致制定，为各种活动或其结果提供规则、指南或特性，供共同使用和重复使用的文件。

经 1988 年 12 月 29 日第七届全国人民代表大会常务委员会第五次会议通过，2017 年 11 月 4 日第十二届全国人民代表大会常务委员会第三十次会议修订的《中华人民共和国标准化法》的第一章总则的第二条规定：本法所称标准（含标准样品），是指农业、工业、服务业以及社会事业等领域需要统一的技术要求。

（2）标准的类别

国内标准可以分为国家标准（强制性标准和推荐性标准）、行业标准、地方标准、团体标准和企业标准。常见“国际”标准有 ISO 标准、SSPC 标准、NACE 标准和 ASTM 标准。

（3）使用标准的好处

统一认识、使程序和设备规范化、使生产合理化和避免纠纷。

（4）ISO 12944 要点概述

所涵盖的防护功能，应用领域之结构类型、表面类型和表面处理、环境类型、防护涂料体系类型、工作类型、防护涂料的耐久性。

【参考文献】

[1] ISO 12944，Paints and Varnishes—Corrosion Protection of Steel Structures by Protective Paint Systems[S]. Geneva，ISO.

[2] 中华人民共和国国家质量监督检验检疫总局，中国国家标准化管理委员会 . 色漆和清漆 防护涂料体系对钢结构的防腐蚀保护：GB/T 30790—2014[S]. 北京：中国标准出版社，2014.

附录 A

表面处理和油漆检查表 **附表 A**

报告编号：	项目编号：	日期	班次
施工方：	检查员：	图号	设备／区域
底材：碳钢__________ 镀锌__________ 不锈钢__________			

环境条件

油漆工作							
时间							
干温							
湿温							
湿度							
露点							
钢板温度							

表面预处理

溶剂清洗	遮盖／保护
表面结构缺陷	

表面处理

方法：喷砂________ 打磨________ 砂磨________	磨料类型／尺寸／储存
规定清洁度	实测清洁度
规定粗糙度	实测粗糙度
灰尘量评估	

油漆材料和混合

产品	批号
有效期	熟化期
混合数量	混合比例
稀料类型	稀释比例
混合寿命	油漆温度

油漆施工

施工设备	施工类型：初始________ 修补________
涂层：底漆________ 中漆________ 面漆________	
开始时间	结束时间
复涂时间 / 温度	固化时间 / 温度

涂层完工检查

目测—是否有干喷 / 过喷、流挂、漏涂、气泡、剥皮、针孔、开裂？是________ 否________	
干膜厚度（平均值）：规定________ 实测________	盐分测试（若需要）________
最终固化：是________ 否________	漏涂测试（若需要）________
纠正措施（若需要）	附着力测试（若需要）

* 注释和实测干膜厚度读数—可记录在反页　　　　检查员签名：________________

附录 B　本教材所涉及标准的汇总表

标准代码	标准名称
GB/T 30790.1—2014	色漆和清漆 防护涂料体系对钢结构的防腐蚀保护 第 1 部分 总则
GB/T 10123—2022	金属和合金的腐蚀 基本术语和定义
ISO 12944-2：2017	Paints and Varnishes-Corrosion Protection of Steel Structures by Protective Paint Systems-Part 2：Classification of Environments
ISO 12944-9：2018	Paints and Varnishes-Corrosion Protection of Steel Structures by Protective Paint Systems-Part 9：Protective Paint Systems and Laboratory Performance Test Methods for Offshore and Related Structures
ISO 12944-3：2017	Paints and Varnishes-Corrosion Protection of Steel Structures by Protective Paint Systems-Part 3：Design Considerations
ISO 12944-5：2019	Paints and Varnishes-Corrosion Protection of Steel Structures by Protective Paint Systems-Part 5：Protective Paint Systems
GB/T 30790.3—2014	色漆和清漆 防护涂料体系对钢结构的防腐蚀保护 第 3 部分：设计依据
ISO 9226：2012	Corrosion of Metals and Alloys-Corrosivity of Atmospheres Determination of Corrosion Rate of Standard Specimens for the Evaluation of Corrosivity
ISO 9227：2022	Corrosion Tests in Artificial Atmospheres-Salt Spray Tests
GB/T 19292.4—2018	金属和合金的腐蚀 大气腐蚀性 用于评估腐蚀性的标准试样的腐蚀速率的测定
ISO 6270-1：2017	Paints and Varnishes-Determination of Resistance to Humidity-Part 1：Condensation (Single-sided Exposure)
ISO 9223：2012	Corrosion of Metals and Alloys Corrosivity of Atmospheres— Corrosivity of Atmospheres Classification Determination and Estimation
GB/T 19292.1—2018	金属和合金的腐蚀 大气腐蚀性 分类、测定和评估
ISO 8501-3：2006	Preparation of Steel Substrates before Application of Paints and Related Products-Visual Assessment of Surface Cleanliness-Part 3：Preparation Grades of Welds, Edges and Other Areas with Surface Imperfections
GB/T 8923.3—2009	涂覆涂料前钢材表面处理 表面清洁度的目视评定 第 3 部分 焊缝、边缘和其他区域的表面缺陷的处理等级
IMO PSPC	所有类型船舶专用海水压载舱和散货船双舷侧处所保护涂层性能标准
GB/T 6823—2008	船舶压载舱漆
NORSOK M501-2022	Surface Preparation and Protective Coating

续表

标准代码	标准名称
NACE SP0108-2008	Corrosion Control of Offshore Structures by Protective Coatings
NACE SP0188-2006	Discontinuity (Holiday) Testing of New Protective Coatings on Conductive Substrates
NACE SP0287-2016	Field Measurement of Surface Profile of Abrasive Blast-Cleaned Steel Surfaces Using a Replica Tape
JT/T 722—2023	公路桥梁钢结构防腐涂装技术条件
Q/CR 730—2019	铁路钢桥保护涂装及涂料供货技术条件
ISO 3233-1：2019	Paints and Varnishes-Determination of Percentage Volume of Non-volatile Matter-Part 1: Method Using a Coated Test Panel to Determine Non-volatile Matter and to Determine Dry-film Density by the Archimedes' Principle
ISO 3696：1987	Water for Analytical Laboratory Use-Specification and Test Methods
ISO 4624：2023	Paints and Varnishes-Pull-off Test for Adhesion
ISO 4628-1：2016	Paints and Varnishes-Evaluation of Degradation of Coatings-Designation of Quantity and Size of Defects, and of Intensity of Uniform Changes in Appearance-Part 1: General Introduction and Designation System
ISO 4628-2：2016	Paints and Varnishes-Evaluation of Degradation of Coatings-Designation of Quantity and Size of Defects, and of Intensity of Uniform Changes in Appearance-Part 2: Assessment of Degree of Blistering
ISO 4628-3：2016	Paints and Varnishes-Evaluation of Degradation of Coatings-Designation of Quantity and Size of Defects, and of Intensity of Uniform Changes in Appearance-Part 3: Assessment of Degree of Rusting
ISO 4628-4：2016	Paints and Varnishes-Evaluation of Degradation of Coatings-Designation of Quantity and Size of Defects, and of Intensity of Uniform Changes in Appearance-Part 4: Assessment of Degree of Cracking
ISO 4628-5：2022	Paints and Varnishes-Evaluation of Quantity and Size of Defects, and of Intensity of Uniform Changes in Appearance-Part 5: Assessment of Degree of Flaking
ISO 4628-6：2023	Paints and Varnishes-Evaluation of Quantity and Size of Defects, and of Intensity of Uniform Changes in Appearance-Part 6: Assessment of Degree of Chalking by Tape Method
ISO 8502-3：2017	Preparation of Steel Substrates Before Application of Paints and Related Products-Tests for the Assessment of Surface Cleanliness—Part 3: Assessment of Dust on Steel Surfaces Prepared for Painting (Pressure-sensitive Tape Method)
GB/T 18570.3—2005	涂覆涂料前钢材表面处理 表面清洁度的评定试验 第3部分：涂覆涂料前钢材表面的灰尘评定（压敏粘带法）
ISO 8501-4：2006	Preparation of Steel Substrates Before Application of Paints and Related Products-Visual Assessment of Surface Cleanliness — Part 4: Initial Surface Conditions, Preparation Grades and Flash Rust Grades in Connection with High-Pressure Water Jetting
GB/T 8923.4—2013	涂覆涂料前钢材表面处理 表面清洁度的目视评定 第4部分：与高压水喷射处理有关的初始表面状态、处理等级和闪锈等级
NACE NO. 5/SSPC-SP 12	Surface Preparation and Cleaning of Metals by Waterjetting Prior to Recoating

续表

标准代码	标准名称
SSPC-SP 1-2016S	Solvent Cleaning
ISO 8504-3：2018	Preparation of Steel Substrates before Application of Paints and Related Products—Surface Preparation Methods—Part 3：Hand- and Power-tool Cleaning
GB/T 18839.3—2002	涂覆涂料前钢材表面处理 表面处理方法 手工和动力工具清理
ISO 8504-2：2019	Preparation of Steel Substrates before Application of Paints and Related Products—Surface Preparation Methods— Part 2：Abrasive Blast-Cleaning
GB/T 18839.2—2002	涂覆涂料前钢材表面处理 表面处理方法 磨料喷射清理
ISO 8501-1：2019	Preparation of Steel Substrates before Application of Paints and Related Products-Visual Assessment of Surface Cleanliness — Part 1：Rust Grades and Preparation Grades of Uncoated Steel Substrates and of Steel Substrates after Overall Removal of Previous Coatings
GB/T 8923.1—2011	涂覆涂料前钢材表面处理 表面清洁度的目视评定 第 1 部分：未涂覆过的钢材和全面清除原有涂层后的钢材表面的锈蚀等级和处理等级
ASTM D 4285-83（2018）	Standard Test Method for Indicating Oil or Water in Compressed Air
ISO 11124	Preparation of Steel Substrates before Application of Paints and Related Products - Specifications for Metallic Blast-cleaning Abrasives
GB/T 18838	涂覆涂料前钢材表面处理 喷射清理用金属磨料的技术要求
GB/T 19816	涂覆涂料前钢材表面处理 喷射清理用金属磨料的试验方法
ISO 11126	Preparation of Steel Substrates Before Application of Paints and Related Products-Specification for Non-metallic Blast-cleaning Abrasives
GB/T 17850	涂覆涂料前钢材表面处理 喷射清理用非金属磨料的技术要求
GB/T 17849—1999	涂覆涂料前钢材表面处理 喷射清理用非金属磨料的试验方法
SSPC-SP 2-2018	Hand Tool Cleaning
SSPC-SP 3-2018	Power Tool Cleaning
SSPC-SP 15-2013	Commercial Grade Power-tool Cleaning
SSPC-SP 11-2020	Power Tool Cleaning to Bare Metal
SSPC-SP 5/NACE No. 1-2006	White Metal Blast Cleaning
SSPC- SP 6/NACE No. 3-2006	Commercial Blast Cleaning
SSPC-SP 7/NACE No. 4-2006	Brush-off Blast Cleaning
SSPC-SP 10 /NACE No. 2-2006	Near-white Metal Blast Cleaning
SSPC VIS	Guide and Reference Photographs for Steel Surfaces Prepared by Dry Abrasive Blast Cleaning
ISO 11125-7：2018	Preparation of Steel Substrates before Application of Paints and Related Products-Test Methods for Metallic Blast-cleaning Abrasives-Part 7：Determination of Moisture
GB/T 19816.7—2005	涂覆涂料前钢材表面处理 喷射清理用金属磨料的试验方法 第 7 部分：含水量的测定

续表

标准代码	标准名称
ISO 11127-5：2020	Preparation of Steel Substrates before Application of Paints and Related Products-Test Methods for Non-metallic Blast-cleaning Abrasives-Part 5：Determination of Moisture
ISO 11125-6：2018	Preparation of Steel Substrates before Application of Paints and Related Products-Test Methods for Metallic Blast-cleaning Abrasives-Part 6：Determination of Foreign Matter
ISO 11127-6：2022	Preparation of Steel Substrates before Application of Paints and Related Products-Test Methods for Non-metallic Blast-cleaning Abrasives-Part 6：Determination of Water-soluble Contaminants by Conductivity Measurement
SSPC VIS	Visual Standard for Power- and Hand-tool Cleaned Steel
SSPC VIS 4 /NACE VIS 7	Guide and Reference Photographs for Steel Surfaces Prepared by Water Jetting
ISO 8503-2：2012	Preparation of Steel Substrates before Application of Paints and Related Products-Surface Roughness Characteristics of Blast-cleaned Steel Substrates-Part 2：Method for the Grading of Surface Profile of Abrasive Blast-cleaned Steel
ISO 8503-3：2012	Preparation of Steel Substrates before Application of Paints and Related Products-Surface Roughness Characteristics of Blast-cleaned Steel Substrates-Part 3：Method for the Calibration of ISO Surface Profile Comparators and for the Determination of Surface Profile
ISO 4618：2023	Paints and Varnishes-Terms and Definitions
HG/T 5176—2017	钢结构用水性防腐涂料
GB/T 6747—2008	船用车间底漆
DB 34/T 1788—2012	公路隧道防火涂料喷涂施工及验收规程
GB 28375—2012	混凝土结构防火涂料
T/CECS 24-2020	钢结构防火涂料应用技术规程
GB 28374—2012	电缆防火涂料
GA 181-1998	电缆防火涂料通用技术条件
GB/T 25261—2018	建筑用反射隔热涂料
SSPC-Guide12-2023	Guide for Illumination of Industrial Painting Projects
GB 5206—2015	色漆和清漆 术语和定义
GB/T 50034—2024	建筑照明设计标准
GB/T 13288.1—2008	涂覆涂料前钢材表面处理—喷射清理后的钢材表面粗糙度特性 第 1 部分：用于评定喷射清理后钢材表面粗糙度的 ISO 表面粗糙度比较样块的技术要求和定义
ASTM D4417-21	Field Measurement of Surface Profile of Blast Cleaned Steel
ISO 8502-5：1998	Preparation of Steel Substrates Before Application of Paints and Related Products-Tests for the Assessment of Surface Cleanliness-Part 5：Measurement of Chloride on Steel Surfaces Prepared for Painting（Ion Detection Tube Method）

续表

标准代码	标准名称
GB/T 18570.5—2005	涂覆涂料前钢材表面处理 表面清洁度的评定试验 第 5 部分：涂覆涂料前钢材表面的氯化物测定（离子探测管法）
ISO 8502-6：2020	Preparation of Steel Substrates before Application of Paints and Related Products-Tests for the Assessment of Surface Cleanliness—Part 6：Extraction of Soluble Contaminants for Analysis-The Bresle Method
GB/T 18570.6—2011	涂覆涂料前钢材表面处理 表面清洁度的评定试验 第 6 部分：可溶性杂质的取样 Bresle 法
ISO 8502-9：2020	Preparation of Steel Substrates before Application of Paints and Related Products-Tests for the Assessment of Surface Cleanliness—Part 9：Field Method for the Conductometric Determination of Water-soluble Salts
GB/T 18570.9—2005	涂覆涂料前钢材表面处理 表面清洁度的评定试验 第 9 部分：水溶性盐的现场电导率测定法
SSPC Guide 15-2020	Field Methods for Extraction and Analysis of Soluble Salts on Steel and Other Nonporous Substrates
ASTM D 4940-15（2020）	Conductimetric Analysis of Water-Soluble Ionic Contamination of Blasting Abrasives
GB/T 31817—2015	风力发电设施防护涂装技术规范
GB/T 28699—2012	钢结构防护涂装通用技术条件
ISO 2409：2020	Paints and Varnishes-Cross-cut Test
ISO 2808：2019	Paints and Varnishes-Determination of Film Thickness
ISO 2812-2：2018	Paints and Varnishes-Determination of Resistance to Liquids-Part 2：Water Immersion Method
GB/T 13452.2—2008	色漆和清漆 漆膜厚度的测定
ASTM D1212-91（2020）	Measurement of Wet Film Thickness of Organic Coatings
ASTM D4414-95（2020）	Measurement of Wet Film Thickness by Notch Gages
ISO 2178：2016	Non-magnetic Coatings on Magnetic Substrates-Measurement of Coating Thickness-Magnetic Method
GB/T 4956—2003	磁性基体上非磁性覆盖层 覆盖层厚度测量 磁性法
ISO 19840：2012	Paints and Varnishes-Corrosion Protection of Steel Structures by Protective Paint Systems-Measurement of, and Acceptance Criteria for, the Thickness of Dry Films on Rough Surfaces
SSPC-PA 1-2016	Shop，Field，and Maintenance Coating of Metals
SSPC-PA 2-2018	Procedure for Determining Conformance to Dry Coating Thickness Requirements
SSPC-PA 17-2020	Procedure for Determining Conformance to Steel Profile/Surface Roughness/Peak Count Requirements
ASTM D 7091-22	Nondestructive Measurement of Dry Film Thickness of Nonmagnetic Coatings Applied to Ferrous Metals and Nonmagnetic，Nonconductive Coatings Applied to NonFerrous Metals

续表

标准代码	标准名称
ASTM B 499-09（2021）E1	Standard Test Method for Measurement of Coating Thicknesses by the Magnetic Method: Nonmagnetic Coatings on Magnetic Basis Metals
ASTM D 6132-13（2022）	Standard Specification for Chromates on Aluminum
GB 6514—2008	涂装作业安全规程 涂漆工艺安全及其通风净化
GB 14444—2006	涂装作业安全规程 喷漆室安全技术规定
GB 7691—2003	涂装作业安全规程 安全管理通则
GB 7692—2012	涂装作业安全规程 涂漆前处理工艺安全及其通风净化
GB 12367—2006	涂装作业安全规程 静电喷漆工艺安全
GB 12942—2006	涂装作业安全规程 有限空间作业安全技术要求
GB/T 14441—2008	涂装作业安全规程 术语
GB 14443—2007	涂装作业安全规程 涂层烘干室安全技术规定
GB/T 3608—2008	高处作业分级
GB 6095—2021	坠落防护安全带
GB 12158—2006	防止静电事故通用导则
GB/T 18664—2002	呼吸防护用品的选择、使用与维护
GB/T 51082—2015	工业建筑涂装设计规范
ASTM D520-00（2019）	Standard Specification for Zinc Dust Pigment
ASTM D5420-21	Standard Test Method for Impact Resistance of Flat, Rigid Plastic Specimen by Means of a Striker Impacted by a Falling Weight (Gardner Impact)
ASTM A123/A123M-17	Standard Specification for Zinc (Hot-dip Galvanized) Coatings on Iron and Steel Products
ASTM A780/A780M-20	Standard Practice for Repair of Damaged and Uncoated Areas of Hot-dip Galvanized Coatings
ASTM E119-22	Standard Test Methods for Fire Tests of Building Construction and Materials
GB/T 38597—2020	低挥发性有机化合物含量涂料产品技术要求
XF/T 714-2007	构件用防火保护材料 快速升温耐火试验方法
UL 1709	Rapid Rise Fire Tests of Protection Materials for Structural Steel
ISO 834	Fire Resistance Tests-Elements of Building Construction
GB 14907—2018	钢结构防火涂料
GB 50016—2014	建筑设计防火规范（2018 年版）
GB 50160—2021	石油化工企业设计防火规范
GB 50229—2019	火力发电厂与变电站设计防火标准
GB 50183—2015	石油天然气工程设计防火规范
GB 51249—2017	建筑钢结构防火技术规范
BS 476	Fire Tests on Building Materials and Structures

续表

标准代码	标准名称
UL 263	Fire Tests of Building Construction and Materials
EN 13381	Test Methods for Determining the Contribution to the Fire Resistance of Structural Member
GB 28375—2012	混凝土结构防火涂料
EN ISO 5659-2：2017	Plastics-Smoke Generation-Part 2：Determination of Optical Density by a Single-chamber Test
ISO 22899	Determination of the Resistance to Jet Fires of Passive Fire Protection materials
GB/T 9978.1—2008	建筑构件耐火试验方法 第 1 部分：通用要求
GB/T 9978.6—2008	建筑构件耐火试验方法 第 6 部分：梁的特殊要求
CECS 24：90	钢结构防火涂料应用技术规范
GA/T 714—2007	构件用防火保护材料 快速升温耐火试验方法
GB/T 20000.1—2014	标准化工作指南 第 1 部分：标准化和相关活动的通用术语
GB/T 16483—2008	化学品安全技术说明书 内容和项目顺序
GB/T 17519—2013	化学品安全技术说明书编写指南